生命科学实验指南系列

现代工业微生物学实验技术

主　编　杨汝德
副主编　吴　虹　林晓珊

科学出版社
北　京

内 容 简 介

本书的第一章介绍了工业微生物学实验常用玻璃器皿和常用仪器设备的用途、结构、性能和使用方法，并附有大量图片。第二章至第八章为本书的主要内容，涵盖了工业微生物学七大实验技术：工业微生物的显微技术，工业微生物的形态观察、制片及染色技术，工业微生物的纯培养技术，工业微生物的检测技术，工业微生物生理与发酵试验技术，工业微生物育种技术，工业微生物基因工程实验技术。本书共设置了44个实验，主要为工业微生物学基本技能训练实验，还有部分为大型综合性实验和研究性实验。

本书可作为高等教育出版社于2006年1月出版的《现代工业微生物学教程》（杨汝德主编）的配套实验用书，颇具理工科特色，适合于理工科大学的生物工程、生物技术、生物制药工程、食品科学与工程、食品质量与安全、环境工程等专业的本科生使用，也适合于高等职业技术学院相关专业的专科生使用。

图书在版编目（CIP）数据

现代工业微生物学实验技术 / 杨汝德主编畅．—北京：科学出版社，2009.1
（生命科学实验指南系列）

ISBN 978-7-03-022865-9

Ⅰ．现… Ⅱ．杨… Ⅲ．工业微生物学实验指南 Ⅳ．Q939.97-62

中国版本图书馆CIP数据核字（2008）第133202号

责任编辑：罗 静 王 静 李晶晶 / 责任校对：陈玉凤
责任印制：徐晓晨 / 封面设计：耕者设计工作室

科学出版社 出版
北京东黄城根北街16号
邮政编码：100717
http://www.sciencep.com

北京东华虎彩印刷有限公司 印刷
科学出版社发行 各地新华书店经销

*

2009年1月第 一 版　开本：787×1092　1/16
2009年1月第一次印刷　印张：16 3/4
2018年1月第三次印刷　字数：383 000

定价：98.00元
（如有印装质量问题，我社负责调换）

前　言

21世纪初，国内外正在兴起的工业生物技术，被称为继医药生物技术和农业生物技术后的第三次生物技术革命浪潮。工业生物技术是生物学、化学和工程学的交叉技术，其核心是大规模利用微生物细胞和酶作为催化剂催化物质转化。我国政府已将工业生物技术列为国家中长期科学和技术发展规划的重点发展领域，已在"十一五"规划中给予重点支持。

为迎接我国工业生物技术革命高潮的到来，为更好地跟上21世纪工业微生物学迅速发展的步伐，我们对原有使用了多年的《工业微生物学实验》讲义作了大幅度的更新、扩充和提高，重新编写成《现代工业微生物学实验技术》一书。

《现代工业微生物学实验技术》的第一章介绍了工业微生物学实验常用玻璃器皿和常用仪器设备的用途、结构、性能和使用方法，并附有大量图片。第二章至第八章为主要内容，涵盖了工业微生物学七大实验技术，共设置了44个实验，主要为工业微生物学基本技能训练实验，还有部分为大型综合性实验和研究性实验。每个实验的编写内容均包括：目的要求、基本原理、实验器材、实验内容及操作步骤、实验注意事项、实验报告及思考题等。第九章则增设了工业微生物学实验的三个附录。

现代工业微生物学是一门实践性很强的应用生物科学。掌握工业微生物学实验技术对于每一位学生来说，其重要性绝不亚于理论课程。因此，在学习理论课的同时，务必注重工业微生物学实验操作技能的训练和提高。

本书可作为高等教育出版社于2006年1月出版的《现代工业微生物学教程》（杨汝德主编，已列入"十一五"国家级规划教材）的配套实验用书，颇具理工科特色，适合于理工科大学的生物工程、生物技术、生物制药工程、食品科学与工程、食品质量与安全、环境工程等专业的本科生作为实验技术用书，也适合于高等职业技术学院相关专业的专科生使用。

另外，本书的篇幅和内容，已大大超出工业微生物学实验课程规定的教学时数。各有关专业教师在使用时，可根据实际情况加以取舍或精简，有些综合性实验和研究性实验内容，可作为学生课外科技活动或毕业实践时参考使用。

《现代工业微生物学实验技术》由杨汝德主编。全书共分九章，其中第一章、第二章和第九章由林晓珊负责编写；第三章至第六章由杨汝德负责编写；第七章和第八章由吴虹负责编写。本书在编写过程中得到郭勇、许喜林、罗立新、潘力等多位教授的指导，特表示衷心谢意。由于编者的学识和水平有限，书中不当甚至错误之处在所难免，我们殷切希望广大学子、读者和同行给予批评指正。

编　者
2008年8月

目　　录

前言

工业微生物学实验规则与安全 …………………………………………………………… 1

第一章　工业微生物学实验常用器皿和仪器设备 ……………………………………… 4
- 第一节　工业微生物学实验常用的玻璃器皿 ……………………………………… 4
- 第二节　工业微生物学实验常用的仪器设备 ……………………………………… 13

第二章　工业微生物的显微技术 ………………………………………………………… 24
- 第一节　普通光学显微镜使用的操作技术 ………………………………………… 24
- 实验一　使用普通光学显微镜观察各种微生物标本片 …………………………… 27
- 第二节　暗视野显微镜使用的操作技术 …………………………………………… 30
- 实验二　使用暗视野显微镜观察活菌体 …………………………………………… 31
- 第三节　相差显微镜使用的操作技术 ……………………………………………… 34
- 实验三　使用相差显微镜观察啤酒酵母细胞内部结构 …………………………… 36
- 第四节　荧光显微镜使用的操作技术 ……………………………………………… 38
- 实验四　使用荧光显微镜观察酵母和细菌的形态结构 …………………………… 39
- 第五节　电子显微镜使用的操作技术 ……………………………………………… 41
- 实验五　透射电子显微镜微生物样品的制备与观察 ……………………………… 42
- 实验六　扫描电子显微镜微生物样品的制备与观察 ……………………………… 47

第三章　工业微生物的形态观察、制片及染色技术 …………………………………… 50
- 第一节　酵母菌和霉菌的形态观察及制片技术 …………………………………… 51
- 实验七　酵母菌和霉菌的制片、染色技术及形态观察 …………………………… 55
- 第二节　细菌和放线菌的形态观察及制片技术 …………………………………… 60
- 实验八　细菌和放线菌的制片、染色技术及形态观察 …………………………… 67
- 实验九　细菌特殊结构的制片、染色技术及形态观察 …………………………… 73

第四章　工业微生物的纯培养技术 ……………………………………………………… 79
- 第一节　培养基的配制与灭菌技术 ………………………………………………… 79
- 实验十　培养基的配制和灭菌 ……………………………………………………… 81
- 第二节　无菌操作技术 ……………………………………………………………… 87
- 实验十一　无菌操作和微生物菌种的移接 ………………………………………… 89
- 第三节　工业微生物分离与纯化技术 ……………………………………………… 93
- 实验十二　微生物菌种的分离和纯化 ……………………………………………… 94
- 实验十三　碱性纤维素酶产生菌的分离纯化 ……………………………………… 99
- 实验十四　噬菌体的分离与纯化 …………………………………………………… 103
- 第四节　厌氧微生物纯培养技术 …………………………………………………… 108
- 实验十五　厌氧微生物的纯培养 …………………………………………………… 109

  第五节 工业微生物菌种保藏技术 ……………………………………………… 115

  实验十六 工业微生物菌种的保藏 …………………………………………… 117

第五章 工业微生物的检测技术

  第一节 微生物生长繁殖的测定 ………………………………………………… 123

  实验十七 酵母菌细胞数、出芽率及死亡率测定 ………………………………… 126

  实验十八 微生物细胞大小的测定 …………………………………………… 130

  实验十九 光电比浊计数法测定细菌生长曲线 ………………………………… 134

  第二节 食品卫生微生物学检测 ………………………………………………… 137

  实验二十 水和食品中细菌菌落总数的测定 …………………………………… 138

  实验二十一 水和食品中大肠菌群数的测定 …………………………………… 143

  第三节 噬菌体的检测技术 ……………………………………………………… 152

  实验二十二 噬菌体的检查及其效价测定 ……………………………………… 153

第六章 工业微生物生理与发酵试验技术

  第一节 工业微生物生理生化试验技术 …………………………………………… 159

  实验二十三 微生物对碳源的利用试验 ………………………………………… 161

  实验二十四 微生物对氮源的利用试验 ………………………………………… 164

  实验二十五 环境因素对微生物生长的影响试验 ……………………………… 169

  第二节 工业微生物发酵试验技术 ………………………………………………… 173

  实验二十六 酵母菌的乙醇发酵试验 …………………………………………… 174

  实验二十七 短杆菌的谷氨酸发酵试验 ………………………………………… 177

  实验二十八 枯草芽孢杆菌的α-淀粉酶发酵试验 ……………………………… 180

  实验二十九 乳酸细菌的乳酸发酵试验 ………………………………………… 182

  实验三十 固定化酵母细胞发酵生产啤酒 ……………………………………… 189

  实验三十一 新型固定化酵母细胞发酵生产乙醇 ……………………………… 193

  实验三十二 正交试验法优化双歧杆菌发酵培养基 …………………………… 197

第七章 工业微生物育种技术 …………………………………………………………… 205

  第一节 工业微生物诱变育种技术 ……………………………………………… 205

  实验三十三 应用物理因素诱变选育抗药性的淀粉酶高产菌株 ……………… 205

  实验三十四 应用化学因素诱变选育腺嘌呤营养缺陷型菌株 ………………… 209

  第二节 工业微生物原生质体育种技术 ………………………………………… 212

  实验三十五 酵母菌原生质体诱变育种 ………………………………………… 213

  实验三十六 酵母菌原生质体融合育种 ………………………………………… 217

第八章 工业微生物基因工程实验技术 ……………………………………………… 220

  实验三十七 细菌质粒DNA的小量制备 ……………………………………… 221

  实验三十八 细菌总DNA的提取 ……………………………………………… 224

  实验三十九 PCR扩增目的基因 ………………………………………………… 226

  实验四十 质粒DNA的酶切及从凝胶中回收DNA ………………………… 227

  实验四十一 感受态细胞的制备及转化 ………………………………………… 229

  实验四十二 DNA体外重组 …………………………………………………… 231

实验四十三　葡聚糖内切酶基因的克隆及在大肠杆菌中的表达 …………… 233
　　实验四十四　纳豆激酶基因的克隆及在酵母菌中的表达 ……………………… 240
第九章　工业微生物学实验附录 …………………………………… 247
　　附录一　常用染色液的配制 …………………………………………… 247
　　附录二　常用试剂和溶液的配制 ……………………………………… 250
　　附录三　常用培养基的配方 …………………………………………… 254
参考文献 …………………………………………………………………… 259

工业微生物学实验规则与安全

一、工业微生物学实验目的和要求

1. 工业微生物学实验目的

微生物学是生物学中第一个建立起一套自己特有实验技术的学科,而工业微生物学更是一门实践性很强的应用学科。微生物学实验通过训练学生掌握微生物学最基本的操作技能,牢固地建立无菌概念,更好地了解微生物学的基本知识,加深理解某些微生物学的理论。学生不仅要有扎实的基础知识,更要有熟练的实验操作技能,才能真正掌握好这门应用科学。通过实验课,可以培养学生观察、思考、分析问题和解决问题的综合能力;树立严谨、求实的科学态度,以及敢于创新的开拓精神;养成勤俭节约、爱护公物、相互协作的优良作风。

2. 工业微生物学实验要求

为了上好工业微生物学实验课,确保实验顺利进行,保证实验安全,特别对工业微生物学实验课提出下列几点要求:

(1) 每次实验前必须对实验内容进行充分预习,以了解实验目的、原理、方法以及实验步骤。操作时能达到心中有数,思路清楚,胆大心细,有条不紊,不易出现出乎意料的实验结果。

(2) 上课时非必要的物品和书包请勿带入室内,勿随便走动和高声谈话,保持室内安静;关好门窗,以免扰动空气,造成污染。

(3) 实验操作前须认真听老师讲解和演示,实验操作时须认真、细心、谨慎。对每次实验的现象和结果要仔细观察,对于当前不能得到结果而需要连续观察的实验,则须及时记录每次观察的现象,以便分析和作出正确的报告。

(4) 实验中需要进行培养的材料,一律要求注明班级、组别和日期,有的还应注明实验项目的名称和菌种的名称,并放于教师指定的地点进行培养。

(5) 实验微生物培养物均轻取轻放,小心、严格按操作规程进行,以免发生意外致容器破损,造成污染。若万一微生物培养物污染桌面、地面、用具、衣服或皮肤,甚至菌液误入口中,应立即报告指导老师,及时处理,切勿隐瞒。

(6) 使用显微镜或其他贵重仪器时,要求细心操作,特别爱护。进行高压蒸汽灭菌时,严格遵守操作规程。负责灭菌的同学在灭菌过程中不准离开实验室,并随时观察灭菌锅工作情况,以免发生意外。

(7) 每次实验完毕,必须将实验器材洗净放妥,整理台面,将实验室收拾整洁,养成良好的实验习惯。凡带菌的器材须经浸泡消毒或高温灭菌后才能清洗。严禁将实验的菌种及器材随意携出室外。

(8) 每次实验结果,应以实事求是的科学态度认真作出实验报告,对异常或不理想的结果需加以讨论,对实验现象作出合理的解释,下次实验时交给指导教师批阅。

二、微生物学实验室的规章制度和安全守则

微生物实验室存在有毒、易燃、易爆、腐蚀和致癌等化学物的危害，有时还要面临高压、紫外线和其他辐射的危害。此外，实验室工作者还会受到来自微生物菌株的危害，因此，处理菌株、玻片和所有装过或接触过活菌株的容器时要加倍小心。菌株主要通过消化道、呼吸道、伤口皮肤和眼部等途径造成人体的感染（眼睛是感染源进入却不发生局部病理反应的大门），一些微生物菌株甚至可以通过皮肤进入体内。

1. 微生物学实验室的规章制度

（1）正在进行实验时，由实验室主管限制人员进入。一律穿工作服进入实验室，以防衣服被菌污染或被染液弄脏，离开实验室时脱下，并应经常清洗。留长发者应戴帽或将长发束扎于脑后，以免着火或被污染。

（2）非实验所需物品不得置于实验台上。未经教师许可，不得将实验室内物品带出。

（3）实验室应保持安静、不得高声谈笑，无事不得到处走动。不得在实验室内进食、喝水、抽烟、处理隐形眼镜、使用化妆品。食物应储存于工作区外的专用橱柜或冰箱内。

（4）禁止使用口吸移液技术，应使用机械移液装置。制定安全使用和处理锐利器具如注射器针头、手术刀片等的方案。

（5）仔细进行每一步操作，以减少飞溅物或气溶胶的产生。工作台面在每天工作结束前至少应消毒一次，发生生物活性物质泼洒时应及时消毒。所用培养物、储存物及其他废物在排放前，应先经过可行的消毒方法如高压灭菌法处理。

（6）实验后的废物和用过的化学药品分别倾入污物桶或瓷缸内，不得丢入水槽以免堵塞下水道或腐蚀水管。

（7）需在实验室外临近处进行消毒处理的物品，必须存放在耐用、防扩散的密闭容器中，且必须依据当地及国家的相关规定进行包装后才能从实验室移出。

（8）实验完毕后，对所用的仪器、工具、标本等，要认真进行清点和擦洗，如有短缺、损坏需填写赔偿报告单。值日生离室前必须将实验室打扫干净，用消毒液擦抹桌面，并检查水、电、窗是否关好。

2. 微生物学实验室的安全守则

（1）对贵重的精密仪器，必须先详细阅读仪器说明书后方可使用。实验中所用的试剂，应先了解其性质以后再使用。如果试剂瓶的标签上字迹不清或标签脱落时，则必须经过检验，否则不得使用。

（2）在使用有毒物品或易挥发的有毒液体（氰化钾、氢氟酸、二硫化碳等），以及易挥发的强酸、氨或易发生恶臭的物质（硫化铵、硫化氢等）时，必须在排气良好的地方或通风橱中进行；在使用易爆品、浓酸和浓碱，以及其他一些有强烈反应性能的物质时，应戴护目镜和橡皮手套。

（3）吸取有毒液体及浓酸、浓碱时，都不得用移液管以口吸的方式吸取，必须用上端带有橡皮球的移液管或注射器吸取，或用量筒、量杯量取。强酸的浓溶液（盐酸、硝

酸、硫酸）或 25％的氨水，均应储存在磨口瓶中。

（4）对易爆物品不得轻易加热，必须经测试其中无过氧化物后方可操作。对盛有易燃、易爆液体（乙醚、苯、二硫化碳等）的瓶子和安瓿瓶，不得放在使用煤气或有电热器的实验室内加热，应放在无火源的通风处使用。离开实验台时要熄火。

（5）使用具有爆炸性的试剂时（如苦味酸和多硝基化合物）应特别小心。严防火源、火花，避免猛力冲击和振荡。

（6）危险试剂必须由专人保管和储存。有毒或易爆物品应封闭在铁箱或铁柜中，由专人保管账册和钥匙。

（7）易吸水的试剂（氯化钙、氢氧化钠、氢氧化钾等）必须密封在有盖的玻璃瓶中，用后宜用石蜡封好；见光即发生变化的试剂（硝酸银、磺胺剂、四氯化碳等）应保存在棕色玻璃瓶中，放在阴凉的柜、橱中，避免日光直射；在空气中可以自燃的金属，如钾、黄磷等，应保存在相应的盛有适应液体的密闭容器中，如金属钾应保存在煤油中，黄磷要放在水中保存。

（8）凡进行易燃、易爆性实验时，所需仪器设备必须符合要求，不得马虎敷衍，以免发生危险。

（9）必须保证实验室的安全，防护器材经常处于完善待用状态。

（10）其他特殊药品、仪器的安全操作规程，应由教师及有关人员予以补充指导。

第一章 工业微生物学实验常用器皿和仪器设备

本章的内容包括两部分：①工业微生物学实验常用的玻璃器皿（常用玻璃器皿简介，常用玻璃器皿的洗涤方法，常用玻璃器皿的包扎与灭菌）；②工业微生物学实验常用的仪器设备（常用的各种显微镜，常用的各种仪器设备）。

第一节 工业微生物学实验常用的玻璃器皿

玻璃器皿是微生物学实验的重要实验用具，而如果没有严格无菌操作的概念，微生物学实验就显得毫无意义。为了保证实验顺利进行，必须把实验用器皿清洗干净；而为保持灭菌后的无菌状态，需要对培养皿、吸管、三角瓶等精心妥善包扎。这些工作看来很普通简单，如操作不当或不按规定要求去做，就会导致实验的失败，因此应看做是微生物实验的基本操作。本节将对主要的玻璃器皿做详细的介绍，同时也对玻璃器皿的清洗、包扎及灭菌的方法作出相关的陈述。

一、常用玻璃器皿简介

微生物学实验室所用的玻璃器皿，一般要求硬质玻璃材质，才能承受高温灭菌和短暂烧灼而不致破损。

1. 试管

微生物学实验用的玻璃试管（图 1-1），其管壁必须比化学实验室用的要厚实，这样在做试管塞（棉花塞或硅胶塞）时才不易破损。

图 1-1 空试管与带塞试管

图 1-2 斜面试管（带帽盖）

普通试管的规格以外径（mm）×长度（mm）表示，离心试管以容量毫升数表示。微生物学实验室常用的试管一般是下面三个规格：大试管 18 mm×180 mm、中试管 15 mm×150 mm、小试管 12 mm×100 mm，分别用于不同的用途：大试管可盛装制倾注平板用的琼脂培养基，也可以作为制备琼脂斜面用，以及用于装液体培养基作微生物的振荡培养；中试管，常用于盛液体培养基培养细菌用或作琼脂斜面用（图1-2），也可用于稀释分离试验；小试管一般用于糖发酵或其他需要节省材料的试验。使用时需注意：

（1）盛取液体时容积不超过其容积的1/3，盛装液态琼脂培养基时容积不超过其容积的1/5。

（2）试管是可以直接加热的，受热要均匀以免暴沸或试管炸裂，加热后不能骤冷，防止破裂。

2. 杜氏小管（杜氏发酵管）

规格约6 mm×36 mm，一般放置在装有发酵培养基的试管内，倒置，可以观察发酵培养基内产气情况。

3. 吸管（移液管）

微生物学实验室一般要准备1 mL和10 mL的刻度玻璃吸管。玻璃吸管一般有两种类型，一种称为血清学吸管（图1-3），用于微生物学和血清学中的移液工作，特别的顶部设计可放入棉花塞，吸管上刻度指示的容量包括管尖的液体体积，使用时要将所吸液体吹尽；另一种称为测量吸管（图1-4），用于化学分析中的移液工作，吸管刻度指示的容量不包括管尖的液体体积，使用时不能将所吸液体吹尽，而是到达所设计的刻度为止。

图1-3　血清学吸管　　　　　图1-4　测量吸管

4. 培养皿

一套培养皿由皿底和皿盖两部分组成（图1-5），有玻璃制作的，也有晶体聚苯乙烯制作的。实验室常用的玻璃培养皿，规格为直径9 cm，是指皿底直径为9 cm，皿底高1.5 cm。培养皿（图1-6）用于固体培养基和液体培养基的微生物培养，主要用在菌种的分离、纯化、鉴定，活菌菌落计数，抗生素测定以及噬菌体的效价等。

图1-5　培养皿由皿底和皿盖组成

5. 三角瓶（锥形瓶）

三角瓶（图1-7）有100 mL、250 mL、500 mL、1000 mL等不同的大小，常用来盛无菌水、培养基和摇瓶发酵。要求三角瓶的瓶壁要厚实，机械强度要高。常用的有窄口三角瓶、广口三角瓶、振荡培养三角瓶、磨砂口三角瓶（带瓶塞）等。振荡培养三角瓶有特殊的内陷阻板设计，可增加混合效果。

图1-6 已包扎与未包扎的培养皿　　　　图1-7 已包扎与未包扎的三角瓶

6. 烧杯

烧杯是用来装盛反应物的反应器，盛取、溶解结晶物，蒸发浓缩或加热溶液。而在微生物学实验中，常用于溶解药品试剂、配制培养基。常用的烧杯规格有50 mL、100 mL、250 mL、500 mL、1000 mL等（图1-8）。

烧杯因其口径上下一致，取用液体非常方便。烧杯外壁的刻度，只是估计其内的溶液体积，而不能用于准确测量。烧杯外壁一般会有一小块白色磨砂区，在此区上可以用铅笔描述所盛物的名称，作为标识之用。反应物需要搅拌时，通常以玻璃棒搅拌。当所盛溶液需要转移时，可以将烧杯口朝向有突出缺口的一侧倾斜，并用玻璃棒导流，即可顺利地将溶液倒出。

使用烧杯时，注入的液体不超过其容积的2/3；加热时使用石棉网，烧杯外部必须擦干（图1-8A所示为玻璃烧杯，B所示为塑料烧杯）。

图1-8 各种规格的烧杯

7. 容量瓶

容量瓶是一种细颈梨形平底的容器，带有磨口玻塞，颈上有标线，表示在所指温度下液体充满到标线时，溶液体积恰好与瓶上所注明的容积相等。容量瓶是为配制准确的一定物质的量浓度的溶液用的精确仪器，常和移液管配合使用，以把某种物质分为若干等份。通常有 25 mL、50 mL、100 mL、250 mL、500 mL、1000 mL 等数种规格（图 1-9），实验中常用的是 100 mL 和 250 mL 的容量瓶。容量瓶上标有温度、容量、刻度线。容量瓶不能久储溶液，尤其是碱性溶液会侵蚀瓶壁，并使瓶塞粘住，无法打开。容量瓶不能加热。

 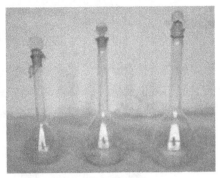

图 1-9　各种规格的容量瓶

8. 试剂瓶

一般用于盛装化学溶液、生化溶液或药品。微生物学实验中用来盛装培养基、培养液、染色液、缓冲液、指示剂、消毒剂等。常用的规格（图 1-10）有 100 mL、500 mL、1000 mL（细口、广口），有白色瓶和棕色瓶两种，需避光保存时使用棕色瓶。

图 1-10　各种规格的试剂瓶

9. 量筒

量筒是量度液体体积的仪器。规格以所能量度的最大容量（mL）表示，常用的有 10 mL、25 mL、50 mL、100 mL、250 mL、500 mL、1000 mL 等（图 1-11）。外壁刻度都是以毫升（mL）为单位，10 mL 量筒每小格表示 0.2 mL，而 50 mL 量筒每小格表示 1 mL。可见量筒越大，管径越粗，其精确度越小，由视线的偏差所造成的读数误差也越大。所以，实验中应根据所取溶液的体积，尽量选用能一次量取的最小规格的量筒。分次量取也能引起误差。例如，量取 70 mL 液体，应选用 100 mL 量筒。

10. 载玻片与盖玻片

载玻片（图 1-12）是在实验时用来放置实验材料的玻璃片，呈长方形，较厚，透光性较好；盖玻片（图 1-13）是盖在材料上，避免液体和物镜相接触，以免污染物镜，

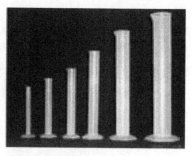

图 1-11　各种规格的量筒

呈正方形，较薄，透光性较好。普通载玻片大小为 75 mm×25 mm，盖玻片为 18 mm×18 mm。用于微生物涂片、染色，作形态观察等。

凹玻片是在一块厚玻片的当中有一圆形凹窝，作悬滴观察活细菌以及微室培养用。

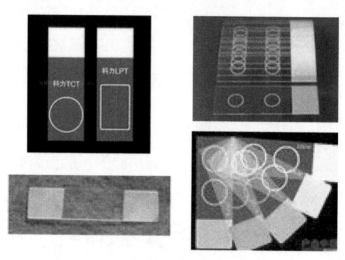

图 1-12　各种载玻片

图 1-13　各种盖玻片

11. 滴瓶

用来盛装染色液、试剂的小容量玻璃瓶，方便溶液取用。常用的规格有 30 mL、60 mL，一般分白色瓶和棕色瓶两种（图 1-14）。

12. 注射器

一般有 1 mL、2 mL、5 mL、20 mL、25 mL 不同容量的注射器（图 1-15）。注射

图 1-14 各种规格的小滴瓶

抗原于动物体内可根据需要使用 1 mL、2 mL 和 5 mL 规格；抽取动物心脏血或绵羊静脉血可采用 10 mL、20 mL、50 mL 规格。

微量注射器有 10 μL、20 μL、50 μL、100 μL 等不同的型号。一般在免疫学或纸层析、电泳等实验中滴加微量样品时应用。玻璃注射器，透明度好，可以看到注射药物的情况。还有玻璃金属并用制成的注射器，可用煮沸法消毒，针头也可以磨尖再用和消毒。现在用的注射器用塑料制造，用一次即扔掉，大大减少了注射时发生感染的危险性。为了保证卫生，防止交叉感染，现代的注射器多采用塑料质地。

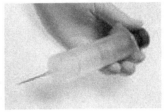

图 1-15 注射器

二、常用玻璃器皿的洗涤方法

微生物学实验中需使用大量的玻璃器皿，在实验前均需洗涤清洁，晾干备用。洁净的玻璃器皿是保证得到正确实验结果的首要条件，因此，玻璃器皿的洗涤清洁工作显得非常重要。洗涤方法应对玻璃器皿没有损伤，所以不能用有腐蚀性的化学药剂，也不能用比玻璃硬度大的物品进行擦洗。洗涤洁净的器皿应达到玻璃壁能被水均匀湿润而无条纹和水珠，否则表示尚未洗干净，应再按洗涤方法重新洗涤。

（一）各种玻璃器皿的洗涤

1. 新购置的玻璃器皿的处理

新购置的玻璃器皿含有游离碱，一般器皿用 2% 盐酸或重铬酸钾洗涤液浸泡数小时后再用清水洗净。

新购置的载玻片或盖玻片，先浸在肥皂水中，再用自来水冲洗，最后用蒸馏水冲洗，晾干。或以软布擦干后浸于含 2% 盐酸的 95% 乙醇中，保存备用。用时在火焰上烧去乙醇即可。

2. 带油污玻璃器皿的处理

凡带有凡士林或石蜡油的玻璃器皿，在未洗刷前，需尽量除去油腻，可先放在5%的苏打液内煮两次，再用肥皂和热水洗净。

3. 带菌玻璃器的处理

(1) 带菌盖玻片及载玻片的处理。已用过的带有活菌的载玻片或盖玻片可先浸在5%石炭酸或1:50新洁尔灭溶液中消毒，然后用夹子取出，按上述新购置载玻片或盖玻片的处理方法冲洗干净，再用软布擦干后备用。

(2) 带菌移液管及滴管的处理。带菌的移液管或滴管，应立即投入5%的石炭酸溶液或0.25%新洁尔灭溶液中浸泡数小时或过夜，经高压蒸汽灭菌后，再用自来水冲洗及蒸馏水冲净。

(3) 其他带菌玻璃器皿的处理。染菌或盛过微生物的其他玻璃器皿，应先经高压蒸汽灭菌（121℃，20～30 min），趁热倒出容器内的培养物，再用热水和肥皂洗净，用自来水冲洗，以水在内壁均匀分布一薄层而不出现水珠时，为油垢除尽的标准。

经过以上处理的器皿，可盛一般实验用的培养基和无菌水等。少数实验要求高的器皿，如要盛纯的化学药品或做精确的实验时，可先在洗涤液中浸泡数十分钟，再用自来水冲洗，最后用蒸馏水淋洗2或3次，烘干备用。

4. 其他

鞭毛染色所用载玻片的处理。选择光滑无伤痕的玻片，先用洗衣粉煮沸。洗衣粉最好在洗玻片前加蒸馏水煮沸，用滤纸过滤去渣。为了避免玻片彼此磨损，最好把载玻片放在特制的架上煮。煮后稍冷却后取出，用清水洗净，再放入浓洗液中浸泡24 h左右，取出，用清水冲洗残酸，最后用蒸馏水洗净，沥干水并放于95%乙醇中脱水。取出玻片，用火焰烧去乙醇，立即使用。如不立刻使用，可存放于干净盒子或50%乙醇中短期存放。清洁的玻片上滴上水滴后能均匀散开。

5. 洗涤需遵循的原则

(1) 用过的器皿应随即洗涤，放置太久会增加洗涤的困难，随时洗涤还可以提高器皿的使用率。

(2) 含有病原菌或者是属于植物检疫范围内的微生物的试管、培养皿及其他容器，应先浸在5%石炭酸溶液内或蒸煮灭菌后再进行洗涤。

(3) 盛过有毒物品的器皿要分别处理，不能与一般器皿混杂洗涤。

(4) 难洗涤的器皿不要与易洗涤的器皿放在一起，有油的器皿不要与无油的器皿放在一起，否则使本来无油的器皿沾上油污，增加洗涤的麻烦。

(5) 强酸、强碱及其他氧化物和有挥发性的有毒物品，都不能倒在洗涤槽内，必须倒在废水缸中。

(6) 用过的升汞溶液，切勿装在铝锅等金属器皿中，以免腐蚀金属器皿。

(7) 任何洗涤法，都不应对玻璃器皿有所损伤。所以不能使用对玻璃器皿有腐蚀作用的化学试剂，也不能使用比玻璃硬度大的制品来擦拭玻璃器皿。

（二）重铬酸钾洗涤液的配制

通常用的重铬酸钾（或重铬酸钠）的硫酸溶液，其成分和配方如下。

1. **浓配方**

$K_2Cr_2O_7$（工业用）	50 g
浓 H_2SO_4（工业用）	800 mL
自来水	150 mL

2. **稀配方**

$K_2Cr_2O_7$（工业用）	50 g
浓 H_2SO_4（工业用）	100 mL
自来水	850 mL

重铬酸钾溶解在温水中，冷却后再徐徐加入浓硫酸，边加边搅动。配制好的溶液呈红色。铬酸洗涤液是一种强氧化剂，去污能力很强，常用来洗去玻璃和瓷质器皿的有机物质，切不可用于洗涤金属器皿。应用此液时，器皿必须干燥，同时切忌把大量还原性物质带入，这样，就可应用多次，直至溶液变绿时失效为止。

三、常用玻璃器皿的包扎与灭菌

（一）玻璃器皿的包扎

1. 培养皿的包扎

洗净烘干后，用牛皮纸卷成一筒，两端预留的牛皮纸折叠密封。一般以6套（一底一盖组成一套）做一筒，外面用绵绳捆扎，以免散开，待灭菌（图1-16，图1-17）。

图1-16 包扎用的棉花，纱布和牛皮纸

图1-17 培养皿的包扎

2. 吸管（移液管）的包扎

洗净烘干后，在管口吸端，距其粗头顶端约0.5 cm处，用铁丝塞入少许未脱脂棉花（1.5～2 cm长）。棉花要塞得松紧适宜（过紧，吹吸液体太费力；过松，吹气时棉花会下滑），棉花不宜露在吸管口的外面。然后分别将每支吸管尖端斜放在牛皮纸条的近左端，与纸约成45°角，折叠包住管尖并以螺旋式卷扎起来，后将右端多余的纸打一小结，避免散开，标上容量。若干支吸管扎成一束，待灭菌。

管口吸端塞入棉花是为了防止菌液吸入口中或吸球中，也可防止口腔和吸球中的微生物吹入吸管而进入培养物中造成污染。

3. 试管和三角瓶的包扎

试管和三角瓶都要做合适的棉花塞，三角瓶也可以用8层纱布代替棉塞。

棉塞的制作要求：

（1）使棉花塞紧贴玻璃壁，没有皱纹和缝隙，不能过紧也不能过松。过紧易挤破管口和不易塞入，过松易掉落和污染。

（2）棉花塞的长度不小于管口直径的2倍，约2/3塞进管口。

（3）若干支试管用绳扎在一起，在棉花塞外覆盖牛皮纸，再在纸外用绳扎紧，以防止灭菌时冷凝水淋湿棉塞或纱布。

棉花塞的作用是起过滤作用，避免空气中的微生物进入试管和三角瓶。

4. 三角刮棒和玻棒的包扎

与包扎吸管相似，将三角部分斜放在牛皮纸条的近左端，与纸约成45°角，并将右端多余的纸打一小结。

（二）玻璃器皿的消毒与灭菌

使器皿达到无菌状态叫灭菌。灭菌和消毒是两个不同含义的名词。消毒是指对病原菌或其他有害微生物起致死作用，但对芽孢不一定致死。而灭菌则是杀死或消灭一定环境中所有活的微生物。消毒与灭菌的方法很多，但总的可分为物理法与化学法两大类。物理法包括加热灭菌（干热灭菌与湿热灭菌）、过滤灭菌、紫外线灭菌等。化学方法主要是利用有机或无机的化学药品对实验室用具和其他物体表面进行灭菌与消毒。

在实验室里用得最多的加热灭菌法是高压蒸汽灭菌和干热灭菌。一般培养基和无菌水等用高压蒸汽灭菌，而玻璃器皿常用干热灭菌或高压蒸汽灭菌。目的都是使细菌体内蛋白质凝固变性而达到灭菌的目的。

下面简单介绍它们的操作方法。

1. 高压蒸汽灭菌法

是在密闭的灭菌器内进行，加热使灭菌器内的水产生蒸汽，由于密闭水蒸气不能逸出，增加了灭菌器内的压力，因此水的沸点随着上升，可获得比100℃更高的蒸汽温度。

图1-18 高压蒸汽灭菌操作

高压蒸汽灭菌（图1-18）操作方法及注意事项：

（1）切记检查锅内水位，向锅内或从加水口处加水至所要求的位线。以防灭菌锅缺水，引发加热管烧爆事故。

（2）将待灭菌的物品放入锅内，加盖旋紧螺旋，使锅密闭。注意加盖时以对称的方式同时旋紧相对的两个螺旋，使螺旋松紧一致，否则易造成漏气。

（3）打开排气阀，通电加热煮水使其产生蒸汽。待蒸汽已将锅内冷空气充分排尽后（喷汽3～5 min），才关闭排气阀，让温度随蒸汽压增高而上升。注意排气要完全，否则达不到灭菌温度。

(4) 当达到所需蒸汽压力时（如 0.1MPa，121℃），控制热源，开始计时并维持所需时间（如 15 min）。

(5) 等灭菌所需时间到后，停止加热，稍开排气阀使压力慢慢下降（空消时可让其自然降压）。注意不能完全打开排气阀使压力骤然下降，否则会使培养基由于内外压力不平衡而从容器里喷出来。

(6) 待压力降至"0"时，才能开盖，取出灭菌物品。

2. 干热灭菌法

在电热干燥箱内进行，加热调节箱内的温度达到所需温度为止，让温度保持在 160~170℃，1~2 h（或 140~160℃，2~3 h）；切断电源，冷却至 60℃时，才能把箱门打开，取出灭菌物品。

在同一温度下，湿热杀菌效力比干热大，因为在湿热情况下，菌体吸收水分，使蛋白质易于凝固，同时湿热穿透力强，而且当蒸汽与被灭菌物体接触凝成水时，又可放出热量，使温度迅速增高，从而增加灭菌效力。

干热灭菌操作方法及注意事项：

(1) 把要灭菌物品放入箱内，接通电源加热。

(2) 打开风顶，让湿气跑出，至 100℃时关闭。

(3) 调节温度控制旋钮，使温度上升后保持恒定在 160~170℃，维持 1~2 h，注意勿打开箱门，以免引起燃烧。

(4) 到时切断电源，让其自然降温至 80℃以下才可打开箱门取出物品。

第二节 工业微生物学实验常用的仪器设备

一、常用的各种显微镜

由于微生物个体很微小，一般必须借助显微镜的放大作用才能观察到，因此在微生物学的实验及研究工作中，显微镜是不可缺少的工具。显微镜的种类很多，一般可以将它们分为非光学显微镜和光学显微镜两大类。非光学显微镜包括各种电子显微镜（透射电镜、扫描电镜等）及超声波显微镜；光学显微镜又可分为不可见光显微镜（X射线、红外线、紫外线等显微镜）和可见光显微镜两类。可见光显微镜包括明视野显微镜（普通光学显微镜）、暗视野显微镜、相差显微镜、荧光显微镜和偏光显微镜等，其中以普通光学显微镜最为常用。

下面将重点介绍普通光学显微镜和电子显微镜的构造和性能，简要介绍暗视野显微镜、相差显微镜和荧光显微镜的构造和性能。

1. 普通光学显微镜

普通光学显微镜（图 1-19，图 1-20）的构造可分为两大部分：机械装置和光学系统。机械装置包括：镜座、镜臂、镜台、镜筒、转换器、调焦旋钮等。机械装置保证光学系统的准确配置和灵活调控，是显微镜的基本构架。光学系统包括：光源、反光镜、聚光器、物镜、目镜等。光学系统直接影响着显微镜的性能，是显微镜的核心组件。

图 1-19　普通光学显微镜（单筒式）

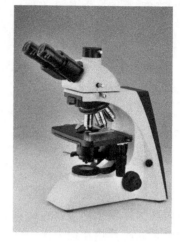
图 1-20　普通光学显微镜（双筒式）

2. 暗视野显微镜

暗视野显微镜（图 1-21，图 1-22）的视野背景是黑暗的，它与上述明视野显微镜在构造上的主要差别，在于其聚光器底部中央有一块遮光片。由于这种特别的聚光器，使来自光源的光线只能从聚光器的边缘部位斜射到标本上。实际上，通过更换一个暗视野聚光器，普通光学显微镜也就成为一台暗视野显微镜了。

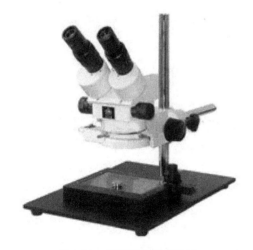
图 1-21　低倍暗视野显微镜

图 1-22　高倍暗视野显微镜

3. 相差显微镜

相差显微镜（图 1-23，图 1-24）与普通光学显微镜比较，在外形上相似，在结构上主要有下列三个不同部件。

（1）转盘聚光器：在聚光器的前焦面上装有大小不同的环状光阑，环状光阑与聚光镜一起组成转盘聚光器。聚光器转盘前端标示孔表示光阑种类（刻有 $10\times$、$20\times$ 和 $40\times$ 等），不同放大率的物镜应与各自不同的光阑配套使用。

(2) 相差物镜：带有环状相板的物镜称为相差物镜。环状相板安装在物镜的后焦平面上，相板上涂有一层氯化镁。

(3) 合轴调节望远镜：是一种工作距离较长、特制的低倍（4～5 倍）望远镜，用于合轴调中，即调节环状光阑的光环和相差物镜相位环的环孔相互吻合，保证光轴完全一致。

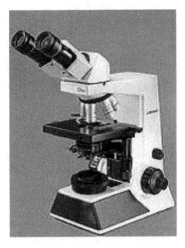 

图 1-23　研究型相差显微镜　　　　　图 1-24　相差显微镜（带数码相机）

4. 荧光显微镜

荧光显微镜（图 1-25，图 1-26）与普通光学显微镜在基本结构上是相同的，不同之处在于具有四个特有的部件：①弧光灯或高压汞灯，作为发生强烈紫外线的光源。②吸热水槽，吸收紫外光线放出的热量。③激发荧光滤光片，置于聚光镜与光源之间，能吸收不同波长的可见光。④屏障滤光片，又称阻断反差滤光片，用于保护人的眼睛，安装在物镜上方或目镜下方。

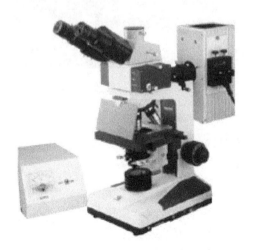 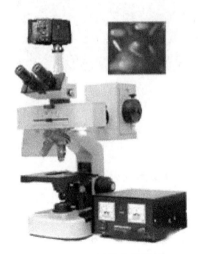

图 1-25　双目荧光生物显微镜　　　　　图 1-26　正置荧光显微镜

荧光显微镜可分为透射式和落射式两种。透射式荧光显微镜的光源光线是通过聚光器穿过标本材料来激发荧光，观察时还需使用价格昂贵的石英玻璃载玻片，故目前比较少用。现在大多数荧光显微镜都采用落射式进行荧光激发，因其激发光路不经过载玻片，而是直接照射到标本上，故激发光的损失小，荧光效应高，还能观察非透明的标本。

5. 电子显微镜

电子显微镜主要有透射电子显微镜和扫描电子显微镜两种类型，此外还有扫描透射电镜、扫描隧道显微镜和分析电镜等新型电镜。

透射电子显微镜（图 1-27）的主要结构包括电子枪、电磁聚光器、电磁物镜、投影物镜、观察目镜、荧光屏或影像板等。其主要特点是：①分辨能力和总放大倍数（1000～1 000 000 倍）远高于光学显微镜；②电子在运行中要求电镜镜筒中保持高真空；③电镜是用电磁圈来使电子束汇聚、聚焦的；④人的肉眼看不到电子像，需用荧光屏来显示或感光胶片做记录。透射电子显微镜的工作原理与光学显微镜十分相似。

扫描电子显微镜（图 1-28）的主要结构包括电子枪、电磁镜、电子探测器、放大器、观察荧光屏等。扫描电子显微镜主要被用于观察样品的表面结构，还能得到有关样品的其他信息，其总放大倍数可在 20～3 000 000 倍变化。它与光学显微镜和透射电子显微镜的工作原理不同，而是类似于电视。

图 1-27　透射电子显微镜

图 1-28　扫描电子显微镜

二、常用的各种仪器设备

1. 高压蒸汽灭菌锅

高压蒸汽灭菌是工业微生物学实验技术中广泛使用的一种灭菌方法。适用于一般培养基、无菌水、无菌缓冲溶液、金属用具、耐热药物及玻璃器皿等。这是一种湿热灭菌方法，是利用热蒸汽使菌种的酶、蛋白质等凝固变性而达到灭菌的目的。它可以杀灭所有的微生物，包括最耐热的细菌芽孢及其他休眠体。优点是灭菌效果好，时间短。

湿热灭菌法是一种热力学灭菌方法。通常情况下，湿热灭菌是指采用一定压力下的蒸汽进行灭菌，但有时也采用过热水喷淋或浸没。当水由液态变成气态时，会吸收大量的热能，并且，当气态经冷凝成液态时，会释放相等的能量（即汽化热）。蒸汽接触到温度较低的物体，就会释放潜热而凝结成水，直到此物体的温度与蒸汽温度相等。

现已明确，湿热灭菌的效应导致细胞内的关键性蛋白质和酶发生热变性或凝固。湿度对该破坏性过程起促进作用，这就是湿热灭菌较干热灭菌需要较低温度的原因。对于适宜采用该灭菌方式的产品或物品而言，湿热灭菌不失为一种十分经济而又有效的方法。

高压蒸汽灭菌是在一个密闭的高压蒸汽灭菌器内进行的。高压蒸汽灭菌器的主体是一个能耐高压、同时又可以密闭的金属锅，灭菌器根据锅体形状一般可分为手提式、立式、卧式三种（图1-29，图1-30，图1-31）。其他的构成部分还有锅盖、压力表、放气阀、安全阀等。而灭菌器的加热部分也已经与锅身附为一体，即在锅身底部装上能调的电热器，直接用电加热，它是灭菌锅的动力部分，又是极易受损的部分，整个灭菌过程中重点保护的对象就是这个电热器，使用之前一定要确保足够的水位，灭菌过程一定要控制好水位不能低于最低水位线，以避免电热器因缺水而烧坏以致爆破。手提式和立式灭菌器的温度计、压力表、排气阀和安全阀均装在锅盖上，而卧式灭菌器排气阀是控制灭菌锅开放密闭的阀门，在灭菌的时候，要确保锅内的冷空气完全排尽后才能关上排气阀，使锅处于密闭状态，此时值得注意的是，灭菌的主要因素是温度而不是压力。加压是为了提高水蒸气的温度，水的沸点随蒸汽压的增加而上升（表1-1）。

图1-29 手提式高压蒸汽消毒器

图1-30 立式智能蒸汽灭菌器

图1-31 卧式高压蒸汽灭菌器

表1-1 蒸汽压力与蒸汽温度关系及对应的灭菌时间

蒸汽压力			蒸汽温度/℃	灭菌时间/min
Ibf/in²① （磅力/英寸²）	kgf/cm² （千克力/厘米²）	MPa*		
5.00	0.352	0.034	107.7	30
8.00	0.563	0.055	112.6	30
10.00	0.703	0.069	115.2	20
15.00	1.00	0.103	121.3	20

* 现在法定压力表示不用原来的 Ibf/in²（磅力/英寸²）、kgf/cm²（千克力/厘米²），而是统一用兆帕（MPa）表示。Pa，帕斯卡（压力单位，$1\ Pa=1\ N/m^2$）。高压蒸汽灭菌器的使用方法，在前面章节已做介绍。

---

① $1 Ibf/in^2 = 4.882\ 43\ kgf/m^2$，后同。

2. 电热恒温干燥箱

电热恒温干燥箱（图 1-32）又称烘箱，它的主要用途是烘干物品或干热灭菌。

干热灭菌法是指在非饱和湿度下进行的热力学灭菌。因此，干热灭菌时的相对湿度范围可从 99.9%至 1%以下。干热灭菌所用加热介质就是一定湿度条件下的空气，通过强制对流而运动。由于热空气会带走水分，被灭菌物品（包括芽孢）也会逐渐失水，从而使微生物的杀灭率也发生相应的变化。干热灭菌与湿热灭菌的动力学特征相似，但反应机制却有所不同。干热灭菌是使微生物氧化而不是蛋白质变性，这就是干热灭菌要求

图 1-32 电热恒温干燥箱

相对较高温度的原因。

在制药工业中，干热灭菌被广泛用于不耐受高压蒸汽的热稳定性物品的灭菌。常用干热进行的灭菌物品有甘油、油类、凡士林、石蜡以及一些粉状药品，如滑石粉、磺胺类药物以及玻璃容器和不锈钢设备等。

电热恒温干燥箱，有普通式和鼓风式两种。后者在箱内装有一台 25~40 W 单相电容启动电机，带动一只风扇，以加快热空气的对流，使箱内温度均匀。同时使箱内物品蒸发的水蒸气加速散逸到箱外的空气中，以提高干燥效率。其恒温范围一般为 50~200℃（或 50~250℃），灵敏度一般为±（0.5~1)℃。电热干燥箱的结构主要由箱体、电热器和温度控制器三部分组成。

3. 电子天平

人们把用电磁力平衡被称物体重力的天平称为电子天平（图 1-33）。其特点是称量准确可靠、显示快速清晰并且具有自动检测系统、简便的自动校准装置以及超载保护等装置。

电子天平是依靠电磁平衡原理来工作的。通俗地讲，就是当秤盘上加上载荷时，秤盘的位置发生了相应的变化，这时位置检测器将此变化量通过调节器和放大器转换成线圈中的电流信号，并在采样电阻上转换成与载荷相对应的电压信号，再经过低通滤波器和模数（A/D）转换器。变换成数字信号给计算机进行数据处理，并将此数值显示在显示屏上，这就是电子天平的基本原理。

目前，电子天平的种类繁多，无论是国产还是进口、大量程还是小量程、高精度还是低精度，其基本结构是相同的。主要由以下几个部分组成：秤盘、传感器、位置检测器、PID 调节器、功率放大器、低通滤波器、模数（A/D）转换器、微计算机、显示器、机壳、底脚。

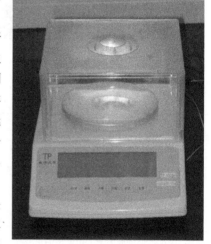

图 1-33 电子天平

电子天平按精度可分为以下几类：超微量电子天平、微量天平、半微量天平、常量

电子天平、分析天平、精密电子天平。

电子天平的维护与保养。

（1）将天平置于稳定的工作台上，避免振动、气流及阳光照射。

（2）在使用前调整水平仪气泡至中间位置。

（3）电子天平应按说明书的要求进行预热。

（4）称量易挥发和具有腐蚀性的物品时，要盛放在密闭的容器中，以免腐蚀和损坏电子天平。

（5）经常对电子天平进行自校或定期外校，保证其处于最佳状态。

（6）如果电子天平出现故障应及时检修，不可带"病"工作。

（7）操作天平不可过载使用以免损坏天平。

（8）若长期不用电子天平时应暂时收藏好。

4．常用的各种培养箱

培养箱亦称恒温箱，是培养微生物的主要仪器。

1）电热恒温培养箱（图1-34）

其构造为方形或长方形，箱体外壳由薄钢板制成，外壳与内壁间填有玻璃丝或其他隔热绝缘材料；箱门有两层，内为玻璃门，以便于观察箱内标本，外为金属门；箱的底部安装有电阻丝，一般是300 W，用以加热，利用空气对流，使箱内空气均匀；箱内有金属孔架数层，用以放置标本；箱顶装有温度计一支，可以插入箱内，测知箱内温度。目前较先进的为数显恒温培养箱，可直接显示箱内温度。

该类培养箱的使用应注意以下几点：

（1）箱内不应放入过热或过冷之物。取放物品时，应随手关闭箱门以维持恒温。

（2）箱内可经常放入装水容器一只，以维持箱内湿度和减少培养物中的水分蒸发。

（3）培养箱最底层温度较高，培养物不宜与之直接接触。

（4）箱内培养物也不应放置太挤，以保证培养物受温均匀。各层金属孔架上放置物品不应过重，以免将金属孔架压弯滑脱，打碎盛装培养物器皿。

图1-34　电热恒温培养箱　　　　　图1-35　隔水式培养箱

2）隔水式培养箱（图1-35）

立式箱体结构，内胆不锈钢制造；温度采用数字显示，温度误差≤0.5℃；门上设有方形观察窗，便于查看工作室内的样品；溢流装置，防止水位过高；绝缘性能良好，加热安全；保温性能强。隔水式的培养箱恒温效果更好。

该类培养箱的使用方法：先从进水口（后板上方）注水于不锈钢内胆内，水位高度至溢水口下方2 cm为止，然后接通电源，将需要培养的物品放入工作室内，关上工作室门，打开电源开关，设定好所需要的温度（数控装置，误差≤0.5℃）。

注意事项：

（1）严禁无水干烧、加热，以免烧坏加热管。

（2）仪器外壳应妥善接地，以免发生意外。

（3）切勿将仪器倒置，以免水溢出。

（4）为了减少水垢的产生，建议选用蒸馏水。

3）数显光照培养箱（图1-36）

光照培养箱是具有光照功能的高精度恒温设备，通常用于植物发芽、微生物培养、昆虫、小动物的饲养，水体分析的生化需氧量（BOD）测定等，是生物遗传工程、医学、农业、林业、环境科学、畜牧、水产等生产和科研部门较理想的实验设备。

使用说明： 培养箱应放置在清洁整齐，干燥通风的工作间内；使用前，面板上的各控制开关均应处于非工作状态；在培养架上放置试验样品，放置时各试验瓶（或器皿）之间应保持适当间隔，以利热（冷）空气的对流循环。接通外电源，将电源开关置于"开"的位置，指示灯亮。

图1-36　数显光照培养箱　　　　图1-37　生化培养箱

4）生化培养箱（图1-37）

其使用方法参照数显光照培养箱。

5）厌氧培养箱（图1-38）

厌氧培养箱是一种可在无氧环境下进行细菌培养及操作的专用装置。可培养最难生长的厌氧生物，又能避免以往厌氧生物在大气中操作时接触氧而死亡的危险性。

厌氧培养箱由培养操作室、取样室、气路及电路控制系统、熔蜡消毒器等部分组成。使用科学先进手段达到厌氧环境的高精度，使操作者在无氧环境中进行操作和对厌氧菌进行培养。温控系统采用高精度数显式控温仪，能准确直观地反映箱内实际温度，加上有效的限温保护装置，安全可靠。箱内装有紫外线杀菌灯，气体经过滤后进入箱内，可有效避免细菌污染。气路装置可任意调节流量，能任意输入各种所需气体。操作室均由不锈钢板制成。其前窗采用透明耐冲击特种玻璃制成。操作使用专用手套，可靠、舒适、灵活、使用方便。操作室内配有特殊接种棒灭菌器、熔蜡消毒装置，还装有除氧催化器。

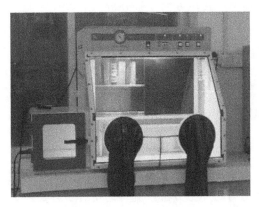
图 1-38　厌氧培养箱

图 1-39　超净工作台

5. 超净工作台

超净工作台（图 1-39）是一种局部层流装置，它能在局部创造高洁净度的环境。其工作原理是：室内新风经预过滤器送入风机，由风机加压送入正压箱，再经高效过滤除尘，清洁后，通过均压层，以层流状态均匀垂直向下进入操作区以保证操作区的洁净空气环境。由于空气以均匀速度平行地向着一个方向流动，空气没有涡流，故灰尘或附着在灰尘上的细菌很难向别处扩散移动，因此洁净气流不仅可造成无尘环境也可造成无菌环境。

超净工作台对于微生物学无菌技术，如接种、分离培养极为适用。超净工作台是改变局部环境空气洁净度及无菌度的重要设备，常用来进行无菌操作。其构造主要包括电器部分、送风机、三级过滤器（初、高、中）及紫外灯等。

使用前先打开紫外灯，处理净化工作区空气及表面积累的微生物。30 min 后关闭紫外灯，并启动风机（最大风速），清除尘粒，10～20 min 后即可于工作区进行操作，并视情况调整风速。工作完毕停止风机运行。

6. 水浴恒温振荡器

水浴恒温振荡器（图 1-40）又称水浴恒温摇床，是一种温度可控的恒温水浴槽和振荡器相结合的生化仪器。是植物学、动物学、微生物学、遗传学、病毒学、环保、医

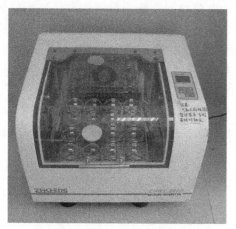

图 1-40 水浴恒温振荡器

学等科研、教育和生产部门作精密培养不可缺少的实验室设备。

7. 分光光度计

分光光度计是利用分光光度法对物质进行定量定性分析的仪器。分光光度计采用一个可以产生多个波长的光源,通过系列分光装置,产生特定波长的光源,光源透过测试的样品后,部分光源被吸收,计算样品的吸光值,转化成样品的浓度。样品的吸光值与样品的浓度成正比。分光光度计已经成为现代分子生物实验室常规仪器。常用于核酸、蛋白质定量以及细菌生长浓度的定量分析。

分光光度法是通过测定被测物质在特定波长处或一定波长范围内对光的吸收度,对该物质进行定性和定量分析。常用的波长范围为:①200~400 nm 的紫外光区,②400~760 nm 的可见光区,③2.5~25 μm 的红外光区。所用仪器为紫外分光光度计、可见光分光光度计(或比色计)、红外分光光度计或原子吸收分光光度计。为保证测量的精密度和准确度,所有仪器应按照国家计量检定规程或相关规定,定期进行校正检定。

8. 纯水系统

纯水又称纯净水,是指以符合生活饮用水卫生标准的水为原水,通过电渗析器法、离子交换器法、反渗透法、蒸馏法及其他适当的加工方法,制得的密封于容器内、不含任何添加物、无色透明、可直接饮用的水。市场上出售的太空水、蒸馏水均属纯净水。

纯水器(图 1-41)对阴离子合成洗涤剂、氯仿、硝酸盐、氨氮、亚硝酸盐氮及细菌净化效果较好,特别是反渗透型(RO),除盐率高,可除去对人体健康有害或潜在的危害物质。在微生物学实验室纯水系统逐渐代替蒸馏水器提供实验用水。

图 1-41 纯水器

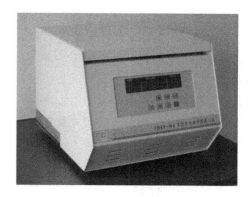

图 1-42 普通离心机

9. 离心机

离心机（图 1-42）主要由底座和容器室组成。底座内有电动机和转速调节器，后者可通过旋转扭或手柄调节电阻值控制电动机转速；容器室内有转盘，它是固定在电动机上用于放置离心管的装置，一般吊有 4~6 个金属环。电动机是其主要动力部分，电机的轴头直接与旋转盘连接，另有支撑环，试管座位于其中，并有橡胶材料制成的试管隔架或橡皮垫，以防试管破碎。接通电源后（220 V），电机即开始转动，旋转盘开始旋转，试管座即呈水平旋转而产生离心作用，使物质沉淀。离心机一般应用于混合溶液的快速分离和沉淀。

一般用于生物试验的普通离心机（图 1-42），有落地式和台式两种。

10. 冷冻真空干燥机

制品经完全冻结，并在一定的真空条件下使冰晶升华，从而达到低温脱水的目的，此过程即称为冷冻干燥（freeze-drying），简称冻干。冻干的固体物质由于微小的冰晶体的升华而呈现多孔结构，并保持原先冻结时的体积，加水后极易溶解而复原，制品在冰晶升华过程中温度保持在较低温度状态下（一般低于－250℃），冷冻干燥对于不耐热的物质，如酶、激素、核酸、血液和免疫制品等的干燥尤为适宜。干燥后能排出95％~99％以上的水分，有利于制品的长期保存。制品干燥过程是在真空条件下进行的，故不易氧化。针对部分生化药物的化学、物理、生物特性的不稳定性，冻干法已被实践证明是一种非常有效的手段。

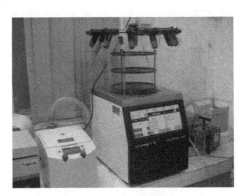

图 1-43　冷冻真空干燥机

冷冻真空干燥机（图 1-43）由制冷系统、真空系统、加热系统、电器仪表控制系统所组成。主要部件为干燥箱、凝结器、冷冻机组、真空泵加热/冷却装置等。

冷冻干燥的基本方法是微生物菌种长期保藏的最为有效的方法之一。大部分微生物菌种可以在冻干状态下保藏 10 年之久而不丧失活力。而且经冻干后的菌种无需进行冷冻保藏，便于运输。

第二章 工业微生物的显微技术

微生物最显著的特征就是个体极其微小。肉眼必须借助于显微镜，才能观察到它们的个体形态及内部结构。实际上，正是由于显微技术的建立，才使人类真正认识丰富多彩的微生物世界。因此，显微技术是一项很重要的技术，显微镜操作技术是研究微生物不可缺少的手段。现代的显微技术，除了用于观察生物体的形态和细微结构外，还可与计算机结合用于对生物体组成成分的定性与定量分析等。

本章将对目前微生物学研究中最常用的明视野普通光学显微镜、暗视野显微镜、相差显微镜和荧光显微镜的使用操作技术进行介绍，对于电子显微镜则侧重介绍其生物标本的制作特点和基本技术。通过以下几个实验，使学生对不同类型的显微镜有比较全面的了解，并能根据所要观察微生物的种类和情况，选择适当的显微镜进行观察，基本掌握观察微生物个体形态和细胞结构的显微技术。

本章的主要内容包括：①普通光学显微镜使用的操作技术；②暗视野显微镜使用的操作技术；③相差显微镜使用的操作技术；④荧光显微镜使用的操作技术；⑤电子显微镜使用的操作技术。本章共设置六个实验，除了实验一（使用普通光学显微镜观察各种微生物标本片）为学生必修的基础性实验外，其他五个显微技术实验，可根据实际情况加以取舍或精简。

第一节 普通光学显微镜使用的操作技术

明视野显微镜（普通光学显微镜）是一种具有高度放大作用的光学仪器，它的分辨力（分辨两点或两根细线之间最小距离的能力）最高可以达到 0.2 μm，而人的眼睛在明视野的最高分辨力仅有 0.1 mm，即 100 μm。微生物的个体很微小，一般是以微米（μm）来描述的。要研究微生物的个体形态和细胞结构，单凭肉眼的眼力是远远不够的，必须借助于显微镜，它能使人眼的分辨力提高 500 倍。因此，显微镜是微生物学必不可少的工具，我们必须了解清楚显微镜每一个部件的结构和功用，熟练掌握它们的操作技术。

普通光学显微镜的构造（图 2-1，图 2-2）可分为两大部分：机械装置和光学系统。机械装置保证光学系统的准确配置和灵活调控，是显微镜的基本构架；光学系统直接影响着显微镜的性能，是显微镜的核心组件。

1. 机械装置

（1）镜座。显微镜的底座，起支撑和稳固作用。镜座可呈马蹄形、圆形、三角形或丁字形等，具有较大的底面积和重量。

（2）镜臂。显微镜的脊梁，立于镜座上面，起支撑镜筒、镜台和光学部件的作用。有的还可调节倾斜度，便于观察。凡是镜筒能升降的显微镜，镜臂也是活动的；而镜台能升降的显微镜，镜臂则是固定于底座的。

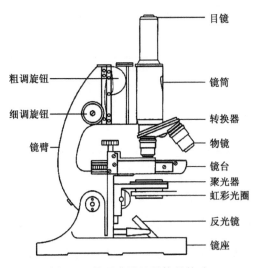
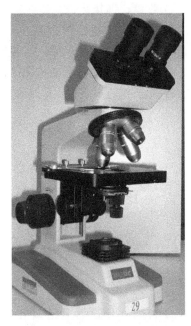

图 2-1 普通光学显微镜的构造　　图 2-2 普通光学显微镜照片

(3) 镜台。又称载物台。是放置标本片的平台,有方形或圆形。一般圆形镜台为旋转式,方形镜台为固定式。镜台上面装有标本片固定夹和标本移动器,可使标本片前后左右移动,以利观察标本的不同部位。有的还装有标尺,可固定标本位置以利重复观察。镜台中央均留有一个孔洞,可让入射光束透过。

(4) 镜筒。位于镜臂上端,是一个空心的圆筒,上端可放入目镜,下端接转换器和物镜。从镜筒的下端螺纹口到上端接目镜的距离,一般为 160 mm。镜筒有直筒式、单斜筒式、双斜筒式等。

(5) 转换器。是一个能转动的圆盘,用于装配物镜,上面有 3~5 个孔洞,可装上和调换几种不同放大率的物镜。

(6) 调焦旋钮。用于调节镜筒或载物台上下移动,使物镜焦距准确,以便获得清晰的物像。包括粗调旋钮和细调旋钮,前者升降速度快,只作粗略的调焦,后者升降速度很慢,每转一周,镜筒仅升降 0.1 mm,可进行细微调焦。

2. 光学系统

(1) 光源。新式显微镜的光源通常安装在显微镜的镜座内,通过按钮开关和拉杆来控制。常用灯光或散射日光作光源。在使用白炽灯时,在聚光镜下加一个蓝色滤光片效果更佳。

(2) 反光镜。由凹、平两面圆形镜片组成。通常强光多用平面镜,光线较弱时才用凹面镜。可自由转动方向,以反射光线至聚光器上。镜座内装有内置光源的显微镜则不需反光镜。

(3) 聚光器。位于镜台下面,由数个透镜组成。用于集聚由反光镜反射来的光线,使其集中于标本上。聚光器可以上下移动,以获得最适光亮度。下面装有虹彩光圈,可任意开闭,用来调节射入聚光镜光线的强弱。

(4)物镜。即接物镜,又称镜头,是最重要最昂贵的部件。物镜由许多透镜组成,起着放大标本片上被检物物像(实像)的作用。物镜的性能可以用数值孔径(numerical aperture, N.A)来表示。一般物镜上标有放大率、数值孔径、镜筒长度和指定使用盖玻片厚度4种数值。在低倍镜、高倍镜和油镜3种物镜中,油镜的放大倍数和数值孔径最大,而工作距离最短,即最接近标本片(图2-3)。

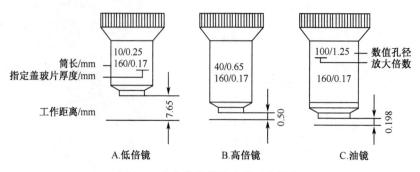

图2-3 接物镜的标注及其工作距离

(5)目镜。由1~3片透镜组成,可将经物镜放大的实像进一步放大成虚像,并映入人的眼睛。不同目镜上也标有5×、10×、15×等标志以表示其放大倍数。使用时可根据需要选用适当的目镜。

在显微镜的光学系统中,物镜的性能最为重要。普通光学显微镜通常配置有几个物镜,可分为干燥系和油浸系两种。干燥系物镜与标本之间的介质是空气,而油浸系物镜(油镜,有红、黑线圈标志,或标有oil或HI字样)与标本之间的介质是香柏油。

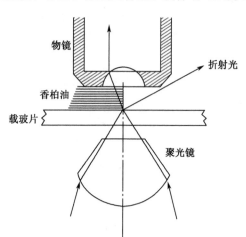

图2-4 干燥系与油浸系对光路的影响示意图

若玻片与物镜之间的介质为空气,则当光线通过玻片后受到曲折,发生散射现象,进入物镜的光线显然减少,这样就降低了视野的照明度;反之,若玻片与物镜之间的介质为香柏油(其折射率是$n=1.51$,与玻璃相当),当光线通过载玻片后,可直接通过香柏油进入物镜而不发生折射(图2-4)。

油镜的放大倍数最大,对微生物学研究最为重要。利用油镜不但能增加照明度,更主要是能增加数值孔径,即增加显微镜的分辨力。

所谓数值孔径,即光线投射到物镜上的最大角度(镜口角)的一半(α)正弦,乘上玻片与物镜间介质的折射率(n)所得的乘积(N.A$=n\cdot\sin\alpha$)。以空气为介质时:N.A$=1\times0.87=0.87$,而以香柏油为介质时:N.A$=1.51\times0.87=1.31$。

显微镜的分辨力是指显微镜能够辨别两点之间最小距离的能力(分辨力=1/2光波长度÷数值口径=$1/2\lambda\div$N.A),它与接物镜的数值孔径成正比,与光波长度成反比，因此接物镜的数值口径越大，光波波长越短，则显微镜的分辨力越高，被检物的细微结构也越能明显地辨别出来。例如，用数值孔径为 1.25 的油镜时，能辨别两点之间的最小距离＝1/ 0.55 ÷ 1.25 ＝ 0.22 （μm）。

实验一　使用普通光学显微镜观察各种微生物标本片

一、目 的 要 求

(1) 复习普通光学显微镜各部分的构造、性能和工作原理。
(2) 学习并掌握用低倍镜观察各种霉菌和酵母菌标本片的操作技术。
(3) 学习并掌握用高倍镜观察各种酵母菌和放线菌标本片的操作技术。
(4) 学习并掌握用油镜观察各种细菌染色标本片的操作技术。
(5) 掌握普通光学显微镜的维护及保养方法。

二、基 本 原 理

普通光学显微镜由机械装置和光学系统两大部分组成。在光学系统中，显微镜利用目镜和物镜两组透镜系统进行放大成像，故普通光学显微镜也被称为复式显微镜。在显微镜的光学系统中，物镜的性能最为重要，因它直接影响着显微镜的分辨率。在目镜保持不变（如 10×）的情况下，使用不同放大倍数的物镜，其放大率和分辨率都不同。常规配置的低倍镜、高倍镜和油镜中，油镜的放大倍数最大，使用方法较特殊，操作难度也相对较大。用油镜观察标本片时，需要在载玻片和镜头之间滴加香柏油，以利于增加显微镜的照明亮度和分辨率。

在使用显微镜进行观察时，应根据所观察微生物的个体大小选用不同的物镜。例如，要观察霉菌、酵母菌、放线菌等个体较大的微生物形态时，可选择低倍镜或高倍镜，而要观察个体较小的细菌或细胞结构时，则宜选用放大率和分辨率最高的油镜。初学显微观察的学生，要求先学习操作低倍镜，因为低倍镜的视野较大，焦距较高，较易发现目标和确定需要观察的位置。在熟练操作低倍镜的基础上，再学习操作高倍镜，最后学习使用油镜，按从易到难，循序渐进的学习程序。

三、实 验 器 材

1. 微生物标本
各种霉菌标本片，放线菌标本片，酵母菌水浸片，细菌染色标本片。
2. 仪器设备
各种普通光学显微镜（备有光源）。
3. 其他材料
香柏油，二甲苯，擦镜纸，白纱布。

四、实验内容及操作步骤

1. 显微镜的放置
(1) 将显微镜放在平整的实验台上，放置要平稳且要便于采光。

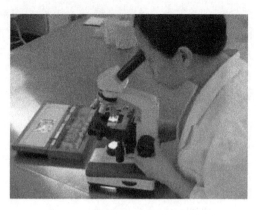

图 2-5 显微镜的放置与观察姿势

（2）镜座距实验台边缘 3～4 cm。

（3）坐着观察时姿势要端正，双眼同时睁开。

（4）调节好凳子的高度或使镜筒稍倾斜（图 2-5）。

2. 调节照明

显微镜可采用白天的散射阳光或日光灯作为光源。

（1）先将聚光镜升高，然后翻动反光镜并调节其角度，使视野内的光线均匀，亮度适宜。

（2）对镜座内安装有光源灯的，可通过调节电压以获得适当的照明亮度。

（3）根据光源的强度、所用物镜的放大倍数和所观察标本的不同，可通过升降聚光镜和放大缩小光圈，以获得合适的光亮度。

（4）通常观察染色标本时要求光线要强，而观察未染色标本时的光线不宜太强。

3. 用低倍镜观察霉菌的操作步骤

（1）装入目镜（10×或 12.5×），旋上低倍物镜（10×）。

（2）将霉菌的载片标本置于镜台上的固定夹内，旋动标本移动器，使要观察的部位（琼脂边缘生长的菌丝体）对准聚光镜上面的透镜中心。

（3）从侧面注视，向下转动粗调旋钮，使物镜下降至距标本片约 5 mm 的高度。

（4）两眼同时睁开，用左眼在目镜上观察，两手向上缓慢旋动粗调旋钮使物镜上升（距标本约 8 mm），至视野中出现较满意的被检物，并可通过升降聚光镜和缩放光圈适当调节光线的强弱。

（5）移动载片标本，寻找较满意的被检物位点放在视野中心，用细调旋钮向上或向下调节至图像最清晰，仔细观察并绘图记录。

（6）观察完毕，用擦镜纸将物镜和目镜的透镜擦干净，放入干燥器内。

4. 用高倍镜观察酵母菌和放线菌的操作步骤

1）由低倍镜转换高倍镜观察

低倍镜视野较宽，容易发现目的物和确定镜检位点，故可先用低倍镜观察，然后再改用高倍镜，其方法如下：

（1）装入目镜（10×或 12.5×），同时旋上低倍镜和高倍镜（40×或 45×）。

（2）将酵母菌或放线菌标本片固定于镜台上，并使镜检部位对准聚光镜。

（3）先用低倍镜如上法操作，待发现被检物后（视野中可见微小的酵母菌或放线菌），旋动转换器改用高倍镜。将光圈缩小，向上或向下稍微调节细调旋钮，使被检物清晰可见。

2）直接用高倍镜观察

（1）分别装入目镜（10×或 12.5×）和高倍镜（40×或 45×）。

（2）将酵母菌或放线菌标本片固定于镜台上，并使被检部位对准聚光镜。

（3）向下转动粗调旋钮，同时从侧面观察，使高倍镜缓慢下降至距标本片约 0.5 mm

的高度（很接近盖玻片但尚未接触）。

（4）用左眼注视目镜，两手向上（不能向下）微微转动粗调旋钮使物镜上升（距标本约 0.7 mm），发现视野中的被检物后，改用细调旋钮向上或向下转动，至能清楚地观察到被检物；适当调节光线使物像最清晰为止，仔细观察并绘图记录。

注意：若物镜上升超过 1 mm 后，仍未发现被检物，应从第（3）步起重复上述操作，切勿上下盲目升降，以防损坏镜头或标本。

5. 用油镜观察细菌的操作步骤

（1）装入目镜（10×或 12.5×），小心旋上油镜（100×或 90×）。

（2）将聚光镜上升到最高，光圈开到最大，以获得最强的光亮度。

（3）将细菌的染色标本片固定于镜台上，于被检物染色部位滴加一滴香柏油，调节标本移动器使油滴对准聚光镜的透镜。

（4）从侧面注视，缓慢降下油镜至浸入油滴中，并几乎与标本接触或轻微接触，但切勿重压标本片。

（5）左眼注视目镜，两手向上（切勿向下）微微旋转粗调旋钮使油镜很慢地上升（距标本约 0.14 mm）。当视野中出现模糊的被检物时，改用细调旋钮向上或向下调至目的物清晰为止，仔细观察并绘图记录。

注意：在向上旋转粗调旋钮时，若油镜头已离开油滴而未发现被检物时，应从第（4）步起重复上述操作，切忌盲目升降。

6. 显微镜用毕后的维护及保养

（1）观察完毕，旋动粗调旋钮，上升镜筒，取下载玻片。

（2）用擦镜纸擦去镜头上的香柏油，再用擦镜纸蘸少许二甲苯擦拭镜头上残留的油迹（2 或 3 次），然后再用干净擦镜纸擦干残留的二甲苯。

（3）用擦镜纸擦拭其他物镜及目镜，将全部物镜及目镜取下，放入干燥器内保存。

（4）用柔软的绸布擦拭显微镜的金属部件。

（5）关闭光源灯，将反光镜垂直于镜座，将载物台降到最低位置，并降下聚光器。

（6）将整部显微镜用红黑两层布罩罩好，移置镜箱中。

五、实验注意事项

（1）显微镜为精密仪器，在从箱中取出或放入时，应一手紧握镜臂，另一手托住底座，并保持显微镜直立和平稳，防止震动。

（2）显微镜应放在通风干燥处，避免直射阳光或暴晒，避免与酸碱和腐蚀性的化学试剂等放在一起。

（3）在放置显微镜的镜箱内，应放有小袋装的干燥剂（硅胶或氯化钙），以避免受潮。干燥剂要经常更换。

（4）接物镜和接目镜为贵重部件，必须保持清洁，若有灰尘应用擦镜纸擦拭，切忌用布或其他物品擦拭。

（5）用油镜观察完毕后，在用擦镜纸蘸二甲苯擦拭油镜头的透镜时，应注意二甲苯用量不能太多，也不能让其在镜头上停留时间过长，因为油镜头上的几块透镜是用树胶黏合在一起的，过多的二甲苯将会溶解树胶，导致透镜脱落。

(6) 显微镜在暂停使用时，勿使物镜镜头与集光器相对，宜将物镜转成"八"字形，同时缩短镜和载物台之间的距离，避免因镜筒滑落损坏物镜。

(7) 盖玻片很薄，在操作中应注意不要用力过猛压碎玻璃；取放载玻片时不要触摸到加有样品的部位，以免影响对结果的观察。

(8) 用显微镜观察标本片时，如有戴眼镜者，一般应摘下眼镜。确需戴眼镜观察时，则应注意眼镜不要与目镜接触，以免在透镜片上造成划痕，影响观察。

六、实验报告与思考题

1. 实验结果

(1) 将所观察到的各种微生物个体形态，分四大类（霉菌、酵母菌、放线菌、细菌）绘成视野圆形图，并分别注明所用物镜及放大倍数。

(2) 试列表比较低倍镜、高倍镜及油镜在各方面的不同之处。

2. 思考题

(1) 你认为影响明视野显微镜分辨率的因素有哪些？

(2) 应如何根据所观察四大类微生物大小的不同，选择不同的物镜进行有效的观察？

(3) 在使用高倍镜及油镜时，应特别注意避免粗调旋钮的哪些错误操作？

(4) 用油镜观察细菌染色标本时，在载玻片和镜头之间滴加香柏油起什么作用？

(5) 用油镜观察时及观察完毕后，主要应注意哪些问题？

第二节 暗视野显微镜使用的操作技术

使用普通光学显微镜对较透明的活菌体进行观察时，通常需要对样品进行染色处理，以提高透明活菌体与明亮视野背景间的反差。因为明视野显微镜的照明属于透射照明，光线直接进入视野，菌体与背景间反差过小而不易看清楚。

本节介绍的暗视野显微镜以及下面两节介绍的相差显微镜、荧光显微镜，都是通过在成像原理上的改进，提高了在显微观察时样品与背景间的反差，从而实现对活菌体的直接观察。

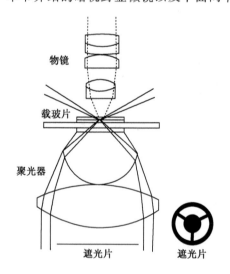

图 2-6 暗视野显微镜光路示意图

暗视野显微镜的视野背景是黑暗的，将明视野普通光学显微镜的聚光器，更换为一个暗视野聚光器，就成为一台暗视野显微镜了。暗视野聚光器的特别之处，是在其底部中央有一块遮光片，使来自光源的光线，只能从聚光器的周缘部位斜射到标本上。

暗视野聚光器有抛物面形和心形两种。以抛物面聚光器为例，其透镜呈斜度较小的抛物面形式，底部中央有一块遮光片，照明时其光路如图 2-6 所示。

进入抛物面聚光器的全部光线都集中地反射出来,恰好与被检样品处于同一平面上。用小孔径物镜观察时,直射的光束不能投射入物镜中,视野就变暗。如果在光线聚集的表面上存在着被检物体,则临近被检物体的光线就被散射并通过物镜进入眼中。

暗视野显微镜形成了亮样品暗背景的观察效果,这是因为只有经过被检样品表面反射和折射的光线,才能进入物镜形成物像,而其他未经反射或折射的光线不能进入物镜。这样,由于被检样品与背景之间的明暗反差很大,故原来在明视野显微镜中不易看清的透明微小活菌体,在暗视野显微镜中就可以在黑暗中清晰地观察到光亮的菌体。但使用暗视野显微镜仅能看到菌体的轮廓,而看不清其内部结构,这是暗视野法的不足之处。

用暗视野显微镜,即使所观察的微粒小于显微镜的分辨率,仍然可通过微粒散射的光而发现其存在,故暗视野显微镜可用于观察活细菌及细菌鞭毛的运动性,也可用于鉴别酿酒酵母的死细胞与活细胞(活细胞外表比死细胞明亮)。

实验二　使用暗视野显微镜观察活菌体

一、目的要求

(1) 了解暗视野显微镜的构造、原理和性能。
(2) 掌握暗视野显微镜使用的操作技术。
(3) 学会在暗视野显微镜下观察并鉴别酵母菌的死、活细胞。
(4) 学会在暗视野显微镜下观察并识别活细菌的运动性。

二、基本原理

活细菌细胞在明视野显微镜下观察是透明的,不易看清,因为明视野显微镜的照明光线直接进入视野,属透射照明。暗视野法则可以清晰地观察到活菌体等透明的微小颗粒,也可以观察活细菌的运动性,这是由于它是利用特殊的聚光器实现斜射照明。

暗视野显微镜的照明光线不直接穿过物镜,而是由样品反射或折射后再进入物镜,因此,整个视野是暗的,而样品是明亮的。在暗视野显微镜中由于样品与背景之间的反差增大,即使所观察微粒小于显微镜的分辨率,依然可以通过它们散射的光而发现其存在。

暗视野显微镜可用于观察鉴别酿酒酵母的死细胞与活细胞(活细胞外表比死细胞明亮),也可用于观察活细菌及识别细菌鞭毛的运动性。

使用暗视野显微镜时,应在聚光器与载玻片之间充满香柏油,使照明光线不至于在聚光器上反射掉,而是照射到被检物上并被散射而通过物镜。为了使聚光器的焦点对准被检物,除了应将聚光器的光轴与物镜的光轴严格调到同一直线上,还要

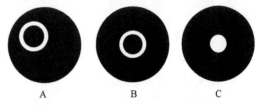

图 2-7　暗视野聚光器的中心调节及调焦
A. 聚光器光轴与物镜光轴不一致; B. 聚光器焦点与被检标本不一致; C. 聚光器焦点与被检标本一致

进行中心调节和调焦（图 2-7）。

在调焦时，要注意载玻片与盖玻片的厚度，若玻片过厚，则聚光器的焦点无法调到被检物上。在用油镜观察标本时，通常采用抛物面聚光器，所用载玻片厚度为 0.7～1.2 mm，盖玻片厚度小于 0.17 mm。

三、实 验 材 料

1. 微生物菌种

酿酒酵母（*Saccharomyces cerevisiae*），枯草芽孢杆菌（*Bacillus subtilis*）。

2. 仪器设备

暗视野聚光器，明视野显微镜（普通光学显微镜），恒温培养箱，超净工作台等。

3. 其他材料

载玻片，盖玻片，擦镜纸，滤纸，香柏油，二甲苯等。

四、实验内容及操作步骤

1. 换装暗视野聚光器

(1) 取下明视野显微镜原有的聚光器，换上暗视野聚光器。

(2) 上升暗视野聚光器，使聚光器的透镜顶端与镜台平齐。

2. 调节光源

(1) 用强光源的显微镜灯（带会聚透镜）照明，将光圈孔调至最大。

(2) 调节好光源和反光镜，使光线正好落在反光镜中央。

3. 放置酵母菌标本片

(1) 选用厚度为 0.7～1.2 mm 的干净载玻片一块。

(2) 在载玻片中央加上一滴酿酒酵母的活性菌悬液（含少量死细胞）。

(3) 加上厚度为 0.10～0.17 mm 的盖玻片（切勿有气泡），制成酵母水浸片。

(4) 在聚光器透镜顶端的平面上，滴一大滴香柏油。

(5) 将酿酒酵母的水浸片置于镜台上。

(6) 升起聚光器，使载玻片的下表面与香柏油接触（注意避免产生气泡）。

4. 用低倍镜调节亮度并聚焦样品

(1) 先用低倍镜（10×）调节亮度，上下移动聚光器调节其高度。

(2) 将光源光圈关小些，可在黑暗视野中观察到一个亮环。

(3) 调节聚光器的对中螺旋，使亮环位于视野的中心，即使聚光器与物镜的光轴一致。

(4) 微调聚光器高度，使亮环变成一个亮光点，光点越小越好。

(5) 逐步扩大光源光圈，使光点扩大至略大于视野。

5. 用高倍物镜观察酵母菌

(1) 换用高倍物镜（40×），具体操作方法见第二章实验一（四、4.）。

(2) 稍微调节聚光器和反光镜，仔细调节细旋钮，使菌体更清晰。

(3) 观察活性酿酒酵母的个体形态并绘图。

(4) 在暗视野显微镜下，观察鉴别酵母菌的死细胞与活细胞并绘图。

6. 放置枯草芽孢杆菌标本片
（1）取干净载玻片一块，在其中央加上一滴活性枯草芽孢杆菌的幼龄菌悬液。
（2）加上盖玻片（切勿产生气泡），制成枯草芽孢杆菌水浸片。
（3）在聚光器透镜顶端的平面上，补加一滴香柏油。
（4）将枯草芽孢杆菌的水浸片置于镜台上。
（5）升起聚光器，使载玻片的下表面与香柏油接触（注意避免产生气泡）。

7. 用油镜观察枯草芽孢杆菌
（1）换用油镜（100×），在盖玻片上加一滴香柏油。
（2）用油镜观察的具体操作方法见第二章实验一（四、5.）。
（3）对光调节亮度，并调节聚光器的高度以聚焦。
（4）稍微调节聚光器和反光镜，仔细调节细旋钮，使菌体更清晰。
（5）观察活性枯草芽孢杆菌的个体形态并绘图。
（6）在暗视野显微镜下，观察并识别幼龄枯草芽孢杆菌的运动性。

8. 观察完毕后的清洁
（1）擦去聚光器上的香柏油，妥善清洁镜头及其他部件见第二章实验一（四、6.）。
（2）参照普通光学显微镜的要求，对用毕的显微镜进行维护及保养。

五、实验注意事项

（1）选取的载玻片和盖玻片要求非常清洁，保证无油脂、无裂痕，以免反射光线。
（2）由于暗视野聚光器的数值孔径值较大（N.A＝1.2～1.4），焦点较浅，因此所选用的载玻片和盖玻片不宜太厚，通常选用载玻片的厚度为 0.7～1.2 mm，盖玻片的厚度为 0.10～0.17 mm，否则被检物将无法调至聚光器焦点处。
（3）聚光器与载玻片之间滴加的香柏油要填满，不能存有气泡，否则照明光线于聚光镜上面将被全面反射，达不到被检物，从而不能得到暗视野照明。
（4）在用低倍镜调节亮度并聚焦样品时，开始是在载玻片上出现一个中间有一黑点的光环，应再继续调至成为一明亮的光点，而且光点愈小愈好。当聚光器被调到准确位置时，可见视野中心有一圆点的光。

六、实验报告与思考题

1. 实验结果
（1）绘图并描述在暗视野显微镜下观察到的酿酒酵母和枯草芽孢杆菌的形态特征。
（2）绘图比较所观察到的酵母菌死细胞与活细胞。
（3）绘图描述所观察到的幼龄枯草芽孢杆菌的运动性。

2. 思考题
（1）暗视野显微镜与明视野显微镜相比，在结构和工作原理上最大的差异是什么？
（2）使用暗视野显微镜观察时，对所用的载玻片、盖玻片、镜油有何要求？为什么？
（3）为什么在每次使用暗视野显微镜前，都必须检查聚光器和物镜的光轴是否一致？
（4）暗视野显微镜在光线较暗还是较明亮的环境里使用效果更好？

第三节 相差显微镜使用的操作技术

由于微生物活菌体是透明的，当光线通过菌体时，光的波长和振幅不发生变化，所以在观察时整个视野的亮度是均匀的。因此，透明的活菌体及细胞结构，在普通光学显微镜下不易看到或看不清。在暗视野显微镜下可以看到活菌体的轮廓及运动情况，但不能看清楚细胞内部的某些细微结构。相差显微镜可以克服这方面的缺点。

相差显微镜与普通光学显微镜的不同之处在于它带有四个特殊部件：装在聚光器下方的环状光阑、具有环状相板的相差物镜、用于合轴调整的低倍望远镜、用于滤光吸热的滤光片。

1. 装在聚光器下方的环状光阑

相差显微镜聚光器的光阑是环状光阑（图2-8），其上有一个环状透明区，光线只能由此进入聚光镜，再斜射到标本上，结果产生直射光和绕射光。在聚光器的前焦面上装有大小不同的环状光阑，环状光阑与聚光镜一起组成转盘聚光器。聚光器转盘前端标示孔表示光阑种类（刻有10×、20×和40×等），不同放大率的物镜应与各自不同的环状光阑匹配使用。每个环状光阑是一个透明的亮环，来自反光镜的光线从亮环通过，形成一个空心圆筒状的光柱，经聚光镜后到达载玻片上。

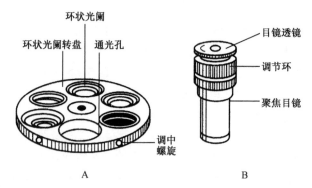

图2-8 相差显微镜的环状光阑（A）和合轴调节望远镜（B）

图2-9 相板上的暗环和环状光阑形成的亮环

2. 具有环状相板的相差物镜

带有环状相板的物镜称为相差物镜，相差物镜是相差显微镜的主要部件。环状相板安装在物镜的后焦平面上，环状相板由环状共扼面和补偿面两部分组成，分别透过直射光和绕射光。通过涂在相板上的吸收膜和推迟相位膜，直射光和绕射光会发生光强度减弱及相位改变。环状相板上的暗环与环状光阑上的亮环大小是匹配的（图2-9）。当直射光通过相板暗环时，光波相对的提前或延迟1/4波长，约20%的直射光与绕射光发生干涉作用，将相位差变为振幅差。

如果是部分吸收绕射光，推迟直射光的相位，可产生明反差，即形成明亮的标本和暗的背景；反之，如果是部分吸收直射光，而推迟绕射光的相位，则产生暗反差，即形成暗的标本和明亮的背景。

3. 用于合轴调整的低倍望远镜

相差物镜中的相位环和环状光阑的光环都很小，为保证两环的环孔相互吻合，光轴完全一致，必须使用特制的合轴望远镜（图 2-8）进行合轴调节。

合轴望远镜是一种特制的低倍（4~5 倍）望远镜，用于合轴调中，即调节环状光阑的光环和相差物镜相位环的环孔相互吻合，保证光轴完全一致（图 2-10）。使用时拔出目镜，将合轴望远镜安装在目镜镜筒两端，然后调节物镜的光轴与环状光阑的中心，使两者完全处于同一直线上，以减少直射光通过的强度。

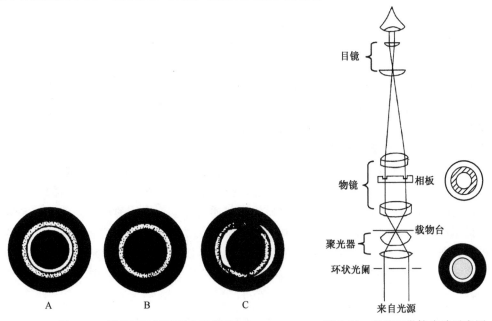

图 2-10 相差显微镜照明合轴调节
A. 环状光阑的亮环小于相板的暗环；B. 环状光阑亮环与相板暗环完全重合；C. 环状光阑中心不合轴，双环偏离

图 2-11 相差显微镜光路示意图

4. 用于滤光吸热的滤光片

相差物镜多属消色差物镜，只纠正黄、绿光的球差，而未纠正红、蓝光的球差，因此进行相差显微镜观察时一般都采用绿色滤光片。绿色滤光片效果最好，且有吸收红色光和蓝色光的作用，有利于进行活体观察。

相差显微镜就是通过环状光阑与相板的特殊构造，利用光波干涉的原理，把透过反差极小的透明标本的光，分解成相位不同的衍射光和直射光，并使这两种光互相干涉，使通过标本的光波的相位差转变为振幅差，即光的波长和振幅都发生变化，使细胞内不同结构表现出明暗的差异，因而活细胞内的细微结构不用染色也能观察得到（图 2-11）。

实验三 使用相差显微镜观察啤酒酵母细胞内部结构

一、目 的 要 求

（1）了解相差显微镜的构造、原理和性能。
（2）掌握相差显微镜使用的操作技术。
（3）学会在相差显微镜下观察酵母菌的细胞内部结构。

二、基 本 原 理

用普通光学显微镜观察未经染色的活细胞时，其形态和内部结构往往难以分辨，这是因为光线通过较透明标本时，光的波长（颜色）和振幅（亮度）都没有明显的变化。

然而，20世纪40年代创立的相差显微技术，不仅使人们能清楚观察到活细胞的形态，而且还能看到细胞的内部结构及其变化过程。

透明活细胞内部的不同结构，其密度和折射率实际上是有差异的。当光线通过这些活细胞标本时，光波的相位也会因此发生变化，但在明暗和颜色上不表现出人眼可见的差异，故在明视野显微镜下看起来标本是透明的。

相差显微技术的原理是，活细胞各部分的折射率和厚度不同，光线通过这种标本时，直射光和衍射光的光程会有差别。随着光程的增加或减少，加快或落后的光波的相位会发生改变，即产生相位差。相差显微镜则能通过转盘聚光器的环状光阑和相差物镜的环状相板，将光的相位差转变为人眼可以觉察得到的振幅差即明暗差，使原来较透明的物体表现出明显的明暗差异，从而增强了对比度，使人们能较清楚地观察到活细胞形态及其内部的某些细微结构。而这些细微结构在普通明视野显微镜中是看不到或看不清的。

三、实 验 器 材

1. 微生物菌种

啤酒酵母［卡尔斯伯酵母（*Saccharomyces carlsbergensis*），俗称卡氏酵母（啤酒酿造常用菌种）］，幼龄与老龄菌液。

2. 仪器设备

相差聚光器，相差物镜，普通光学显微镜，恒温培养箱，超净工作台等。

3. 其他材料

载玻片，盖玻片，擦镜纸，滤纸等。

四、实验内容及操作步骤

1. 换装相差部件

（1）将普通光学显微镜的聚光器和接物镜，分别换成相差聚光器和相差物镜。
（2）将相差聚光器转盘调节到"0"标记的位置。

2. 调节光源

（1）将强光源显微镜灯置于显微镜的前方，与平面反光镜相对。

(2) 调节镜灯的位置和倾斜度，上下移动聚光器，使灯光投到聚光器的可变光阑上。

(3) 取一块绿色滤光片放于滤光片托架上。

3. 放置啤酒酵母水浸片

(1) 选用厚度约为 1.0 mm 的干净载玻片，在载玻片中央加上一滴啤酒酵母的活菌悬液。

(2) 加上厚度约为 0.17 mm 的盖玻片（切勿有气泡），制成酵母菌水浸片。

(3) 将啤酒酵母菌的水浸片置于镜台上。

4. 低倍相差物镜调光调焦

(1) 用低倍相差物镜（10×）观察，在明视野下调节亮度，然后调焦至能看清样品物像。

(2) 将聚光器转盘调节到"10"标记的位置（与所用 10×相差物镜相匹配）。

(3) 把聚光器的光圈开足，以增加视野亮度。

5. 望远镜合轴调节

(1) 取下目镜，换上合轴调节望远镜，并转动内筒使其上下升降，直到能看清物镜中的相板暗环。

(2) 用聚光器的调中螺旋移动环状光阑的亮环，直至相板暗环与亮环两部分完全重合。

(3) 按此法依次对其他放大倍数的物镜和相应的环状光阑进行合轴调节。

6. 高倍相差物镜观察

(1) 取下合轴望远镜，换回普通目镜，按明视野显微镜的观察方法进行相差观察。

(2) 将聚光器转盘调节到"40"标记的位置，换用高倍相差物镜（40×）观察，按上法重新调节中心，使光轴一致。

(3) 仔细观察幼龄啤酒酵母的细胞核和细胞质并绘图。

(4) 仔细观察老龄啤酒酵母的液泡和各种储藏颗粒并绘图。

五、实验注意事项

(1) 制作标本用的载玻片厚度应均匀一致，在 1.0 mm 左右，载片过厚时，环状光阑的亮环变大，过薄时则亮环变小，亮环不能与相板的圆环一致。

(2) 盖玻片的标准厚度应为 0.16～0.18 mm，过厚或过薄时，都会使像差、色差增加，影响观察效果。

(3) 进行相差显微镜观察时，一般使用绿色滤光片效果最好，且绿色滤光片有吸热作用（吸收红色光和蓝色光），进行活体观察时比较有利。

(4) 每次使用前都应利用合轴调节望远镜进行合轴调节，精确的合轴调中是获得良好观察效果的关键。若环状光阑的光环和相差物镜中的相位环不能精确吻合，会造成光路紊乱，失去相差显微镜的效果。

六、实验报告与思考题

1. 实验结果

(1) 绘图并描述在相差显微镜下观察到的啤酒酵母的形态特征。

(2) 将所观察到的幼龄酵母菌与老龄酵母菌细胞内部结构绘图作比较。

2. 思考题

(1) 相差显微镜与暗视野显微镜相比，在结构和工作原理上的差别是什么？

(2) 使用相差显微镜观察时，对所用的载玻片、盖玻片有何要求？为什么？

(3) 为什么在每次使用相差显微镜前，都必须用合轴调节望远镜进行合轴调中？

第四节　荧光显微镜使用的操作技术

前面所介绍的显微镜，不论是普通光学显微镜，还是暗视野、相差显微镜，它们都是用来自光源的可见光，对样品进行照明和成像，直接观察到的是样品的本色。而荧光显微镜观察到的物像，则是由样品被激发光激发后发出的荧光形成的。

荧光显微镜与普通光学显微镜在基本结构上是相同的，不同之处有四点：①荧光显微镜通常采用高压汞灯或弧光灯作为发生强烈紫外光的光源；②通过吸热水槽使紫外线放出的热量被吸收；③配有一个激发滤镜（又称激发荧光滤光片），能滤掉来自高压汞灯的杂光，仅让特定波长的激发光透过，置于聚光器与光源之间；④有一套阻断滤镜（又称屏障滤光片），只允许特定波长的荧光通过，用于保护观察者的眼睛并降低视野亮度，安置在目镜的下方或物镜的上方。图 2-12 为正置落射荧光显微镜的光路示意图。

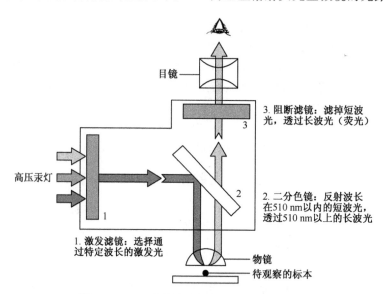

图 2-12　正置落射荧光显微镜的光路示意图

微生物细胞和细胞内的某些物质，可以吸收激发光的辐射能而被激发。在紫外光或蓝紫光的激发下，微生物样品会产生荧光（可见光），可直接使用荧光显微镜进行观察。当光源通过物镜落射于微生物样品时，激发产生的荧光通过物镜进入目镜，视野照明均匀，成像清晰。对于自身不产生荧光的样品，需用荧光染料（荧光素）染色后再进行观察。

荧光显微镜的特点是灵敏度高，约为可见光显微镜的 100 倍，用途日益广泛。荧光显微镜早已应用于细菌、霉菌等微生物及细胞等的形态观察和研究，现在又应用于检查和定位病毒、细菌、霉菌、原虫、寄生虫、组织抗原与抗体。生物发光蛋白（如绿色荧光蛋白 GFP），不需染色即可在荧光显微镜下观察到明显的荧光，使荧光观察技术得到进一步的发展。

实验四　使用荧光显微镜观察酵母和细菌的形态结构

一、目　的　要　求

(1) 了解荧光显微镜的构造、原理和性能。
(2) 掌握荧光显微镜使用的操作技术。
(3) 学会在荧光显微镜下观察酵母菌和细菌的形态结构。

二、基　本　原　理

荧光显微镜是利用紫外光或蓝紫光（不可见光）的照射激发，使标本内样品的荧光物质被激发而转化为各种不同颜色的荧光（可见光），再通过物镜进入目镜成像，可观察和分辨标本内某些物质的性质与存在位置。

在进行荧光显微镜镜检时，若用暗视野聚光镜使视野保持黑暗，这时荧光物像更加清晰易见，甚至原本在明视野显微镜中无法分辨的细微颗粒，也有可能被观察到。荧光显微镜可以用来在显微镜下区分死、活细胞，细菌计数，也已被广泛应用于微生物检验及免疫学研究等。

对于自身不产生荧光的样品，需用荧光染料（荧光素）染色后再进行观察。有些荧光染料对某些微生物有选择性，有些荧光染料对细胞的不同结构具有亲和力。

三、实　验　器　材

1. 微生物菌种

酿酒酵母（*Saccharomyces cerevisiae*）斜面菌种，大肠杆菌（*Escherichia coli*）斜面菌种。

2. 试剂与溶液

0.01%吖啶橙水溶液，香柏油，二甲苯等。

3. 仪器设备

荧光显微镜，恒温培养箱，超净工作台等。

4. 其他材料

载玻片，盖玻片，擦镜纸，滤纸，酒精灯，接种环。

四、实验内容及操作步骤

1. 制作水浸片

(1) 取一个干净载玻片，在其中央加一滴新配制的 0.01%吖啶橙水溶液。
(2) 用接种环挑取少量酿酒酵母斜面菌苔，与吖啶橙溶液充分混匀，制成菌悬液，加上盖玻片（切勿有气泡），制成酵母菌水浸片。

(3) 用接种环挑取少量大肠杆菌斜面菌苔,按上法制备水浸片。

2. 预热高压汞灯

(1) 打开高压电源开关,按下激发按钮,点燃高压汞灯,预热 15 min。
(2) 关闭紫外线光闸。

3. 用明视野观察酵母标本

(1) 将制备的酵母菌水浸片放置于载物台上,用玻片夹固定好。
(2) 打开普通照明光源,选用高倍物镜聚焦,在明视场下观察标本。

4. 用荧光观察酵母标本

(1) 关闭普通照明光源,根据观察需要,选择开关 G(绿光激发)或 B(蓝光激发),以获得合适的激发紫外线。
(2) 打开紫外线光闸,标本被激发产生荧光,从目镜进行荧光观察并绘图。
(3) 调节紫外线光闸,控制激发紫外线的强度,并经常转换视野。

5. 观察细菌标本

(1) 将制备的大肠杆菌水浸片放置于载物台上,选用油镜聚焦,在明视场下观察标本。
(2) 关闭普通照明光源,打开紫外线光闸,同上法进行荧光观察并绘图。
(3) 观察完毕后,做好镜头的清洁工作,待灯室冷却至室温。

五、实验注意事项

(1) 荧光显微镜使用的载玻片和盖玻片必须很清洁,无油污,无划痕。
(2) 使用油镜进行荧光显微镜观察时,必须用无荧光的镜油。
(3) 使用荧光显微镜时宜先用明视野观察、寻找到标本后再转换光源。
(4) 荧光镜检时应经常转换视野,以减轻激发光长时间照射造成的荧光衰减和淬灭现象。
(5) 由于每种荧光物质都有一个产生最强荧光的激发光波长,被激发产生的荧光也具有专一性,故应采用不同的激发滤镜/阻断滤镜组合。
(6) 紫外线会伤害眼睛,使用荧光显微镜时切勿直视激发光。
(7) 荧光显微镜应尽量在光线较暗的环境里使用。

六、实验报告与思考题

1. 实验结果

(1) 绘图并描述在荧光显微镜下观察到的大肠杆菌的形态特征。
(2) 绘图并描述在荧光显微镜下观察到的酿酒酵母的形态和细胞结构。

2. 思考题

(1) 荧光显微镜与明视野显微镜相比,在结构和工作原理上有何差别?
(2) 试列表分析比较相差显微镜、暗视野显微镜、荧光显微镜各自的特点。
(3) 使用荧光显微镜观察时,对所用的载玻片、盖玻片有何要求?为什么?
(4) 为什么高压汞灯关闭后不宜立即重新打开,需经至少 5 min 后才能再启动?

第五节 电子显微镜使用的操作技术

1932年，德国人E.Ruska及其同事以波长比可见光短得多的电子束作为光源，以电磁透镜代替玻璃透镜，发明了世界上第一台透射电子显微镜。电子显微镜的问世，使显微镜的分辨能力高达0.1 nm，放大倍数可高达100万倍。

随着电镜技术的迅猛发展，继透射电镜之后，又相继研制出扫描电子显微镜、扫描透射电镜、扫描隧道显微镜和具有分析功能的分析电镜等新型电镜。有了各种类型的电子显微镜，人们不仅可以清晰地观察到微生物的细胞器、病毒的细微结构，还能够观察到生物大分子物质，并能对生物进行综合性的功能研究。现在，电子显微镜及其显微技术已成为现代生物科学研究不可缺少的工具和手段。

一、透射电子显微镜

1. 透射电子显微镜的主要结构

透射电子显微镜的主要结构包括：电子枪、电磁聚光器、电磁物镜、投影物镜、观察目镜、荧光屏或影像板等。图2-13为透射电子显微镜的基本结构示意图，图2-14为透射电子显微镜的工作原理示意图。

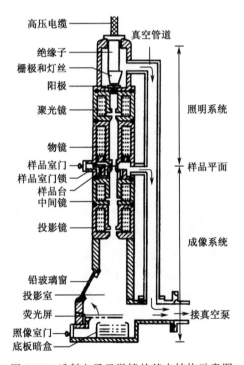
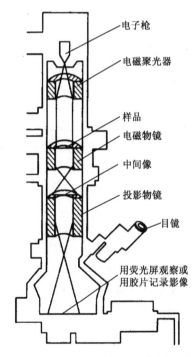

图2-13 透射电子显微镜的基本结构示意图　　图2-14 透射电子显微镜的工作原理示意图

2. 透射电子显微镜的分辨力和放大率

透射电子显微镜以高速的电子束代替光学显微镜的光束，通过电磁透镜使被检物放大成像。在高真空的电子枪内，在加速电压为100 kV时，电子波波长为0.0037 nm，其分辨力可达 0.1 nm，比光学显微镜的分辨力（200 nm）提高了 2000 倍。

透射电子显微镜利用多个电磁透镜的组合，得到逐级放大的电子像。通过增加电磁透镜的数目，可极大地提高放大率。电磁透镜的磁场越强，焦距越短，放大倍数也就越大。现代透射电子显微镜的成像都采用短焦距的强磁透镜，其放大倍数不小于 50 万倍，最高的可达 100 万倍。

3. 透射电子显微镜的成像原理

透射电子显微镜物像的形成，主要是基于电子的散射作用和干涉作用。由电子的散射作用造成的反差以强度的变化显示出来，称为"振幅反差"。在用电子显微镜进行低倍观察时，振幅反差是主要的反差源。人眼不可见的电子束通过电磁透镜放大了被检物的物像，最终在电子显微镜的荧光屏上呈现出来。

电子束中的电子在与被检物发生非弹性碰撞时，损失部分能量的电子运动速度减慢，它们与速度不变的电子会发生干涉作用，致使电子相位上产生变化，即引起"相位反差"，在荧光屏上会呈现亮暗区。在通过高倍观察辨别极小的细微结构时，相位反差起主导作用。

二、扫描电子显微镜

1. 扫描电子显微镜的主要结构

扫描电子显微镜的主要结构包括电子枪、电磁镜、电子探测器、放大器、观察荧光屏等。

2. 扫描电子显微镜的分辨力和放大率

扫描电子显微镜主要被用于观察被检物样品的表面立体结构，进行表面形貌观察研究，还能得到关于样品的其他信息，其图像清晰逼真。扫描电镜的分辨力小于 6 nm。其总放大倍数从 20～100 000 倍连续可调。

3. 扫描电子显微镜的成像原理

扫描电子显微镜与光学显微镜和透射电子显微镜的工作原理不同，而是类似于电视。其成像原理是，电子枪发出的电子束，被磁透镜汇聚成极细的电子"探针"，在样品表面进行"扫描"（同时，荧光屏上的电子束也做同步扫描），电子束扫到之处样品表面因被激发而放出二次电子并产生许多物理信号。二次电子由探测器收集，并被闪烁器转变成光信号，再经光电倍增管和放大器又变成电压信号，控制荧光屏上电子束的强度。二次电子产生的多少与样品表面的立体形貌有关，样品上产生二次电子多的地方，在荧光屏上相应的部位就越亮，反之则越暗，最终会得到一幅放大的样品立体图像。由于扫描电镜电子束孔径角极小，故景深比透射电镜大得多，成像具有很强的立体感。

电子显微镜可以提供远高于各种型式光学显微镜的分辨率，可用于对细胞、病毒、生物大分子等样品进行观察，是微生物学研究的有力工具。

实验五　透射电子显微镜微生物样品的制备与观察

一、目　的　要　求

（1）了解透射电子显微镜的构造和工作原理。

(2) 学习并掌握制备微生物透射电子显微镜样品的操作技术。

(3) 了解在透射电子显微镜下观察噬菌体和酵母菌细胞结构的方法。

二、基 本 原 理

透射电子显微镜所能达到的分辨率较光学显微镜大大提高，这主要是由于两者所采用的光源不同。透射电子显微镜是由电子枪发射出来的电子束，代替可见光作为光源的。电子枪由阴极、栅极和阳极三部分组成，电子枪发射出的电子束经过双聚光镜（电磁透镜）会聚于样品上，电子束穿过样品后经过物镜放大，再经过中间镜和投像镜进一步放大，最终将样品的像显示在荧光屏上。

电子显微镜的主要特点是：①电镜镜筒中要高度真空，保证电子带电荷的粒子在运行中不会因气体分子的影响而发生偏转，导致物像散乱；②电镜是用电磁透镜（电磁圈）产生磁场来使电子束发生折射、聚焦的；③电镜产生的电子像，肉眼是看不到的，需由荧光屏来显示或用感光胶片做记录。

根据电子束作用于样品的方式及成像原理的差异，现代电子显微镜已发展形成了多种类型，目前最常用的是透射电子显微镜和扫描电子显微镜。电子显微镜不属于常规仪器，需要受过训练的专职人员操作，但电子显微镜的各种微生物样品制备和观察的基本技术，对于学生而言是必须掌握的。在进行透射电子显微镜微生物样品制备时，要求对所制备的微生物样品，尽可能完好地保存其活体状态时的结构。

透射电子显微镜采用覆盖有支持膜的载网来承载被观察的微生物样品。最常用的载网是铜网，而支持膜可用塑料膜（如火棉胶膜、聚乙烯甲醛膜等），也可用炭膜或金属膜。透射电镜样品制备技术主要有下列三种。

1. 投影技术

在真空蒸发设备中，将铂或铬等对电子散射能力较强的金属原子，由微生物样品的斜上方进行喷镀，以提高其反差。该法可用于观察病毒、细菌鞭毛、生物大分子等微小颗粒。

2. 负染色技术

用高密度而在透射电子显微镜下又不显示结构的重金属物质（如磷钨酸、乙酸铀等），对样品进行"染色"，在灰暗的背景中显示样品细微结构的染色技术，称为负染色技术。负染色技术具有快速、简便易行和分辨率高等特点，病毒、细菌、离体细胞器、生物大分子等的形态大小和表面结构都适合于采用这种技术。例如，利用负染色技术能够清晰地观察到病毒（如噬菌体）的内部结构，因而该染色技术在生物学研究中得到广泛应用。

3. 超薄切片技术

生物样品经过取材、固定、清洗、脱水、浸透、包埋后，采用超薄切片机进行超薄切片，经染色后制成电镜样品的技术，即为超薄切片技术。在透射电子显微镜的生物样品制备技术中，超薄切片技术是最基本的常规制样技术。用透射电子显微镜观察生物组织的超薄切片，可以显示细胞的细微结构。

超薄切片技术是研究细胞及组织超微结构时最常用最重要的电镜样品制备技术。为了完好地保留生物样品的细微结构，获得清晰的电镜图像，超薄切片必须达到下列要求：①切片的包埋介质在电子束的照射下，不发生变形和升华；②切片的厚度约为 50 nm，不宜过薄或过厚；③超薄切片平整均匀，没有刀痕和皱褶，细胞超微结构保存良好；④经染色后的超薄切片，没有染色剂的沉淀污染。

本实验拟应用负染色技术制备透射电子显微镜用的噬菌体样品，采用超薄切片技术制备透射电子显微镜用的酵母菌超薄切片样品。通过该实验，有助于学生尽快掌握电镜制样和观察的基本技术，从而达到本实验预期的目的与要求。

三、实 验 器 材

1. 微生物样品
染有噬菌体的谷氨酸发酵液、啤酒酵母菌培养液。

2. 染色液
2%磷钨酸钠（pH 6.5～8.0）染色液，乙酸双氧铀染色液，柠檬酸铅染色液。

3. 试剂与溶液
(1) 3%戊二醛固定液，1%磷酸缓冲液，1%锇酸固定液，无水硫酸钠，30%、50%、70%、90%、100%乙醇或丙酮溶液，环氧丙烷，1%NaOH 溶液，双蒸水。
(2) 十二烷基琥珀酸酐（简称 DDSA），邻苯二甲酸二丁酯（简称 DBP），2,4,6-三,二甲氨基甲基苯酚（简称 DMP-30），0.2%聚乙烯醇缩甲醛（formvar）-二氯乙烷溶液。

4. 仪器设备
透射电子显微镜，体视显微镜，特制玻璃制刀机，超薄切片机，离心机，烘箱。

5. 其他材料
国产 618 号环氧树脂，包埋模，铜网（直径 3 mm），接种环，滤纸，无菌镊子，大头针等。

6. 玻璃器皿
无菌滴管，量杯，搅拌棒，烧杯，平皿，载玻片。

四、实验内容及操作步骤

（一）用负染色技术制备噬菌体透射电镜样品

1. 处理金属载网
(1) 选用 400 目铜网，先用乙酸戊酯浸泡数小时。
(2) 铜网用蒸馏水冲洗数次。
(3) 将铜网浸泡在无水乙醇中进行脱水，备用。

2. 制备火棉胶支持膜
(1) 在一干净平皿中放入一定量无菌水。
(2) 用无菌滴管吸取 2%火棉胶乙酸戊酯溶液，滴一滴于水面中央（勿振动）。
(3) 待火棉胶在水面上形成一层薄膜后，用镊子将其除去。
(4) 重复一次此操作以清除水面上杂质。
(5) 适量滴一滴火棉胶液于水面，待膜形成后，检查膜平整无皱折即可用。

3. 转移支持膜到载网
(1) 将几片铜网轻轻放在制备好的火棉胶支持膜上。
(2) 在铜网上再放一张滤纸,让其浸透。
(3) 用镊子将滤纸反转提出水面,放在干净平皿中(有膜及铜网的一面朝上)。
(4) 置 40℃烘箱中干燥,备用。

4. 制备噬菌体悬浮液
(1) 取感染噬菌体的谷氨酸发酵液 20~30 mL,于 4000 r/min 离心 10 min。
(2) 取离心上清液,于 20 000 r/min 低温高速离心 15~20 min。
(3) 小心弃去上清液,沉淀物加入少量 1%蛋白胨水(pH 7.0)制成悬浮液。
(4) 调整悬浮液的噬菌体浓度至 10^9~10^{10} pfu/mL。

5. 负染色结合滴液法制备电镜样品
(1) 取噬菌体悬液与等量的 2%磷钨酸钠溶液混合染色,制成混合菌悬液。
(2) 用无菌毛细吸管吸取混合菌悬液,滴在铜网支持膜上。
(3) 经 3~5 min 后用滤纸吸去多余液体,待样品干燥,备观察用。

6. 透射电镜观察样品
(1) 置低倍显微镜下,选择膜完整、菌体分布均匀的铜网备观察用。
(2) 将载有样品的铜网置于透射电镜下观察。
(3) 在电镜室专职人员指导下,由荧光屏观察噬菌体的形态结构。
(4) 用感光胶片拍照记录噬菌体的形态结构。

(二)用超薄切片技术制备酵母菌透射电镜样品

1. 处理金属载网
(1) 选用 400 目铜网,用乙酸戊酯浸漂数小时,再用蒸馏水冲洗。
(2) 将铜网在 1%NaOH 溶液中煮沸数分钟,用蒸馏水冲洗数次。
(3) 将铜网浸漂在无水乙醇中进行脱水,备用。

2. 制备 formvar 支持膜
(1) 将洁净的玻片插入 0.3% formvar 溶液中,静置片刻。
(2) 取出稍晾干,使玻片上形成一层薄膜。
(3) 用刀片或针头将膜刻成一个矩形。
(4) 将玻片轻轻斜插入盛满无菌水的容器中。
(5) 使膜与玻片分离并漂浮在水面上,备用。

3. 转移 formvar 支持膜到载网
(1) 将几片铜网轻轻放在制备好的 formvar 支持膜上。
(2) 在铜网上面再放一张滤纸,让其浸透。
(3) 用镊子将滤纸反转提出水面,放在干净平皿中(有膜及铜网的一面朝上)。
(4) 置 40℃烘箱中干燥,备用。

4. 制备酵母菌悬浮液
(1) 取酵母菌培养液 5 mL,于 2500 r/min 离心 10 min。
(2) 弃尽上清液,加入无菌生理盐水,反复离心清洗数次。

（3）向沉淀物中加入无菌生理盐水制成菌悬液，备用。

5. 固定酵母菌细胞

（1）弃尽上清液，加入3%戊二醛固定液，置于4℃冰箱中固定1 h。

（2）离心弃尽上清液，加入1%磷酸缓冲液，反复清洗数次，除尽多余戊二醛。

（3）弃尽上清液，将离心管置于50℃水浴中，加入熔化并冷却至50℃的1%琼脂少许。

（4）将离心管置于冰浴中使琼脂凝固，取出琼脂包埋的酵母细胞团，切成1 mm^3小块。

（5）加入1%锇酸固定液，置于室温固定1 h。

（6）加入1%磷酸缓冲液，反复清洗数次，除尽多余的锇酸。

（7）于4℃冰箱中，加入30%乙醇或丙酮脱水10～15 min，离心弃尽上清液。

（8）同上操作，于4℃冰箱中依次加入50%、70%乙醇或丙酮脱水。

（9）于室温下，同上操作，依次加入90%、100%（两次）乙醇或丙酮脱水。

6. 配制包埋剂

（1）依次加入环氧树脂6 mL、DDSA 4 mL、DBP 0.4 mL、DMP-30 0.2 mL。

（2）充分搅拌，至环氧树脂颜色发白，置于37℃烘箱中，排除气泡。

7. 包埋酵母小块

（1）浸透：加入1/2体积的无水乙醇（或无水丙酮）和1/2体积的环氧丙烷15 min。

（2）加入环氧丙烷（两次，每次15 min）。

（3）加入1/2体积的环氧丙烷和1/2体积的包埋剂3 h。

（4）加入包埋剂2～3 h。

（5）将包埋剂倒入包埋模，用牙签挑出酵母小块，放入包埋模。

（6）置于烘箱中按37℃ 12 h→45℃ 12 h→60℃ 24 h的顺序依次进行包埋处理。

8. 超薄切片

（1）用单面刀片割去包埋模。

（2）在体视显微镜下，用单面刀片修块，顶部露出酵母小块。

（3）用超薄切片机切片，切片厚度一般为50 nm。

9. 透射电镜观察

（1）用镊子夹住铜网，用有formvar膜的一面捞切片。

（2）用乙酸双氧铀染色30 min，漂洗，放凉。

（3）用柠檬酸铅染色5～10 min，漂洗，放凉备用。

（4）将载有切片样品的铜网置于透射电子显微镜，由荧光屏观察酵母菌的细胞结构。

（5）用感光胶片拍照记录酵母菌的细胞内部结构。

五、实验注意事项

（1）铜网在使用前要进行处理，除去其上的污物，否则会影响支持膜的质量及标本照片的清晰度。

(2) 制备 formvar 膜时，所使用的玻片一定要干净，否则膜难以从上面脱落；漂浮膜时动作要轻，手不能发抖，否则膜将发皱；同时，操作时应注意防风避尘，环境要干燥，所用溶剂也必须有足够的纯度，否则都将对膜的质量产生不良影响。

(3) 进行重金属负染操作时，应让滤纸轻轻接触铜网的侧下方，而不是从铜网的上方直接吸掉液体，以保证在多余的液体被吸掉的同时样品能更好地铺到支持膜上。

(4) 电子显微镜属于大型精密仪器，需要专职人员操作。

(5) 学生到电镜室做实验时，应注意保持环境的整洁，未经允许不要随便触动电子显微镜上的各种旋钮、开关。

六、实验报告与思考题

1. 实验结果

(1) 绘图并描述在透射电子显微镜下观察到的噬菌体形态结构。

(2) 绘图并描述在透射电子显微镜下观察到的酵母菌细胞内部结构。

2. 思考题

(1) 透射电子显微镜与普通光学显微镜相比，在结构和工作原理上有何差别？

(2) 利用透射电子显微镜来观察的样品，为什么要放在以金属网作为支架的火棉胶膜或其他载膜上？

(3) 在进行电镜的生物样品制备时，通常还须采用重金属盐染色或金属喷镀，为什么？

(4) 对所制备的支持膜（载膜）的厚度、机械强度、导热性和稳定性有什么要求？

(5) 你还知道哪些电子显微镜样品制备技术？

实验六　扫描电子显微镜微生物样品的制备与观察

一、目 的 要 求

(1) 了解扫描电子显微镜的构造和工作原理。

(2) 学习并掌握制备微生物扫描电子显微镜样品的操作技术。

(3) 了解在扫描电子显微镜下观察酵母细胞立体形貌和表面结构的方法。

二、基 本 原 理

扫描电子显微镜的成像原理与透射电子显微镜不同，由电子枪发射的电子束经聚光镜和物镜（末级透镜）的会聚作用，缩小成为直径为几十埃的电子探针。电子探针照射在样品上，激发出二次电子，故扫描电镜的图像一般为二次电子图像。

扫描电子显微镜的特点是具有较大的景深，所产生的三维图像层次丰富，立体感强，在生物学的研究中被用于观察各种细胞的表面结构。

扫描电子显微镜是利用电子束作光栅状扫描，以获取样品的形貌信息，在扫描电子显微镜的高真空模式下观察生物样品，要求样品必须干燥，不变形，并且表面能够导电。因此，在进行制备扫描电子显微镜生物样品时，一般都需采用固定、清洗、脱水、临界点干燥、离子溅射及表面镀金等步骤处理之后，才可用于观察。

三、实验器材

1. 微生物菌种

啤酒酵母斜面（培养时间 12～16 h）。

2. 试剂与溶液

(1) 3%戊二醛固定液，1%磷酸缓冲液，1%锇酸固定液，无水硫酸钠。

(2) 30%、50%、70%、90%、100%乙醇或丙酮溶液，乙酸异戊酯。

3. 仪器设备

扫描电子显微镜，离心机，临界点干燥仪，离子溅射仪，CO_2 钢瓶。

4. 其他材料

临界点干燥样品篮，滤纸，滴管，接种环，铜片。

四、实验内容及操作步骤

1. 固定、清洗及脱水

(1) 用接种环轻轻刮下斜面上的酵母菌苔。

(2) 加入到装有 3%戊二醛固定液的离心管中，置于 4℃冰箱中固定 1 h。

(3) 于 3000 r/min 离心 10 min。

(4) 弃尽上清液，加入 1%磷酸缓冲液，反复清洗数次。

(5) 加入 1%锇酸固定液，置于 4℃冰箱 2 h 或置于室温 1 h。

(6) 于 3000 r/min 离心 10 min。

(7) 弃尽上清液，加入 1%磷酸缓冲液，反复清洗数次。

(8) 于 4℃冰箱中，加入 30%乙醇或丙酮脱水 10～15 min，离心弃尽上清液。

(9) 同上操作，于 4℃冰箱中依次加入 50%、70%乙醇或丙酮脱水。

(10) 于室温下，同上操作，依次加入 90%、100%（两次）乙醇或丙酮脱水。

2. 用乙酸戊酯置换乙醇

(1) 加入 2/3 体积的无水乙醇和 1/3 体积的乙酸异戊酯 15 min，离心，弃尽上清液。

(2) 加入 1/3 体积的无水乙醇和 2/3 体积的乙酸异戊酯 15 min，离心，弃尽上清液。

(3) 加入乙酸异戊酯（两次），每次 15 min，且每次离心，弃尽上清液。

(4) 再加入少许乙酸异戊酯。

3. 临界点干燥

(1) 用滴管取样品，置于样品篮中的铜片上。

(2) 将临界点干燥仪样品室预冷至 5℃后，放入样品。

(3) 注入液态 CO_2（占样品室 70%～80%的空间）。

(4) 在样品室中温度为 15～17℃的条件下 20 min（样品室的压力为 50～60 bar[①]）。

[①] 1 bar＝10^5 Pa，后同。

(5) 在样品室中温度为 40℃ 的条件下 10 min（样品室的压力为 70~80 bar）。

(6) 在 40℃ 的条件下，使之气化，缓缓（100~500 mL/min）放出 CO_2 气体进行干燥。

(7) 在样品室的压力降至 30 bar 时，样品室的温度降至室温。

(8) 在样品室的压力降为 0 以后，取出样品。

4. 离子溅射

(1) 将样品放入离子溅射仪样品室。

(2) 抽真空至 $10^{-1.5}$ bar，在电流为 8~10 mA 条件下，离子溅射 6 min。

5. 样品观察

(1) 取出样品在扫描电镜中观察酵母菌的三维图像。

(2) 拍照记录酵母菌的立体形貌和细胞表面结构。

五、实验注意事项

(1) 生物样品的精细结构易遭破坏，为使生物样品能最大限度地保持其生活时的形态，在进行制样处理和进行电镜观察前必须对样品进行固定处理。

(2) 在对样品进行干燥处理时，为了尽量减少由表面张力引起的样品自然形态的变化，必须采用水溶性、低表面张力的有机溶液如乙醇等对样品进行梯度脱水处理。

(3) 为了完全消除表面张力对样品结构的破坏，宜采用临界点干燥法，此法是目前效果最好的干燥方法。

(4) 扫描电子显微镜属于大型精密仪器，需要专职人员进行维护和操作。

(5) 学生在电镜室应注意保持环境的整洁，不要随便触动电镜上的各种旋钮和开关。

六、实验报告与思考题

1. 实验结果

绘图并描述在扫描电子显微镜下观察到的酵母菌三维立体形貌和细胞表面结构。

2. 思考题

(1) 扫描电子显微镜与透射电子显微镜相比，在结构和工作原理上有何差别？

(2) 使用扫描电子显微镜时，为什么可以将样品固定在盖玻片上观察？

(3) 本实验的样品制备方法中，是采用离心洗涤的手段将菌体依次固定及脱水，此法有何优点？

第三章　工业微生物的形态观察、制片及染色技术

微生物的形态包括群体（菌落）形态和个体形态。群体形态又称为微生物的培养特征。例如，细菌在固体培养基上生长可形成菌落或菌苔。菌落（colony）是细菌接种在固体培养基后，在适宜的条件下以母细胞为中心迅速生长繁殖所形成的肉眼可见的子细胞堆团。由一个单细胞繁殖而成的菌落则称之为单菌落，可认为是细菌的纯培养物即纯种。各种微生物都可在固体培养基上生长形成一定特征的菌落或菌苔，这个特征有利于人们观察和鉴别各种不同的微生物。微生物的个体形态主要是指单细胞形态。例如，细菌按其细胞形态，基本上可分为球状、杆状和螺旋状三种，分别称为球菌、杆菌和螺旋菌。

利用显微镜对微生物细胞形态、结构、大小和排列方式进行观察前，首先要将微生物样品置于载玻片上，制成各种标本片。为了能够观察到真实完整的微生物个体形态与结构，还要根据不同微生物的特点，采取不同的制片及染色方法。

由于绝大多数微生物个体细胞微小，且因含有大量水分而较透明，在光学显微镜下与周围的背景没有明显的明暗差，难以将其与背景区分而看清。所以，除了观察少数微生物，以及观察活体微生物的运动性或直接计算细胞数，大多数情况下在使用显微镜对微生物进行观察前，都必须用染料对微生物进行染色，使着色细胞或结构与背景形成鲜明对比，才能清楚地进行观察。

微生物显微标本片的制作是显微技术的首个重要环节，直接影响着显微观察和研究微生物样品的效果。制备显微标本时，一方面应根据所使用显微镜的特点，采用合适的制片方法；另一方面应根据样品的特点，使被观察微生物样品的生理结构保持稳定，并通过各种手段提高其反差。

由于微生物的种类繁多，不同微生物细胞结构各异，对各类细胞染料的结合能力不同，在制片与染色过程中微生物的形态与结构均发生一些变化，不能完全代表其生活细胞的真实情况。故在实际应用中，必须根据所要观察微生物细胞的特点及不同的观察目标，选用适宜的制片与染色技术，才能获得较理想的观察结果。

制片与染色的一般程序包括制片、干燥、固定、染色、水洗和干燥等步骤。染色方法一般有单染色法、复染色法和负染色法三种。微生物染色是借助细胞及细胞质对染料的毛细现象、渗透、吸附作用等以及细胞物质和染料之间发生的各种化学作用而进行的。染料可根据其电离后染料离子所带电荷的性质，分为酸性染料、碱性染料、中性（复合）染料和单纯染料四大类。我们应根据不同的染色材料及不同的观察目的，选用相应的染料配制的染色剂。

实验室最常用普通光学显微镜来进行微生物形态学特征的观察，因此本章着重介绍光学显微镜所使用的微生物显微标本的制备技术，包括：酵母菌和霉菌的制片、染色技术及形态观察方法；细菌和放线菌的制片、染色技术及形态观察方法；细菌特殊结构的制片、染色技术及形态观察方法。

通过本章实验训练，要求学生基本掌握：① 微生物菌落形态特征观察与鉴别技术；

② 微生物制片技术；③ 微生物的简单染色技术；④ 细菌革兰氏染色技术；⑤ 细菌特殊结构的染色技术；⑥ 微生物个体形态观察与鉴别技术。

本章的主要内容包括：①酵母菌和霉菌的形态观察及制片技术；②细菌和放线菌的形态观察及制片技术。本章共设置三个基础性实验。

第一节 酵母菌和霉菌的形态观察及制片技术

一、酵母菌的形态与观察

1. 细胞结构

酵母菌是单细胞真菌，细胞核与细胞质已有明显分化，属真核微生物。其细胞结构除细胞壁、细胞膜、细胞质和细胞核外，还有明显的内含颗粒、液泡、线粒体等。

2. 个体形态

酵母菌细胞比细菌细胞大得多。其细胞形态多样，依种类不同而异，有球形、椭圆形、卵圆形、柠檬形、腊肠形和菌丝形等（图 3-1）。

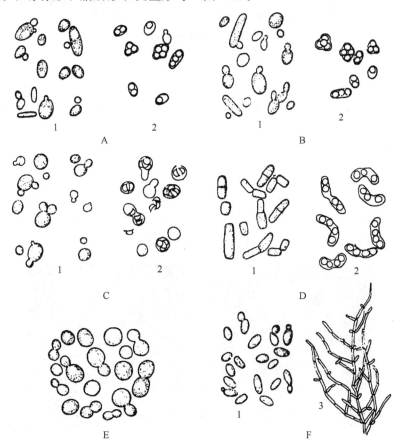

图 3-1 几种酵母菌的个体形态
A. 啤酒酵母；B. 葡萄汁酵母；C. 异常汉逊氏酵母异常变种；D. 粟酒裂殖酵母；
E. 球形球拟酵母；F. 产朊假丝酵母
1. 细胞；2. 子囊孢子；3. 假菌丝

3. 繁殖方式

不少酵母菌兼具无性和有性两种繁殖方式，无性繁殖主要是出芽生殖，仅裂殖酵母行分裂生殖。有性繁殖是通过接合产生子囊孢子（用麦氏斜面培养基培养）。有些酵母在特殊条件下，如在马铃薯琼脂培养基上，其细胞伸长成圆筒形，并互相连接呈分枝的假菌丝状（图3-2）。

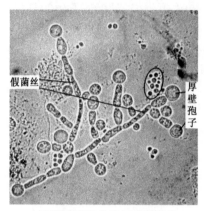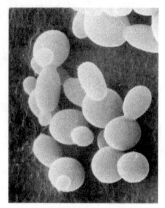

在马铃薯琼脂培养基上呈假菌丝状　　　　在普通培养基中呈球状

图3-2　假丝酵母的繁殖方式

4. 制片观察

单细胞的酵母菌个体形态与出芽生殖方式，通常采用简单的美蓝染液水浸片法或水-碘液浸片法进行观察。因为美蓝对细胞无毒，其氧化型呈蓝色，还原型无色。采用美蓝染液水浸片法还可以对酵母菌的死、活细胞进行鉴别。由于新陈代谢，活细胞内有较强还原能力，使美蓝由蓝色氧化型转变成无色的还原型，染色后活细胞呈无色。死细胞或代谢能力微弱的衰老细胞内还原能力弱，染色后细胞呈蓝色或淡蓝色。

5. 菌落形态

酵母菌的菌落与细菌相似，但比细菌菌落大而且厚。菌落的大小、形状、颜色、质地、光泽、表面和边缘特征，均可作为酵母菌菌种鉴定的依据（图3-3）。

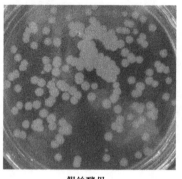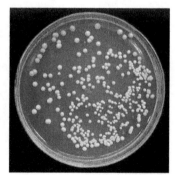

假丝酵母　　　　酿酒酵母

图3-3　酵母菌的菌落形态

二、霉菌的形态与观察

1. 细胞结构

霉菌是一类小型丝状真菌，单细胞（如根霉、毛霉）或多细胞（如曲霉、青霉）。其细胞结构与酵母类似，同属真核细胞。

2. 个体形态

霉菌形态较复杂，个体较大，具有分枝的菌丝体和分化的繁殖器官。其菌丝分为气生菌丝与营养菌丝（菌丝比放线菌粗得多），观察时请注意菌丝是否具有横隔膜（图3-4）、有无假根、无性繁殖时形成何种孢子、孢子的着生方式以及孢子头的构造等，以区别不同霉菌的形态（图3-5、图3-6、图3-7）。

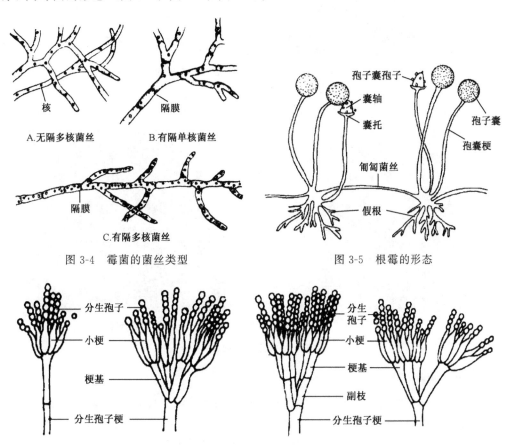

图 3-4 霉菌的菌丝类型　　图 3-5 根霉的形态

图 3-6 青霉的分生孢子穗

3. 菌落形态

霉菌菌落由分枝状菌丝组成，较疏松，呈毛状、棉絮状、绒毛状或毡状。由于不同霉菌形成的孢子具有不同颜色、构造、形状，故菌落表面呈现出不同的结构和色泽特征，菌丝一般呈白色或灰白色。菌落中心的菌丝较老，先产生孢子，故常形成同心圆（图3-8）。

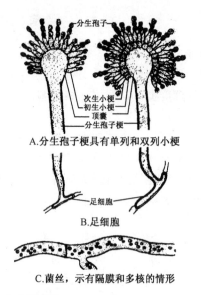

A.分生孢子梗具有单列和双列小梗

B.足细胞

C.菌丝,示有隔膜和多核的情形

分生孢子穗

图 3-7 曲霉的形态

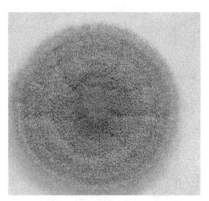
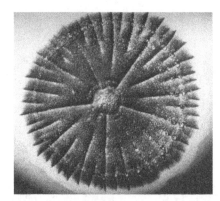

米曲霉　　　　　　　　　　　产黄青霉

图 3-8 霉菌的菌落形态

4. 制片观察

制作霉菌标本片时,一般可利用乳酸石炭酸棉蓝染液进行染色,盖上盖玻片后进行观察。乳酸可以保持菌体不变形,石炭酸可以杀死菌体及孢子并可防腐,棉蓝使菌体着色。这种霉菌标本片不易干燥,能防止菌丝细胞及孢子飞散。

为了得到清晰、完整、保持自然状态的霉菌形态,还可采用湿室载玻片培养观察法或玻璃纸培养法制备标本片。前者是通过无菌操作将薄层培养基琼脂小片置于载玻片上,接种后盖上盖玻片培养,使菌丝体在盖玻片和载玻片之间的培养基中生长。将培养物直接置于显微镜下,可连续观察不同发育期的菌体结构特征变化,也可观察到霉菌自然的生长状态,若用树胶封固后还可制成永久标本长期保存,是一种观察丝状菌的理想制片方法。有些形成假菌丝的假丝酵母,用接种针挑取时容易断裂,通过水浸片无法看到假菌丝的形成全过程,因此也可采用湿室载玻片培养法,使酵母在一个相对独立的环境中生长，可随时观察酵母菌假菌丝形成情况。

实验七　酵母菌和霉菌的制片、染色技术及形态观察

一、目的要求

(1) 识别各种酵母菌和霉菌的群体形态（菌落）特征。
(2) 学会酵母菌和霉菌的一般制片方法。
(3) 观察并掌握各种酵母菌和霉菌的个体形态及生长繁殖方式。
(4) 进一步熟练掌握显微镜低倍和高倍物镜的使用技术。

二、基本原理

　　酵母菌的个体形态一般可采用水浸片进行活体观察，即将酵母细胞置于一滴生理盐水中，在液滴上加盖一张盖玻片而制成水浸片，在高倍物镜（40×）和较暗的光照下直接观察，该法称为压滴法，与悬滴法的原理类似。酵母菌也常用美蓝、稀碘液等低毒性的、易与细胞结合的染料进行活体染色，可以此来区别幼龄活菌、衰老细胞与死菌。对于能形成假菌丝的假丝酵母，通过水浸片无法看到假菌丝的形成全过程，也可采用湿室载片培养法制备标本片。

　　若用水作介质制作霉菌菌丝标本片，常因渗透作用而膨胀，而且水易使菌丝、孢子和气泡混合成团，难以观察。目前，霉菌制片时最理想的介质是乳酸石炭酸油。霉菌菌丝染色常常不均匀，幼龄菌丝易着色，一般最简单的染色方法是将染料和乳酸石炭酸油介质混合后用于染色，如棉蓝、苦味酸等少数几种染料和乳酸石炭酸油均匀混合即可用于染色。为了得到清晰、完整、保持自然状态的霉菌形态，还可采用湿室载玻片培养法或玻璃纸培养法制备标本片。

三、实验器材

1. 微生物菌种

(1) 平板单菌落培养物（供观察菌落特征及制片使用）：酿酒酵母（*Saccharomyces cerevisiae*），卡尔斯伯酵母（*Saccharomyces carlsbergensis*），热带假丝酵母（*Candida tropicalis*），米根霉（*Rhizopus oryzae*），鲁氏毛霉（*Mucor rouxianus*），黑曲霉（*Aspergillus niger*），黄曲霉（*Aspergillus flavus*），产黄青霉（*Penicillium chrysogenum*），白地霉（*Geotrichum candidum*）。

(2) 斜面培养物（供观察菌苔特征使用）：菌种同上。

(3) 试管液体培养物（供制作水浸片使用）：酿酒酵母，卡尔斯伯酵母。

2. 示教标本片

(1) 霉菌（以载片培养法制作）。
(2) 酵母子囊孢子（用麦氏培养基培养）。

3. 演示装置

湿室载片培养法制片演示装置，公共示范镜（毛霉、啤酒酵母子囊孢子、假丝酵母

假菌丝，每种示范镜各备 3 台）。

4. 染色液（观察酵母菌形态用）

0.1％美蓝染色液，碘液（革兰氏 B 液），孔雀绿染液，95％的乙醇，蕃红复染液。

5. 乳酸石炭酸棉蓝染液（观察霉菌形态用）

乳酸（相对密度 1.2）10 mL，石炭酸 10 g，甘油（相对密度 1.25）20 mL，棉蓝 0.02 g，蒸馏水 10 mL。

配制方法：先将石炭酸放入蒸馏水中加热溶解，然后慢慢加入乳酸和甘油，最后加入棉蓝，使其溶解即成。

6. 其他用品

普通光学显微镜，酒精灯，接种针，胶头吸管，载玻片，盖玻片等。

四、实验内容及操作步骤

（一）菌落特征和菌苔特征的观察

1. 观察菌落和菌苔

(1) 详细观察并比较各种酵母菌平板菌落和斜面菌苔的特征，并初步加以识别。

(2) 详细观察并比较各种霉菌平板菌落和斜面菌苔的特征，并初步加以识别。

2. 记录菌落形态特征

(1) 参考下列描述方法，列表记录啤酒酵母、假丝酵母的菌落特征。

酵母菌菌落形态特征的描述（供参考）：

形状：圆形、近圆形；

大小：测量直径 $\phi=$（   ）mm（注明培养时间）；

厚薄：厚度约（   ）mm；

质地：软质、油脂状、蜡脂状等；

颜色：乳白、灰白、淡黄、奶油、黄褐、橙红等；

表面：平坦、光滑、粗糙、皱褶、有无光泽等；

边缘：整齐、缺刻状、锯齿状、菌丝状等；

隆起状：低凸、中凸、中凹、台状、平坦等。

(2) 参考下列描述方法，列表记录根霉、曲霉（黄曲霉或黑曲霉）、青霉的菌落特征。

霉菌菌落形态特征的描述（供参考）：

形状：圆形、近圆形；

大小：厚度约（   ）mm；

质地：毛状、棉絮状、丝绒状、毡状等；

颜色：棉白色或灰白色、孢子（   ）色、背面（   ）色；

表面：紧密、疏松、粉状、同心圆、辐射状沟纹；

隆起状：扩展、低凸面、台状、中凹、皱褶凸面。

（二）酵母菌显微标本片的制作

1. 酵母菌水浸片的制作

（1）用镊子夹取干净载玻片一块，于酒精灯火焰上烧干净，除去油类等有机物质，平放于载片架上冷却。

（2）用胶头吸管取新鲜酵母菌液，滴加一小滴菌液于载玻片中央。

（3）夹取干净盖玻片一块，将盖片斜置，一边先接触液滴，慢慢放下，盖在液滴上，避免产生气泡。

（4）标注菌名、备观察用（图 3-9）。

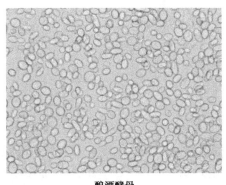
酿酒酵母

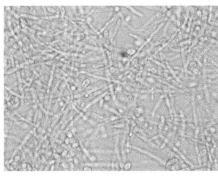
假丝酵母

图 3-9　酵母菌水浸片的形态观察

2. 酵母菌美蓝水浸片的制作

（1）美蓝染色。①在载玻片中央加一滴 0.1% 美蓝染色液。②用接种环取少量酵母菌培养物，与染液混合均匀。

（2）加盖玻片。①用镊子取一块洁净盖玻片。②先将盖玻片的一边与菌液接触，再慢慢放下盖在菌液上（避免产生气泡）。

（3）观察鉴别。①先用低倍镜后再换用高倍镜，观察酵母的形态、出芽情况。②根据是否染上颜色来区别死活细胞（与美蓝浓度、作用时间等有关）。

3. 酵母菌碘液水浸片的制作

（1）制片。①取一小滴革兰氏染色用碘液，加在载玻片中央。②在载玻片上再加 3 小滴水。③取少许酵母菌苔放在水-碘液中混匀。

（2）加盖玻片。按上法加上盖玻片后，用高倍镜观察酵母形态和出芽情况。

4. 酵母菌子囊孢子染色标本片的制作

（1）菌种活化。①将酿酒酵母移接到新配制的麦芽汁琼脂斜面上，于 28～30℃ 培养 1 天。②采用同样方法再移接活化 1 或 2 次。

（2）产孢培养。①将经活化的菌种转接到麦氏（葡萄糖-乙酸钠）琼脂斜面上。②于 28～30℃ 培养约 1 周。

（3）制片。取少量经产孢培养的酵母菌苔，在洁净载玻片上按常规涂片、干燥、固定。

（4）染色。滴加孔雀绿染液染色 1 min。

(5) 脱色。用95%的乙醇脱色30 s,水洗。

(6) 复染。用蕃红复染30 s,水洗,用吸水纸吸干。

(7) 镜检。用油镜观察,子囊孢子呈绿色、菌体和子囊呈粉红色。

(三) 霉菌显微标本片的制作

1. 霉菌直接制片法

该法是将霉菌菌丝置于乳酸石炭酸棉蓝液中,采用这种方法制成的标本片能使菌丝细胞不变形,不易干燥,能防止孢子飞散,能保持较长时间,还能增强反差。

制片步骤:

(1) 夹取干净载玻片一块置于酒精灯火焰上烧干净。

(2) 待冷却后,用灭菌接种针(或钩)分别挑取少量根霉或黄曲霉菌丝体,置于载玻片中央(可用另一接种针辅助将菌丝体抹下),并尽量保持原状。

(3) 轻轻滴加乳酸石炭酸棉蓝液一滴于菌丝体上。

(4) 同前面所述方法轻轻将盖玻片盖在液滴上。

(5) 标注菌名以备观察。

2. 湿室载片培养法

霉菌孢子头易碎,用上述常规的制片法很难保持其形态的完整。用载片培养法(图3-10)可克服这一难点,而且可以在培养的不同时间直接置显微镜下观察,可清楚地观察其生长的全过程以及菌丝的分枝和孢子的着生状态。

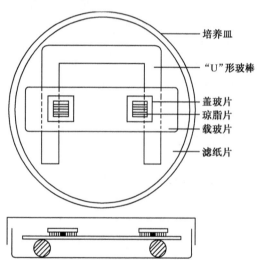

图3-10 湿室载片培养法制作霉菌显微标本片

制片步骤:

(1) 将培养小室灭菌。① 在培养皿底铺一张圆滤纸片,再放上一支"U"形玻棒。② 在玻棒上放一块洁净载玻片和两块盖玻片。③ 盖上皿盖,包扎后灭菌备用。

(2) 琼脂片制作。① 在另一个灭菌培养皿中,注入已灭菌的马铃薯琼脂培养基6~8 mL,使之凝固成薄层。② 用刀片切成约1 cm² 的琼脂片,移两片至上述培养皿中的载玻片上。

(3) 接种孢子。①用接种针挑取少量霉菌孢子,接种于琼脂片周边。②用无菌镊子将盖玻片覆盖在琼脂片上。

(4) 湿室培养。① 先在皿内的滤纸上加3~5 mL灭菌的20%甘油(用于保湿),盖上皿盖即为湿室。② 置28~30℃培养,培养好后可用蜡封固,即可观察。

(5) 镜检。① 可在不同培养时间内取出载玻片,置低倍镜下观察琼脂片周边的培养物。② 必要时换用高倍镜放大观察培养物的菌丝和孢子结构。

3. 玻璃纸透析培养法

此法是利用玻璃纸的半透膜特性及透光性，使霉菌生长在覆盖于琼脂培养基表面的玻璃纸上，然后进行显微镜观察，可获得清晰、完整、保持自然状态的霉菌个体形态。

(1) 制备孢子悬液。向霉菌斜面试管中加入 5 mL 无菌水，洗下孢子，制成孢子悬液。

(2) 备玻璃纸平板。用无菌镊子将已灭菌的圆形玻璃纸（直径同培养皿），覆盖于查氏琼脂培养基上。

(3) 接种孢子。①用无菌吸管吸取 0.2 mL 孢子悬液，加到上述玻璃纸平板上。②用无菌玻璃刮棒涂布均匀。

(4) 培养。置 28℃ 培养约 2 天后，用镊子将玻璃纸与培养基分开并取出。

(5) 观察。用剪刀剪取小片，置于载玻片上，置低倍镜下观察。

(四) 酵母菌和霉菌个体形态的观察

1. 观察酵母细胞形态

(1) 详细观察卡氏酵母和酿酒酵母的细胞形态（先用低倍镜找到目的物后，再转用高倍镜观察），并绘图。

(2) 详细观察卡氏酵母和酿酒酵母的细胞内含物和出芽情况，并绘图。

2. 观察根霉个体形态

(1) 用低倍镜（必要时用高倍镜）详细观察根霉的个体形态（可先观察示教标本片，再观察自制的标本片）。

(2) 详细观察菌丝是否有横隔膜、假根、孢子囊梗、囊轴、孢子囊及孢子等，并选择较理想的视野绘图（绘 2 个或 3 个孢子头即可）。

3. 观察黄曲霉和青霉个体形态

(1) 详细观察黄曲霉的个体形态（注意营养菌丝有横隔膜，分生孢子梗无横隔膜，分生孢子头及分生孢子的着生方式等），并选择合适的视野绘图。

(2) 详细观察青霉的形态（注意菌丝和分生孢子梗的分隔、帚状枝的构造、小梗及成串分生孢子等），并选择合适的视野绘图。

4. 观察公共示范镜

观察公共示范镜中毛霉的个体形态、卡氏酵母的子囊孢子和假丝酵母的假菌丝形态。

五、实验注意事项

(1) 将载玻片在火焰上灼烧时，要使用载玻片夹子，以免烫伤。

(2) 使用染料时注意避免沾染到衣物上。

(3) 用接种针挑取霉菌菌丝体制片时要细心，尽量减少菌丝断裂及形态被破坏。

(4) 制作霉菌标本片时减少空气流动，避免孢子飞散吸入。

(5) 用接种环将菌体与染液混合时，要轻轻混匀，不要剧烈涂抹，以免破坏细胞。

(6) 滴加染液要适量，否则加上盖玻片时，染液过少会产生气泡，过多会溢出。

(7) 加上盖玻片时，要倾斜缓慢覆盖，以免产生气泡。

(8) 在湿室载片培养法制片时，要注意无菌操作，孢子应接种在琼脂片边缘，以利观察。

六、实验报告与思考题

1. 实验结果

（1）绘制卡氏酵母、酿酒酵母、根霉、曲霉、青霉的个体形态图，并注明各部分的名称。

（2）列表描述并比较酿酒酵母、卡氏酵母、假丝酵母在个体形态和菌落特征上的异同。

	个体形态	菌落特征
酿酒酵母		
卡氏酵母		
假丝酵母		

（3）列表比较根霉、毛霉、曲霉、青霉在个体形态和菌落特征上的异同。

	个体形态	菌落特征
根霉		
毛霉		
曲霉		
青霉		

2. 思考题

（1）试述湿室载片培养法和玻璃纸透析培养法制作霉菌标本片的操作过程及其优点。

（2）美蓝染液浓度及作用时间与酵母死、活细胞比例变化是否有关系？为什么？

（3）酿酒酵母进行有性繁殖形成子囊孢子与什么条件有关？

（4）根霉和曲霉在个体形态特征上有何区别？

（5）放线菌能否采用湿室载片培养法制片？试拟出实验方案。

第二节 细菌和放线菌的形态观察及制片技术

一、细菌的形态与观察

1. 个体形态

细菌的基本形态有球状、杆状和螺旋状三种。细菌的形体微小，其直径或宽度在 1 μm 左右，观察时需用油镜放大 1000 倍以上才较清楚。

图 3-11 至图 3-15 为几种杆状菌的个体形态，图 3-16 至图 3-18 为两种球菌的形态。

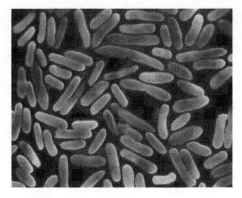
图 3-11 大肠杆菌（电镜图片）

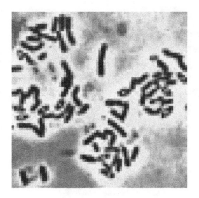
图 3-12 谷氨酸棒杆菌（×1500 倍）

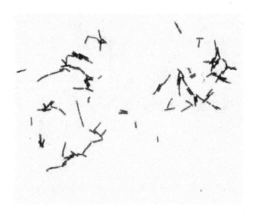
图 3-13 乳酸杆菌（×1000 倍）

图 3-14 双歧杆菌（×1000 倍）

图 3-15 枯草芽孢杆菌（×1500 倍）

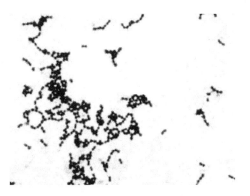
图 3-16 链球菌（×1000 倍）

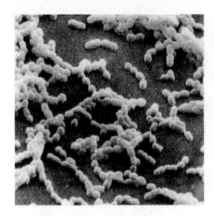
图 3-17 链球菌（电镜图片）

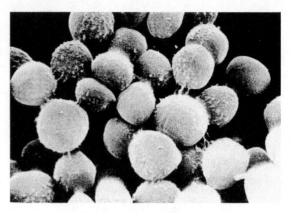
图 3-18 葡萄球菌（电镜图片）

2. 细胞结构

细菌是单细胞的原核生物，其细胞的基本结构包括细胞壁、细胞质膜、细胞质、内含颗粒、核质体等。

3. 繁殖方式

细菌通常进行无性繁殖——裂殖（二分分裂或折断分裂），即由一个母细胞一分为二成为两个子细胞。由于分裂方式和分裂后的排列方式不同，形成了细菌的各种形态，如双球状、四联球状、葡萄状、链状等。

4. 菌落特征

在一定的培养条件下，各种细菌所形成的菌落具有一定的特征。细菌菌落特征取决于细胞结构（如有无荚膜）、细胞形状与排列方式、生长行为、菌落间的疏密程度等。观察时应包括菌落的形状、大小、质地、隆起状、颜色、光泽、表面状态、边缘及透明度等。这对于菌种的识别和鉴定有一定的意义。图 3-19 为几种杆状细菌的菌落形态特征。

5. 制片方法

对个体较小的细菌进行制片时采取涂片法，通过涂抹使细胞个体在载玻片上均匀分布，避免菌体堆积而无法观察个体形态，通过加热固定使细胞质凝固，使细胞固定在载玻片上，这种加热处理还可以杀死大多数细菌而且不破坏细胞形态。

6. 染色方法

由于细菌细胞小且无色透明，直接用光学显微镜观察时，菌体和背景反差很小，难以看清细菌的形态，更不易识别某些细胞结构，因此，一般都需要先将细菌进行染色，借助于颜色的反衬作用，以提高观察样品不同部位的反差，以便于能更清楚地进行观察和研究。此外，某些染色法还可用于鉴别不同类群的细菌，故细菌的染色是工业微生物学实验中重要的基本技术。

依实验目的不同，可分为简单染色法、革兰氏染色法两种。染色前必须先对涂在载玻片上的细菌样品进行固定，固定的作用一是杀死细菌并使菌体黏附于玻片上，二是增加菌体对染料的亲和力。一般常用酒精灯火焰加热固定的方法，但应注意防止细胞膨胀和收缩，尽量保持细胞原形。

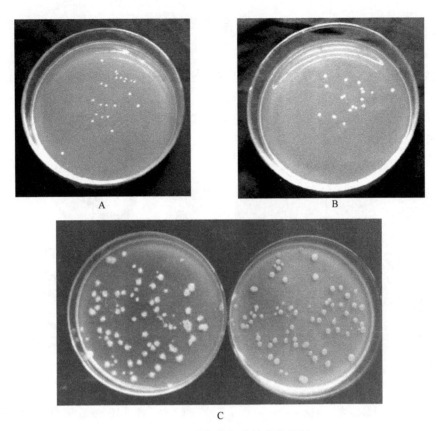

图 3-19 几种杆状细菌的菌落特征
A. 双歧杆菌的菌落；B. 乳酸杆菌的菌落；C. 地衣芽孢杆菌的菌落

(1) 简单染色法。细菌的简单染色法是利用单一染料，对细菌进行染色的一种方法。此法操作简便，适用于细菌菌体一般细胞形态和细菌排列方式的观察。通常采用碱性染料对细菌进行简单染色，包括美蓝（亚甲蓝）、结晶紫、碱性复红、蕃红（沙黄）及孔雀绿等，因微生物细胞在碱性、中性及弱酸性溶液中通常带负电荷，而染料电离后染色部分带正电荷，容易与细胞结合使其着色。

(2) 革兰氏染色法。革兰氏染色法是细菌学中一种重要的鉴别染色法，是由丹麦病理学家 Christain Gram 发明创立的，后来再经一些学者作了一些改进。按照细菌对此种染色法的不同反应，可以把细菌分为革兰氏阳性（G⁺）和革兰氏阴性（G⁻）两大类，这是由两类细菌细胞壁的结构和组成不同所决定的。

革兰氏染色的具体方法是，先利用草酸铵结晶紫初染，再用卢哥氏碘液媒染（碘与结晶紫形成碘-结晶紫复合物），然后用 95% 乙醇脱色处理，最后用复染剂（如蕃红）复染。经乙醇处理后，革兰氏阳性细菌细胞壁的肽聚糖网孔收缩，使碘-结晶紫复合物滞留在细胞壁，菌体保持原有的蓝紫色；而革兰氏阴性细菌细胞壁中的碘-结晶紫复合物易被乙醇洗脱，菌体变为无色，用复染剂染色后又变为复染剂的红色。

二、放线菌形态与观察

1. 个体形态

放线菌由纤细的丝状细胞（原核）组成菌丝体（无横隔、属单细胞）。菌丝体分为两部分：潜入培养基中吸收营养的称营养菌丝，着生在培养基表面的称气生菌丝。气生菌丝上部分化成孢子丝，呈分枝状、波曲形或螺旋形等，其着生形式有丛生、互生和轮生等（图 3-20，图 3-21，图 3-22）。

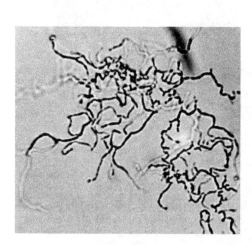
图 3-20 放线菌的幼龄分枝状菌丝体

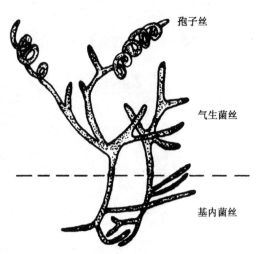
图 3-21 放线菌（链霉菌）的三种菌丝

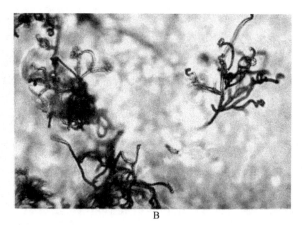
图 3-22 放线菌孢子丝的形态
A. 单轮生；B. 螺旋状

2. 菌落特征

成熟的放线菌菌落表面呈紧密的绒毛状、粉状或颗粒状，营养菌丝和分生孢子具有各种颜色，周缘还有放射状菌丝。

3. 制片方法

放线菌制片时一般不采取涂片法，以免破坏细胞及菌丝体形态。放线菌的气生菌丝、孢子丝的形状、孢子的形状及排列，通常可采用湿室载片培养法制片（具体方法见实验七），也可采用插片法、玻璃纸法、印片法并结合简单染色进行观察。

（1）插片法。插片法是将灭菌盖玻片插入接种有放线菌的平板中，使放线菌沿盖玻片和培养基交接处生长并附着在盖玻片上。取出盖玻片，便可直接在显微镜下观察，可观察到放线菌在自然生长状态下的形态特征，也可观察不同生长时期的放线菌形态。

（2）玻璃纸法。玻璃纸法是将玻璃纸（一种透明的半透膜），覆盖在固体培养基表面上，再将放线菌菌种接种在玻璃纸上。因水分及小分子营养物质，可透过玻璃纸被菌体吸收利用，而菌丝不能穿过玻璃纸而与培养基分离。揭下玻璃纸，转移到载玻片上，便可镜检观察。

（3）印片法。印片法是将放线菌菌落或菌苔表面的孢子丝印在载玻片上，经简单染色后进行观察。

三、细菌的特殊结构与观察

细菌细胞的结构可分为一般结构和特殊结构，一般结构是指一般细菌细胞共同具有的结构，包括细胞壁、细胞质膜、核质体和细胞质等，特殊结构是指仅在某些细菌细胞才具有的或仅在特殊条件下才能形成的结构，包括荚膜、鞭毛和芽孢等。特殊染色法就是对细菌特殊结构荚膜、鞭毛和芽孢等进行有针对性染色的方法。

1. 荚膜及其染色法

有些细菌在细胞壁表面包被的一层透明胶状或黏液状的物质称为荚膜（capsule）。荚膜包裹在单个细胞上，在细胞壁上有固定层次，依其厚薄不同又可细分为大荚膜和微荚膜。荚膜含水量很高，其他成分主要为多糖、多肽或糖蛋白等（图 3-23）。

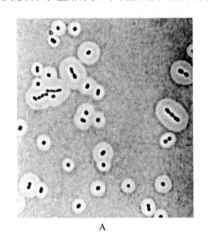

A   B

图 3-23 细菌的荚膜
A. 负染色；B. 电镜切片

荚膜不易着色且染上的颜色容易被水洗去，因此常采用负染法或 Anthony 氏染色法进行染色。负染法是使背景着色，而荚膜不着色，在深色背景下荚膜呈现发亮区域；Anthony 氏染色法是首先用结晶紫初染，使细胞和荚膜都呈紫色，然后再用硫酸铜水溶液洗涤，由于荚膜对染料亲和力差而被脱色，而硫酸铜可吸附在荚膜上使其呈现淡蓝色，从而与深紫色菌体区分开。

2. 鞭毛及其染色法

在具有运动性的细菌细胞表面生有一种细长、波曲状的丝状物，称为鞭毛（flagellum）。鞭毛的数目为一条至几十条，长度可达菌体的数倍，一般长 15～20 μm，直径为 0.01～0.03 μm。鞭毛的有无、数量和着生位置可作为菌种分类鉴定的重要依据，可分为偏端单生、偏端丛生、两端单生、两端丛生和周生等数种鞭毛菌（图 3-24，图 3-25）。弧菌和螺菌一般都长有鞭毛，杆菌中有的不生鞭毛，而球菌中绝大多数不生鞭毛。通过半固体琼脂穿刺及悬滴法等培养方法，可初步判断某种细菌是否长有鞭毛。鞭毛是细菌的运动"器官"。

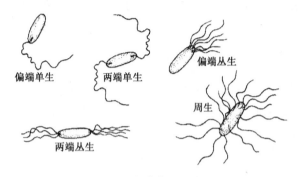

图 3-24 细菌鞭毛的类型　　　　图 3-25 细菌的鞭毛（电镜图片）

细菌的鞭毛只有用电镜才能直接观察到，但用特殊的鞭毛染色法，能在普通光学显微镜下观察到。首先用媒染剂（如单宁酸或明矾钾）处理，使媒染剂附着在鞭毛上使其加粗，然后用硝酸银（West 染色法）、碱性复红（Gray 染色法）、碱性复品红（Leifson 染色法）或结晶紫（Difco 染色法）进行染色。

3. 鞭毛悬滴观察法

悬滴观察法不影响微生物细胞活性，主要用于观察微生物的基本细胞形态及其运动能力，并可根据观察到的个体的运动方式对其是否拥有鞭毛等运动器官进行初步推测。用悬滴法可较容易地观察到具有鞭毛细菌所作的直线、波浪式或翻滚等不规则运动，两个细菌细胞间会出现明显的位置变化；而没有鞭毛且不具运动能力的细菌，则仅能进行布朗运动或随水流动，两个细胞间的位置保持相对恒定。

4. 芽孢及其染色法

某些细菌在生长到一定阶段，由于环境中营养的缺乏及有害代谢产物的积累，就会在细胞内形成一种抗逆性很强的休眠体结构，称为内生孢子（endospore）或芽孢（spore）。芽孢杆菌科中的好氧性芽孢杆菌属和厌氧性梭菌属内的细菌都能形成芽孢，而球菌和螺旋菌则很少有形成芽孢的种属。

芽孢的形状（圆、椭圆、圆柱形）、大小（小于或大于细胞宽度）和着生位置（中央、近中央、末端）依菌种而异，由此造成细菌形成芽孢后呈现出梭状、鼓槌状、保持原状等形态（图 3-26，图 3-27，图 3-28）。因此，芽孢的有无、形态、大小、着生位置及芽孢囊是否膨大等特征，可作为细菌分类鉴定的重要依据。

图 3-26 细菌芽孢的各种类型

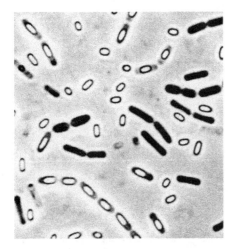

图 3-27 枯草芽孢杆菌的芽孢

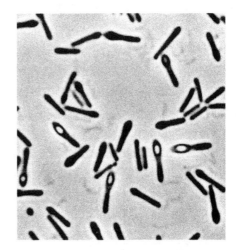

图 3-28 梭状芽孢杆菌的芽孢

芽孢与营养细胞或菌体相比，芽孢壁厚，通透性低而不易着色，但是，芽孢一旦着色就很难被脱色。利用这一特点，可先用着色能力强的染料在加热条件下染色。再用对比度大的复染剂染色后，菌体染上复染剂颜色，而芽孢仍为原来的颜色，这样可将两者区别开来。

实验八　细菌和放线菌的制片、染色技术及形态观察

一、目的要求

（1）识别细菌和放线菌的菌落特征。
（2）掌握细菌简单染色法和革兰氏染色法的操作步骤。
（3）观察细菌和放线菌的个体形态，并进一步巩固油镜的使用技术。
（4）了解放线菌的几种制片方法。

二、基本原理

1. 细菌的制片与染色

细菌染色前必须将细胞固定，其目的是杀死细菌，并使它黏附在载玻片上。此外，

还可以增加菌体对染料的亲和力。常用的有加热和化学固定两种方法。无论用哪种方法都应尽量使细菌维持原有的形态，防止细胞的膨胀或收缩。

细菌的染色方法一般分为单染色法和复染色法。前者是用一种染料使细菌着色，但不能鉴别细菌。后者是用两种或两种以上染料使细菌着色，有鉴别细菌及细胞结构的作用，故亦称鉴别染色法。

(1) 单染色法。单染色法是用一种染色剂对细菌涂片进行染色。该法简便易行，但仅能显示细菌细胞的外部形态，而不能辨别其内部结构，适用于细菌的形态观察。细菌菌体一般带负电荷，易于和带正电荷的碱性染料结合而被染色。因此常用美蓝、孔雀绿、碱性复红、结晶紫和中性红等碱性染料进行单染色。

(2) 复染色法。复染色法主要有革兰氏染色法和特殊染色法。革兰氏染色法是细菌学中广泛使用的一种重要的鉴别染色法。细菌先经碱性染料结晶紫染色，再经碘液媒染，以增加染料与细胞的亲和力，接着用酒精脱色，最后再用复染剂染色。此法可将细菌分成两大类：不被脱色而保持原染料颜色者为革兰氏阳性菌（G^+），被脱色而后又被染上复染剂的颜色者为革兰氏阴性菌（G^-）。

2. 放线菌的制片与染色

放线菌大多能形成两种菌丝：潜入培养基内生长的基内菌丝和向空气中生长的气生菌丝。由气生菌丝分化成各种形状的孢子丝，孢子丝可产生各种形态的孢子。气生菌丝及孢子的形态和颜色是分类鉴定的重要依据。

放线菌与细菌的单染色一样，可用石炭酸复红或吕氏美蓝等染料着色后，在显微镜下直接观察其形态。但放线菌由于呈丝生长，而且菌丝纤细，若用接种针直接挑取，易将菌丝挑断，所以，观察放线菌形态时，通常可采用插片法、玻璃纸法、载片培养法、印片法并结合简单染色进行观察。

三、实 验 器 材

1. 微生物菌种

(1) 平板单菌落培养物（供观察菌落特征）。大肠杆菌（*Escherichia coli*），枯草杆菌（*Bacillus subtilis*），谷氨酸棒杆菌（*Corynebacterium glutamicum*），乳链球菌（*Streptococcus lactis*），空气中各种细菌（各 2 皿或 3 皿），灰色链霉菌（*Streptomyces griseus*），龟裂链霉菌（*Streptomyces rimosus*），绛红小单孢菌（*Micromonospora purpurea*）等放线菌（各 2 皿或 3 皿）。

(2) 斜面培养物（供观察菌苔及制片）。菌种同上。

(3) 液体试管培养物（供制片用）。枯草杆菌，由摇瓶培养 1～2 天后分装试管。

2. 示教标本片（供学生选用）

枯草杆菌，大肠杆菌，谷氨酸菌，单球菌（全部用液体培养后制作）。

3. 染色液

(1) 草酸铵结晶紫液（革兰氏 A 液）：

甲液：结晶紫 2 g　　　　　95%乙醇 20 mL
乙液：草酸铵 0.8 g　　　　蒸馏水 80 mL

将甲、乙二液充分溶解后混合，静置 24 h 过滤使用。

(2) 卢哥尔氏碘液（革兰氏 B 液）：

碘 1 g、碘化钾 2 g、蒸馏水 300 mL。

先将碘化钾溶于 5～10 mL 水中，再加入碘 1 g，使其溶解后，加水至 300 mL。

(3) 95％乙醇。

(4) 蕃红（沙黄）

2.5％蕃红酒精溶液 10 mL，加蒸馏水 100 mL，混合过滤。

4. 仪器设备

普通光学显微镜，恒温培养箱。

5. 其他用品

酒精灯，接种环，载玻片。

四、实验内容及操作步骤

（一）菌落特征和菌苔特征的观察

1. 观察细菌菌落特征

(1) 详细观察并比较各种细菌的平板单菌落特征和斜面菌苔特征，并初步加以识别。

(2) 参考下列描述方法，列表记录四种细菌（枯草杆菌、谷氨酸棒杆菌、大肠杆菌、乳链球菌）的单菌落形态特征。

细菌菌落形态特征的描述如下。

形状：圆形、近圆形、假根状、不规则状等；

大小：菌落直径 $\phi=$（　　）mm（培养时间）；

颜色：乳白色、污白色、土黄色、淡黄色、红色等；

质地：油脂状、膜状、黏、脆等；

边缘：整齐、缺刻状、波状、裂叶状、圆锯齿状等；

光泽：闪光、不闪光、无光泽等；

隆起：中央隆起、低凸、凸面、台状、乳头状、扩展等；

表面：湿润、光滑、干燥、粗糙、皱褶、颗粒状、龟裂状、同心环状等；

透明度：不透明、半透明等。

2. 观察放线菌菌落特征

(1) 详细观察并比较各种放线菌的平板单菌落特征和斜面菌苔特征，并初步加以识别。

(2) 参考下列描述方法，列表记录三种放线菌（灰色链霉菌、龟裂链霉菌、绛红小单孢菌）的单菌落形态特征。

放线菌菌落形态特征的描述如下。

形状：圆形、近圆形；

大小：直径 $\phi=$（　　）mm（培养时间）；

颜色：黄、白、灰、橙黄、红、蓝、绿等；

表面：光平、皱褶、地衣状、辐射状、颗粒状、粉状、绒毛状等；

质地：坚实、致密、粉质等。

（二）细菌染色标本片的制作

1. 简单染色法制作标本片（枯草杆菌、乳链球菌）

常用作细菌简单染色的碱性染料有：草酸铵结晶紫、石炭酸复红、吕氏美蓝等。碱性染料分子中，带正电荷的染色部分，很容易与带负电荷的细菌结合而使菌体着色。这样，经染色后的细菌细胞与背景形成鲜明的对比，在光学显微镜下更易于识别。

制片方法（图 3-29）：

A. 烧片。用镊子夹取浸于酒精中的干净载玻片一块，于酒精灯火焰上烧去油脂及其他有机物，平放于载片架上冷却。

B. 涂片。用灭菌接种环取枯草杆菌（或乳链球菌）菌液一环置于载玻片中央，均匀涂布使其成一薄层。

C. 固定。待自然干燥后，将涂片在灯焰上通过 3 或 4 次，使菌体固定在玻片上，注意控制固定时间，防止烧焦。

D. 染色。在标本上加一滴草酸铵结晶紫液，铺满涂菌部位，染色约 1 min。

E. 水洗。斜置玻片，用很细的水自玻片上端流过标本（勿对准标本），洗至流水无色为止。

F. 干燥。自然干燥或用吸水纸吸去水分，即可观察。

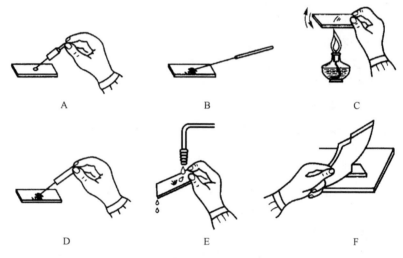

图 3-29 简单染色法制作细菌标本片

2. 革兰氏染色法制作标本片（谷氨酸棒杆菌、大肠杆菌）

革兰氏染色法的基本步骤是：先用初染剂草酸铵结晶紫进行初染，再用媒染剂碘液媒染，然后用脱色剂乙醇处理，最后用复染剂石炭酸复红或蕃红进行复染。经此法染色后，若细菌不被酒精脱色，能保持结晶紫与碘的复合物而呈现蓝紫色，则该菌称为革兰氏阳性细菌（G^+）；反之，若细菌能被酒精脱色，而被复红或蕃红复染成红色，则称之为革兰氏阴性细菌（G^-）。为了保证革兰氏染色结果的正确性，必须尽量采用规范的染色方法。

制片方法:
(1) 烧片。夹取干净载玻片一块,于灯焰上烧干净、冷却。
(2) 涂片。滴加一小滴无菌水于载玻片中央,用灭菌接种环取少量谷氨酸棒杆菌(或大肠杆菌)菌体,在水滴上涂布成一薄层并使细胞均匀分散。
(3) 固定。待自然干燥后,将涂片在灯焰上通过 4 或 5 次使菌体固定在载玻片上,注意控制固定时间,防止烧焦(图 3-30)。

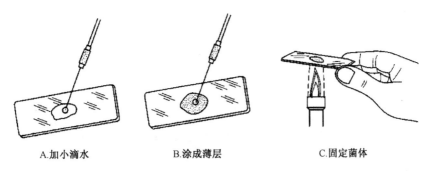

A.加小滴水　　　　B.涂成薄层　　　　C.固定菌体

图 3-30　涂片制备过程示意图

(4) 初染。在标本上加一滴草酸铵结晶紫,初染 1 min,水洗、吸干。
(5) 媒染。加一滴卢哥尔氏碘液媒染 1 min,水洗。(此时结晶紫与碘液成复合物)
(6) 脱色。斜置载玻片,滴加 95% 乙醇脱色 20~30 s,立即水洗、吸干。
(7) 复染。用蕃红液复染 1~2 min,水洗、吸干后即可观察。

注意:革兰氏染色成功的关键在于必须严格掌握乙醇脱色的程度。如脱色过度,则阳性菌被误染为阴性菌;若脱色不够,则阴性菌被误染为阳性菌。

(三) 放线菌标本片的制作

为了观察放线菌在自然生长状态下的形态特征,可采用载片培养法、印片法、插片法和玻璃纸法 4 种培养、制片和观察的常用方法:

1. 载片培养法
(1) 载片培养法制作放线菌标本片的方法同霉菌(详见实验七,湿室载片培养法)。
(2) 观察预先采用载片培养法制备的放线菌示教标本片。

2. 印片法
印片法是将放线菌的菌落或菌苔,印在载玻片上,再经染色后进行观察。该法主要用于观察孢子丝和孢子的形态等。其操作步骤如下。
(1) 接种培养。将放线菌按常规划线接种或点种于高氏Ⅰ号琼脂平板上,置 28℃ 培养 4~7 天(已预先接种培养)。
(2) 印片。用接种铲挑取连同培养基的菌苔一小块置于载玻片中央。用另一洁净载玻片将其轻轻按压(勿压碎和移动),通过灯焰 2 或 3 次固定,制成印片。
(3) 染色。用石炭酸复红或美蓝染色 0.5~1 min,水洗。
(4) 镜检。干燥后用油镜观察孢子丝、孢子和菌丝的形态。

3. 插片法
插片法是将灭菌盖玻片插入接种有放线菌的琼脂平板上,培养后,菌丝会沿着插片处生长而附着在盖玻片上（图3-31）。取出盖玻片，置于载玻片上，可直接观察到放线菌自然生长状态和不同生长期的形态。其操作步骤如下。

（1）接种。用接种环挑取放线菌孢子，在高氏Ⅰ号琼脂平板上划线接种（线要密些）。

（2）插片。以无菌操作用镊子将灭菌的盖玻片以约45°斜角插入培养基内。

（3）培养。置于28～30℃培养3～4天，让菌丝沿盖玻片向上生长。

（4）镜检。待菌丝长好后，取出盖玻片，放在一块洁净载玻片上，置于显微镜下用高倍镜观察。

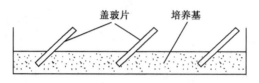

图3-31 插片法制作放线菌显微标本片

4. 玻璃纸法

透明的玻璃纸是一种半透膜。该法是将灭菌的玻璃纸覆盖在琼脂平板表面，将放线菌接种于玻璃纸上，经培养后放线菌在玻璃纸上长成菌苔。取出此玻璃纸，固定于载玻片上，可直接观察放线菌的自然生长状态和不同生长期的形态。其操作步骤如下。

（1）铺玻璃纸。用镊子将经干热灭菌的玻璃纸片（同盖玻片大小），铺放在琼脂平板表面并压平（每个可铺5～10块），使其紧贴在琼脂表面。

（2）接种。用接种环挑取放线菌孢子，在玻璃纸上划线接种。

（3）培养。将平板倒置于28℃培养3～5天。

（4）镜检。在洁净载玻片上加一小滴水，用镊子取下玻璃纸片，菌面朝上，平贴在玻片的水滴上，置于显微镜下用高倍镜观察。

（四）细菌和放线菌个体形态观察

1. 观察细菌个体形态

（1）用油镜观察枯草杆菌、谷氨酸棒杆菌、大肠杆菌、乳链球菌的个体形态。

（2）绘制四种细菌的个体形态图（注明菌名、放大倍数、染色方法、革兰氏阳性或阴性等）。

2. 观察放线菌个体形态

（1）观察载片培养法制作的放线菌标本片，先用低倍镜再转用高倍镜，详细观察放线菌的气生菌丝和孢子丝的形状。

（2）观察插片法、玻璃纸法、印片法制作的放线菌标本片，用油镜详细观察放线菌的孢子丝、孢子和菌丝的形态。

五、实验注意事项

（1）以无菌操作挑取菌体时，要等接种环充分冷却后再取菌体，以免高温使菌体变形。

(2) 挑取菌体量要适宜，取菌量太多会造成菌体堆积，难以看清细胞个体形态，取菌量太少则难以在显微镜视野中找到细胞。

(3) 涂片时要涂抹均匀，不宜过厚，以免脱色不完全造成假阳性。

(4) 涂片干燥后加热固定，应避免加热时间过长，以免细胞破裂或变形。

(5) 革兰氏染色应选用较幼龄的菌种，老龄的革兰氏阳性细菌易被染成红色。

(6) 革兰氏染色成败的关键是乙醇脱色，脱色过度会造成假阴性，脱色不足则造成假阳性。

(7) 用印片法制片，用力要轻且勿移动，染色后水洗时水流要缓，以免破坏孢子丝形态。

(8) 用插片法和玻璃纸法制片，移动盖玻片或玻璃纸时，勿触动上面附着的菌丝体，以免破坏菌丝体形态。

六、实验报告与思考题

1. 实验结果

(1) 绘图并描述枯草芽孢杆菌和乳链球菌的个体形态和菌落形态特征。

(2) 绘图并描述谷氨酸棒杆菌和大肠杆菌的个体形态和菌落形态特征，说明两种菌的革兰氏染色结果。

(3) 绘图并说明灰色链霉菌和龟裂链霉菌基内菌丝、气生菌丝及孢子丝的形态和结构特征。

2. 思考题

(1) 幼龄放线菌的菌落与表面粗糙的细菌菌落很相似，应如何区别？

(2) 在进行细菌涂片和加热固定时，应注意哪些环节？

(3) 用油镜观察的细菌染色标本片，为什么要求其表面完全干燥？

(4) 在进行微生物制片时，是否都需要进行涂片和染色？为什么？

(5) 对细菌进行单染色时，染色时间对染色效果有何影响？为什么？

(6) 影响革兰氏染色的结果主要有哪些因素？最关键的是哪一步操作？为什么？

(7) 你认为革兰氏染色法中在何种情况下哪个步骤可以省略？为什么？

(8) 镜检时如何区分放线菌基内菌丝、气生菌丝及孢子丝？

(9) 试比较载片培养法、插片法、玻璃纸法和印片法4种培养、制片和观察放线菌方法的优缺点。

实验九　细菌特殊结构的制片、染色技术及形态观察

一、目的要求

(1) 学习细菌荚膜制片、染色方法并观察荚膜的形态特征。

(2) 学习细菌鞭毛制片、染色方法并观察鞭毛的形态特征。

(3) 学习并掌握用悬滴法观察细菌的形态与运动性。

(4) 学习细菌芽孢制片、染色方法并观察芽孢的形态特征。

（5）巩固普通光学显微镜（油镜）的操作技术。

二、基本原理

对细菌等微生物细胞多采用染色观察法，这是因为染色处理可增加样品的反差，改善观察效果。某些细菌除了具有细胞壁、细胞膜、细胞质和核质体等基本构造外，还具有荚膜、鞭毛和芽孢等特殊结构，这些结构不能被一般染色方法着色，必须用特殊的染色方法才能着色。特殊染色法就是对细菌特殊结构荚膜、鞭毛和芽孢等进行有针对性染色的方法。

1. 细菌的荚膜染色

荚膜不易着色且容易被水洗去，因此常采用负染法或衬托染色法进行染色。负染法的原理是将菌体和背景着色，而荚膜不着色，在深色背景下荚膜呈现发亮区域，从而把不易着色且透明的荚膜衬托出来，在菌体周围形成一个透明圈。

2. 细菌的鞭毛染色

细菌鞭毛非常纤细、其直径为 10～30 nm，只能用电子显微镜才能清楚地观察到。若要用普通光学显微镜观察细菌的鞭毛，必须采用特殊的鞭毛染色法。鞭毛染色法的原理是：染色前先用媒染剂处理，使它沉积在鞭毛上，加粗鞭毛的直径，再进行染色，才能镜检观察到。

3. 细菌鞭毛的悬滴法观察

要观察细菌在自然生活状态下的细胞形态、大小、分裂后的细胞排列方式，特别是微生物的运动特性，应采用不影响微生物细胞活性的悬滴观察法。该法是将滴加有菌液的盖玻片反转倒扣到特制的凹载玻片上，使菌液对准凹槽中央，再用普通光学显微镜观察。盖玻片和凹载玻片之间涂上凡士林进行密封，使液滴在观察过程中不致因蒸发作用而干燥（图 3-32）。本实验拟用悬滴法观察具有周生鞭毛的蜡状芽孢杆菌的不规则运动。

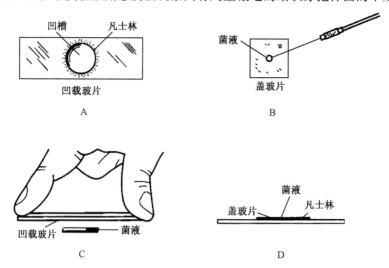

图 3-32 悬滴法制片步骤示意图

A. 在凹载玻片的凹槽周边涂少许凡士林；B. 在盖玻片中央滴加一小滴菌液；
C. 反转的凹载玻片凹槽对准菌液盖在盖玻片上；D. 翻转凹载玻片使菌滴悬在盖玻片下

4. 细菌的芽孢染色

细菌的芽孢壁很厚，透性低，不易着色，也不易脱色。芽孢染色法是根据芽孢和菌体对染料亲和力的不同，用不同的染料进行着色，使芽孢和菌体呈现不同颜色而便于鉴别。

当用着色力强的弱碱性染色剂（如孔雀绿），在加热条件下进行染色时，此染色剂不仅可以进入芽孢也可进入菌体。进入菌体的染色剂可被水洗脱色，而芽孢一经着色则难以被水洗脱。若再用对比度大的复染剂（如蕃红）进行复染，菌体和芽孢囊被染成复染剂的颜色（红色），芽孢仍保留初染剂的颜色（绿色）。

三、实验器材

1. 微生物菌种

（1）肠膜状明串珠菌（*Leuconostoc mesenteroides*）：培养 36~48 h 的斜面菌种。
（2）普通变形杆菌（*Proteus vulgaris*）：培养 14~18 h 的新鲜斜面菌种。
（3）蜡状芽孢杆菌（*Bacillus cereus*）：培养 16~20 h 的新鲜斜面菌种。
（4）枯草芽孢杆菌（*Bacillus subtilis*）：培养 36~48 h 的斜面菌种。

2. 主要试剂

绘图墨水（滤纸过滤后使用），0.5% 蕃红水溶液，5% 孔雀绿水溶液，6% 葡萄糖水溶液，甲醇，硝酸银鞭毛染液等。

3. 仪器与设备

普通光学显微镜，相差显微镜，电热恒温培养箱。

4. 其他用品

小试管，烧杯，试管架，接种环，接种针，酒精灯，载玻片，盖玻片，香柏油，二甲苯，擦镜纸，镊子，载玻片夹，载玻片支架，滤纸，滴管，无菌水等。

四、实验操作步骤

（一）细菌荚膜染色法

荚膜不易着色且易被水洗，常采用负染法进行染色。荚膜含水量高，易变形，制片时一般不采用热固定。

下面是两种荚膜负染色法的操作步骤。

1. 湿墨水法（较简便）

（1）制混合液。①取一洁净载玻片，烧片冷却，于玻片中央加一滴绘图墨水。②挑取少量肠膜状明串珠菌菌体与墨水混合均匀。

（2）加盖玻片。①取一块洁净盖玻片，盖在混合液上（避免产生气泡）。②用滤纸吸去盖玻片周边多余的混合液。

（3）镜检。用高倍镜观察，背景灰色，菌体较暗，在菌体周围呈现明亮的透明圈，即为荚膜（用相差显微镜观察，效果更佳）。

2. 干墨水法（较清晰）

（1）制混合液。①在洁净无油迹的载玻片一端，加一滴 6% 葡萄糖液。②挑取少量菌体于液滴中制成菌液。③再加一滴绘图墨水，与菌液充分混匀。

(2) 涂片。①另取一块边缘平整的载玻片，将此菌悬液刮过，使混合液铺成薄层。②将涂片平放于空气中自然干燥。

(3) 固定。用纯甲醇浸没涂片固定1 min，倾去甲醇。

(4) 染色。加蕃红数滴洗去残甲醇，并染色30 s，以细水流适当冲洗。

(5) 镜检。滤纸吸干水分后用油镜观察，背景呈黑色，荚膜为红色。

(二) 细菌鞭毛染色法

鞭毛染色法有多种，本实验采用较易掌握的硝酸银染色法。先用硝酸银染色A液处理，使它沉积在鞭毛上，加粗鞭毛的直径，再用B液进行染色。

操作步骤：

(1) 菌种的培养。①将冰箱保存的普通变形杆菌菌种连续移种1或2次，②再接种于新鲜配制的营养琼脂斜面（基部有冷凝水）。③适温培养至活跃生长期（14~18 h），备用。

(2) 菌悬液的制备。①取斜面和冷凝水交接处的菌种培养物数环。②移入盛有1~2 mL无菌水的试管中，制成菌悬液，备制片用。

(3) 制片。①取预先经充分清洗并置于95%乙醇中的洁净载玻片，在灯焰上烧去可能残留的油迹。②取一滴菌液滴于干载玻片的一端，将载玻片倾斜，使菌液缓慢流向另一端。③吸去载玻片下端多余菌液，平放于室温下尽快自然干燥。

(4) 染色。①涂片干燥后，立即滴加硝酸银染色A液，染色3~5 min。②用蒸馏水充分洗去A液。③用B液洗去残水后，再加B液染色，直至涂面出现明显褐色（30~60 s）。④立即用蒸馏水冲洗，自然晾干。

(5) 镜检。晾干后用油镜观察，在涂片上多移几个视野，可见到菌体呈深褐色，波浪形鞭毛为褐色。

(三) 细菌鞭毛悬滴法

(1) 制备菌液。①从蜡状芽孢杆菌培养斜面上挑取菌苔1环，置于盛有1~2 mL无菌生理盐水的试管中。②轻轻混匀制成轻度浑浊的菌悬液，备用。

(2) 涂凡士林。取洁净凹载玻片一片，在其凹槽周边涂少许凡士林（图3-32），或将凡士林涂在盖玻片的四周。

(3) 滴加菌液。在盖玻片中央滴加一小滴菌液。注意滴加的液滴不宜过大，否则菌液会流到凹载玻片上而影响观察。

(4) 盖凹载玻片。①将凹载玻片反转，使其凹槽对准盖玻片中心的菌液，轻轻盖在盖玻片上。②轻压凹载玻片，使其与盖玻片黏合在一起。

(5) 翻转凹载玻片。将凹载玻片再翻转，使菌液滴悬在盖玻片下并位于凹槽中央。

(6) 镜检。先用低倍镜找到菌悬液的边缘，将液滴移至视野中央，再换高倍镜或油镜观察。

（四）细菌芽孢染色法

芽孢染色法的操作步骤如下。

（1）菌悬液制备。①于小试管中加水 1 或 2 滴。②用接种环挑取 2 或 3 环已形成芽孢囊的枯草芽孢杆菌菌苔。③于试管中与水混合，搅匀制成浓菌悬液。

（2）染色。①于小试管中加入孔雀绿染色液 2 或 3 滴，与菌悬液混合均匀。②将试管置于烧杯沸水浴中，加热染色 15～20 min。

（3）涂片固定。①用接种环取菌悬液数环，置于洁净载玻片上并涂成薄膜。②将涂片通过灯焰 3 次，温热固定，再水洗至流出的水无绿色为止。

（4）复染。用蕃红染色液复染 2～3 min，倾去染液，用滤纸吸干。

（5）镜检。干燥后用油镜观察，芽孢呈绿色，芽孢囊及菌体呈红色。

五、实验注意事项

（1）在荚膜负染法中，绘图墨水用量要少，否则会完全覆盖菌体与荚膜，造成观察困难。

（2）使用的载玻片，必须干净无油迹，否则菌体与墨水混合液不能均匀铺开。

（3）固定及干燥时不能加热和用热风吹干。应于空气中自然干燥，避免荚膜失水变形。

（4）在鞭毛染色中，因老龄菌鞭毛易脱落，故宜选用处于活跃生长期菌龄的菌进行鞭毛染色。

（5）鞭毛染色所用载玻片必须清洁光滑、无油迹，避免因菌液散不开，菌体堆积，造成鞭毛相互纠缠且背景脏乱，难以看清鞭毛形态。

（6）制片过程中鞭毛易脱落，故条件要温和，不宜剧烈振荡、涂抹菌液。

（7）硝酸银鞭毛染色法能否成功的关键环节是硝酸银染液 B 染色时间的掌握。

（8）进行悬滴法观察时，可用记号笔在滴加的液滴周边画一条短线作为标记。观察时先用低倍镜聚焦记号线，再移动凹载玻片找到液滴的位置。

（9）使用油镜观察悬滴片时，盖玻片厚度不能超过 0.17 mm。在操作时应十分细心，避免压碎盖玻片。

（10）因活细胞是透明的，故在进行悬滴法观察时应适当减低视野亮度，以增大反差。

（11）细菌芽孢加热染色时，必须维持在染液微冒蒸汽的状态，不宜沸腾。

（12）加热时使用载玻片夹或试管夹，以免烫伤；使用染料时注意避免沾到衣物上。

六、实验报告与思考题

1. 实验结果

（1）绘图并描述肠膜明串珠菌菌体及荚膜形态特征。

（2）绘图并描述普通变形杆菌菌体形态特征及鞭毛数量、形状、着生方式等。

（3）绘图并描述枯草芽孢杆菌的芽孢形状、着生位置及芽孢囊形态特征。

2. 思考题

（1）在负染法中，细菌荚膜染色不用热固定，为什么？

（2）经过负染法对荚膜染色，为什么包被在荚膜内的菌体着色而荚膜却不着色？

（3）你对所做的普通变形杆菌鞭毛染色实验结果满意吗？为什么？

（4）若观察到普通变形杆菌鞭毛已与菌体脱离，请解释其原因。

（5）同样用悬滴法观察，如何区别有鞭毛细菌的不规则运动和无鞭毛细菌的布朗运动或随水流动呢？

（6）为什么细菌的芽孢染色需要进行加热？

（7）用孔雀绿初染芽孢后，必须等玻片冷却后再用水冲洗，为什么？

（8）如果在视野中看到的全是游离芽孢，很少看到营养细胞和芽孢囊，这是什么原因？

（9）能否采用简单染色法观察到细菌芽孢？

第四章 工业微生物的纯培养技术

由于绝大多数微生物个体极其微小，因此在微生物学实验和研究中，对微生物进行分离、移接、培养、发酵、保藏等操作，并不是以微生物个体为单位进行，而是以群体的形式进行的。在微生物学中，所谓培养物就是指在人为创造的培养条件下，繁殖得到的微生物群体；而纯培养物（pure culture）则是指仅由单一微生物繁殖得到的培养物。

在微生物学中，通常只有纯培养物才能被较好地进行研究、利用和重复研究结果。在工业发酵生产中，绝大多数情况下也只有采用纯培养物，才能实施正常运作和具有实用价值。把特定的单一微生物从自然界（或含菌样品）以混杂存在的状态中分离出来，经纯化、转接、繁殖、并以纯培养物的形式保藏下来等一系列操作技术，称为纯培养技术。它是进行微生物学研究和工业发酵生产最基本的技术。

本章的主要内容包括：①培养基的配制与灭菌技术；②无菌操作技术；③工业微生物分离与纯化技术；④厌氧微生物纯培养技术；⑤工业微生物菌种保藏技术。

本章共设置七个实验，其中，实验十~实验十二为基础性实验，实验十三~实验十六为综合性实验。

第一节 培养基的配制与灭菌技术

培养基是将微生物生长繁殖所需要的各种营养物质，用人工的方法配制而成的用于培养微生物的营养基质。培养基也适合于微生物在生命活动过程中积累各种代谢产物。培养基种类很多，不同的微生物所需培养基不同。依据培养基中营养物质的来源可分为天然培养基、合成培养基和半合成培养基。按培养基的特殊用途可分为加富培养基、选择培养基和鉴别培养基。按培养基制成后的物理状态可分为固体培养基、液体培养基和半固体培养基。固体培养基是在液体培养基中加入 1.5%~2.0% 琼脂作凝固剂；半固体培养基则加入 0.5%~0.8% 的琼脂。

一般培养基除含有大量水分外，还含有碳素、氮素、无机盐类和维生素等。此外，由于微生物生长繁殖必须在最适的酸碱度范围内，才能表现出最大的生命活力，因此应根据不同种类的微生物的需求，将培养基调节到一定的 pH 范围。

一、培养基的配制方法

1. 一般培养基的配制方法

（各种天然培养基的配制方法略有不同）

（1）按照配方的组分及用量先分别称量并配成液体。

（2）根据要求调到一定的酸碱度（pH）。

（3）若要制成固体则加入 2% 琼脂并加热熔化。

（4）根据需要的数量分装入试管或三角瓶中，加上棉塞或盖上纱布。

(5) 包扎好灭菌后备用。

2. 配制培养基操作步骤

(1) 称量：按培养基配方依次准确称取各组分并放入烧杯中（注意有些药品需按配方说明分先后次序加入）。

(2) 溶解：在烧杯中先加入少量的水，搅拌或加热使试剂溶解，再补充水到所需的总体积（定容）。

(3) 调 pH：用精密 pH 试纸或酸度计测 pH，并用 1 mol/L NaOH（或 1 mol/L HCl）调节至所需 pH 范围，逐滴缓慢加入，边加边搅拌（尽量勿调过头，避免回调）。

(4) 加琼脂：若配制斜面培养基，可将称量好的琼脂放入液体中，加热使其充分熔化（不断搅拌），最后补足所损失的水分；若配制平板培养基，可先将一定量的液体培养基分装于三角瓶中，再加入 1.5%～2.0% 的琼脂，不必加热熔化，直接包扎灭菌。

(5) 过滤：若需过滤时，可趁热用滤纸（液体）、多层纱布或脱脂棉等过滤，无特殊要求的一般不用过滤。

(6) 分装：根据实验的不同需要，可将配制好的培养基分装入试管内或三角瓶内，注意不要使培养基沾在管口或瓶口上。

液体培养基：装量以试管高度的 1/4 左右为宜，三角瓶不超过其容积的一半。若用于振荡培养则应根据通气量的要求减少（一般 500 mL 三角瓶装 20～50 mL）。

固体培养基：分装试管，其量为管高度的 1/5 左右，灭菌后摆成斜面。分装三角瓶的量也以不超过其容积之一半为宜。

半固体培养基：分装试管一般以试管高度的 1/3 左右为宜，灭菌后放垂直使其凝成半固体深层琼脂。

(7) 加棉塞：培养基分装完毕后，在试管口或三角瓶口上塞上棉塞（或泡沫塑料塞及试管帽等）。

(8) 包扎：将全部试管用绳子捆好，再在棉塞外包一层牛皮纸，以防灭菌时冷凝水弄湿棉塞，其外再用一道绳子扎好；三角瓶加塞（或包 8 层纱布）后，外包牛皮纸，再用绳子以活结形式扎好。

(9) 灭菌：将上述培养基以 1 kgf/cm^2[①]，约 120℃ 维持 15～20 min 进行高压蒸汽灭菌。

(10) 摆斜面：将灭菌的试管琼脂培养基冷却至约 50℃，将试管口端搁在粗玻棒上摆成斜面，斜面长度以不超过试管总长的一半为宜。

(11) 无菌检查：将灭菌培养基放入 37℃ 的恒温箱中培养 24～48 h，检查灭菌是否彻底。

二、培养基及常用器皿的灭菌

灭菌是指杀死或消灭所有微生物，包括营养体、孢子和芽孢。灭菌的方法很多，可

[①] 1 kgf/cm^2＝9.806 65×10^4 Pa，后同。

分为物理方法与化学方法两大类。物理方法包括湿热灭菌、干热灭菌、紫外线灭菌、过滤灭菌等；化学方法主要是利用化学药品对接种室空间、用具和其他物体表面进行灭菌与消毒。消毒一般是指消灭有害微生物的营养体和病原菌。

培养微生物常用的玻璃器具主要有试管、三角瓶、培养皿、吸管等，在使用前必须先进行灭菌，使容器中不含任何杂菌。培养微生物用的营养基质（培养基），在接入纯种前也必须先行灭菌，使培养基呈无菌状态。

1. 棉塞制作与器皿包扎

为了使玻璃器皿在灭菌后仍然能保持无菌状态，不再受空气中杂菌的污染，在灭菌前需进行严格的包装或包扎。试管和三角瓶常采用合适的棉花塞封口（也可采用金属、塑料及硅胶帽套），棉塞起过滤作用，只能让空气透过，而空气中的微生物则不能通过。制作棉塞应采用普通未脱脂的棉花（医用脱脂棉会吸水，不宜采用）。

2. 玻璃器皿的干热灭菌

常用玻璃器皿（培养皿、三角烧瓶、试管、吸管等）、金属器皿及其他干燥耐热物品，烘干后经适当包扎（勿装液体），可采用干热灭菌法。干热灭菌法指在电烘箱等设备内利用干热空气灭菌。

该法比湿热灭菌法所需的温度要高些（160～170℃），时间也要长些（1～2 h）。但灭菌温度若超过180℃，包扎器皿的纸或棉塞就容易烧焦。

3. 培养基与器皿的高压蒸汽灭菌

一般培养基、无菌水、耐热药物及玻璃器皿等常采用高压蒸汽灭菌法。该法的优点是时间短，灭菌效果好。它可以杀灭所有的微生物，包括最耐热的细菌芽孢及其他休眠体。实验室常用的有自控或非自控卧式高压蒸汽灭菌锅（大量灭菌物品时使用），也有手提式小型灭菌锅。

一般培养基在灭菌时常用 0.1 MPa 或 121℃ 维持 15～20 min，便可达到彻底灭菌的目的；单独玻璃器皿灭菌的温度可高些，维持的时间可长些。灭菌的温度及维持的时间，应随灭菌物品的性质和容量多少而灵活掌握。要注意灭菌的因素是高温而不是高压，故灭菌锅内的冷空气要彻底排除（在排除冷空气的条件下，蒸汽压与温度之间有一定关系），否则，压力虽达到 0.1 MPa，但温度并没有达到要求的 121℃。

实验十 培养基的配制和灭菌

一、目的要求

（1）学会常用玻璃器皿的包扎技术。
（2）学习掌握各种培养基的配制原理和一般方法。
（3）掌握高压蒸汽灭菌法和干热灭菌法。

二、基本原理

培养基是人工配制的用于培养、分离、鉴定和保存各种微生物的营养基质。培养基也适合于微生物在生命活动过程中积累各种代谢产物。由于微生物种类繁多，营养类型各异，加上实验和研究目的不同，所以培养基的种类也很多。不同微生物对 pH 要求不同，配制培养基时，要根据不同微生物对 pH 的要求，将培养基的 pH 调到合适的范围。

本实验通过配制适用于分离及培养一般酵母菌和霉菌的麦芽汁天然培养基，适用于分离及培养一般细菌的牛肉膏蛋白胨半合成培养基，用于分离及培养一般放线菌的高氏 I 号合成培养基，使学生学习和掌握配制常用培养基的基本原理和方法。

本实验通过制作试管口和锥形瓶口棉花塞，包装培养皿和移液管的训练，使学生学习和掌握玻璃器皿灭菌前的基本包装方法。

培养微生物常用的玻璃器皿和容器含有各种微生物，因此，在使用前必须先进行灭菌，使容器中不含任何杂菌。由于配制培养基的各类营养物质也含有各种微生物，因此，已配制好的培养基，在接入纯种前也必须立即进行灭菌，使培养基呈无菌状态。培养基可分装入器皿中一起灭菌，也可在单独灭菌后以无菌操作分装入无菌的器皿中。本实验将使学生学习和掌握玻璃器皿的干热灭菌基本方法，学习和掌握培养基（或器皿）的高压蒸汽灭菌的基本方法。

三、实 验 器 材

1. 仪器设备

恒温水浴锅，电热干燥箱，蒸汽灭菌锅。

2. 玻璃器皿

烧杯，锥形瓶（三角瓶），培养皿，大小试管，大小吸管，漏斗，三角涂棒。

3. 试剂与材料

牛肉膏，蛋白胨，葡萄糖，氯化钠，琼脂，20％酸液及碱液（调 pH 用），大麦芽。

4. 器具及其他

电子天平，电炉，试管架，试管篓，棉花，防潮纸，棉线，pH 试纸等。

四、实验内容及操作步骤

（一）玻璃器皿灭菌前的包装

1. 试管口和锥形瓶口棉花塞的制作

（1）棉塞制作方法（由教师演示讲解）。① 制作棉塞应采用普通未脱脂的棉花（医用脱脂棉会吸水，不宜采用），其制作方法有几种，可自行灵活掌握。② 制好的棉塞要求紧贴玻璃壁，没有皱纹和缝隙；总长度约为管口直径的 2 倍，插入部分约为 2/3，松紧度合适；外露部分的粗细及结实程度，应合乎一定要求（图 4-1）。③ 若因棉花纤维过短，可在棉塞外面包上 1 层纱布，便于无菌操作，减少棉塞的污染概率，并可延长棉塞使用时间。④ 新做的棉塞弹性较大，不易定形，但插在容器上经过一次高压蒸汽灭菌后，形状大小即可固定。⑤ 三角瓶也可用 8~12 层纱布代替棉塞，通气效果更佳（图 4-2）。⑥ 蒸汽灭菌前，一般将 7~10 支试管用绳扎在一起，用牛皮纸包裹棉花塞部分，再用绳扎紧；每个三角瓶可单独用牛皮纸包扎棉花塞部分，防止被水蒸气弄湿。

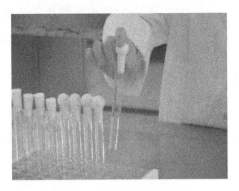 

图 4-1　试管口塞上棉花塞　　　　图 4-2　三角瓶口用多层纱布包扎

（2）每组制作下列规格的棉塞。① 大试管棉塞 20~30 个，小试管棉塞 20~30 个。② 100 mL 或 150 mL 小锥形瓶棉塞 2~4 个。③ 250 mL 锥形瓶棉塞 4~6 个。④ 500 mL 锥形瓶口包扎用八层纱布 2 块，棉塞 1 个。

2. 培养皿和移液管的包装

（1）培养皿（平皿）的包装（图 4-3）。① 培养皿是专为防止空气中杂菌的污染而设计的，底皿加上皿盖为一套。② 洗净烘干后，每 6~10 套叠在一起，用牛皮纸卷成一筒，外面用棉线捆扎以防散开。③ 包装后进行灭菌（每组包装 1 或 2 筒）。④ 使用时，在超净工作台中取出打开。

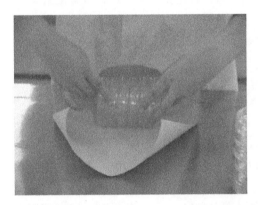 

图 4-3　用牛皮纸包装培养皿

（2）移液管（吸管）的包扎。① 洗净烘干的吸管，在吸气的一端用镊子或针塞入少许未脱脂棉花（棉花勿外露），以防止菌体吸入洗耳球中，或洗耳球中的菌体通过吸管进入培养物中造成污染。② 每支吸管用一条宽约 5 cm 的纸条，以约 45°角螺旋形卷起来，剩余一端折叠打结。③ 每组包扎：5 mL 或 10 mL 移液管 2~4 支，2 mL 移液管 2~4 支，1 mL 移液管 4~6 支。④ 灭菌后烘干，使用时在超净工作台中从纸条抽出。

（二）玻璃器皿的干热灭菌

干热灭菌时一般在电热干燥箱（图 4-4）内利用干热空气灭菌，其操作方法如下。

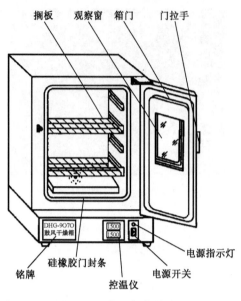

图 4-4 电热干燥箱结构图

(1) 将包扎好的待灭菌器皿放入电热干燥箱内（勿摆太挤），关好箱门。

(2) 接通电源，打开箱顶排气孔，转动恒温调节器至所需温度，待温度逐渐上升。

(3) 当温度升至100℃时，关闭排气孔。

(4) 待温度升高到160～170℃时，借助于恒温调节器的自动控制，保持此温度 2 h（中间切勿打开箱门）。

(5) 切断电源、使干燥箱自然降温。

(6) 待电热干燥箱内温度降至 60℃以下，才可打开箱门，取出灭菌器皿。

（三）培养基的配制

1. 麦芽汁培养基的配制

麦芽汁培养基的配制：用于分离、培养酵母菌和霉菌。

(1) 大麦芽的糖化。① 称取大麦芽 100 g，粉碎，加入 400 mL 60℃左右热水。② 置于 55～60℃温箱或水浴锅中，保温使其自行糖化 3～4 h。③间歇搅拌，直至无淀粉反应为止（检查方法：取糖化液 0.5 mL，加入碘液 2 滴，若无蓝紫色出现，即糖化完全）。

(2) 麦芽汁的制备。① 过滤：麦芽粉糖化液用纱布过滤，除去残渣，煮沸后再反复用脱脂棉或滤纸过滤，即得澄清麦芽汁（350～400 mL，15～18°Bé①）。② 稀释：加水稀释成约 10°Bé麦芽汁（自然 pH）。

(3) 麦芽汁液体培养基的制备。① 量取麦芽汁 250 mL；分装于 30 支小试管（8 mL/支）。② 每支试管均贴上标签注明培养基名称。③分成三份分别捆扎，覆盖防潮纸，集中灭菌。

(4) 麦芽汁平板培养基的制备。① 量取麦芽汁 200 mL，倒入 500 mL 锥形瓶中，加入琼脂 4 g（经灭菌后自然熔化）。② 瓶口塞上棉塞，覆盖防潮纸，包扎贴标签，灭菌后备用。

(5) 麦芽汁斜面培养基的制备。① 量取麦芽汁 100 mL 于烧杯中，加入琼脂 2 g。标记液面高度。② 置于电炉上加热煮沸至琼脂全部熔化（注意搅拌）。补加热水至原液面。③ 趁热分装于 24 支小试管（4 mL/支）。④ 每支试管均贴上标签，分成两份捆扎，集中灭菌后摆成斜面。

附培养基的分装方法（图 4-5）：

(1) 取玻璃漏斗一个，漏斗下连一根输血胶管，胶管下端再接一支玻璃管，胶管中间加一个弹簧夹。

(2) 装在铁架圈上，左手拿住空试管中部，右手拇指及食指按住弹簧夹，小指和无名指夹住玻璃管。

---

① 1°Bé＝144.3－（144.3÷相对密度）

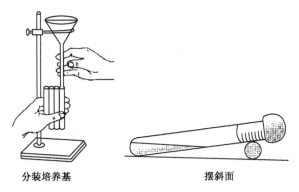

分装培养基　　　　　　　　摆斜面

图 4-5　用漏斗分装培养基及摆斜面

(3) 分装时，将玻璃管插入试管内，开放弹簧夹，使培养基流入试管内。

(4) 注意勿使培养基沾在管口，以免浸湿棉塞，引起污染。

2. 牛肉膏蛋白胨培养基的配制

牛肉膏蛋白胨培养基的配制：用于分离和培养细菌。

(1) 肉汁培养基的成分（配方）。牛肉膏 0.5%，蛋白胨 1.0%，NaCl 0.5%，pH 7.0～7.2。

(2) 肉汁培养基的配制程序。① 肉汁液体培养基：称量→溶解→定容→调 pH→分装→包扎→灭菌。② 肉汁平板培养基：称量→溶解→定容→调 pH→装瓶→加琼脂→包扎→灭菌。③ 肉汁斜面培养基：称量→溶解→定容→调 pH→加琼脂→加热熔化→补足水分→分装试管→包扎→灭菌→摆斜面。

(3) 肉汁液体培养基的配制。① 按上述配方计算并称量各成分于小烧杯中，加水溶解并定容至 200 mL，调 pH 至 7.0～7.2。② 分装于多支小试管（5～7 mL/支）。③ 贴标签，分三份包扎，灭菌备用。

(4) 肉汁斜面培养基的配制。① 按上述配方称量各成分于小烧杯中，加水溶解并定容至 100 mL，调 pH 至 7.0～7.2。加入琼脂 2 g。② 加热熔化琼脂，补加热水至原液面。③ 分装于 24 支小试管（4 mL/支）。④ 每支试管贴上标签注明培养基名称，分两份包扎，灭菌备用。

(5) 肉汁平板培养基的配制。① 按配方称量各成分于小烧杯中，加水溶解并定容至 100 mL，调 pH 至 7.0～7.2。② 倒入 250 mL 锥形瓶中，再加入 2 g 琼脂（琼脂在灭菌后自然熔化）。③ 加棉塞和防潮纸，包扎灭菌。

3. 高氏 I 号培养基的配制

高氏 I 号培养基的配制：用于分离及培养放线菌。

(1) 高氏 I 号培养基的配方。可溶性淀粉 20 g，NaCl 0.5 g，KNO_3 1 g，$K_2HPO_4 \cdot 3H_2O$ 0.5 g，$MgSO_4 \cdot 7H_2O$ 0.5 g，$FeSO_4 \cdot 7H_2O$ 0.01 g，琼脂 15～25 g，水 1000 mL，pH 7.4～7.6。

(2) 高氏 I 号培养基配制步骤。① 按配方先称取可溶性淀粉，放入小烧杯中，并用少量冷水将淀粉调成糊状。② 将淀粉糊加入少于所需水量的沸水中，继续加热，使可溶性淀粉完全溶化。③ 称取其他各组分依次溶化（$FeSO_4 \cdot 7H_2O$ 可先配成

0.01 g/mL溶液后再加入）。④ 待所有组分完全溶解后，补充水分到所需的总体积。⑤ 将称好的琼脂放入已经溶解的各组分中，再加热熔化，补足损失的水分。⑥ 调pH至7.4~7.6，分装、包扎、灭菌，无菌检查后备用。

（四）培养基（或器皿）的高压蒸汽灭菌

高压蒸汽灭菌在高压蒸汽灭菌锅中进行。实验室常用的有自控或非自控卧式高压蒸汽灭菌锅（大量灭菌物品时使用），也有手提式小型灭菌锅（图4-6）。下面以手提式灭菌锅为例，介绍高压蒸汽灭菌的操作方法。

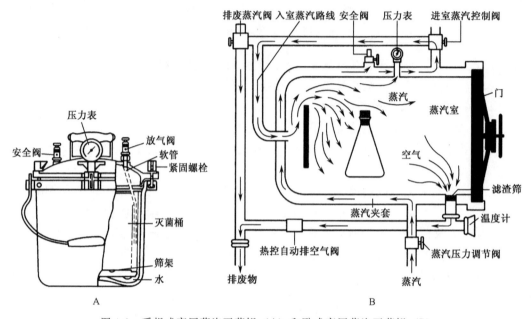

图4-6 手提式高压蒸汽灭菌锅（A）和卧式高压蒸汽灭菌锅（B）

(1) 取出内层锅，加水入外层锅内，水面与搁架相平即可。

(2) 放回内层锅，装入待灭菌物品（勿装得过挤），上面遮一张防水纸。

(3) 盖上锅盖时，将排气软管插入内层锅的排气槽内，以对称方式旋紧螺栓。

(4) 打开排气阀，通电加热使水沸腾并排气。待锅内冷空气完全排尽，关上排气阀，使温度随蒸汽压力增高而上升。

(5) 待锅内蒸汽压升至所需压力（如0.1 MPa、约120℃）时，控制热源，维持此压力至所需时间（如15~20 min）。

(6) 切断电源，使锅内温度自然下降。待压力降至"0"时，打开排气阀，旋松螺栓，打开锅盖，取出灭菌物品。

五、实验注意事项

(1) 在琼脂熔化过程中，应注意控制火力，避免培养基因沸腾而溢出容器，并不断搅拌，以防琼脂糊底烧焦。

(2) 培养基调节pH时，注意不要调过，因回调pH会影响培养基内各离子的浓度。

（3）在配制低 pH 的琼脂培养基时，应将培养基的成分和琼脂分开灭菌后再混合，因琼脂在低 pH 条件下灭菌，会水解而不能凝固。

（4）干热灭菌时，灭菌物品不宜摆得太挤，以免妨碍空气流通；物品不要接触电热干燥箱内壁铁板，以防包装纸烤焦起火。

（5）干热灭菌完毕后，务必待箱内温度降至 70℃ 以下才能打开箱门，以防空气冲入引起包装纸燃烧，以及骤然降温导致玻璃器皿炸裂。

（6）高压蒸汽灭菌时，锅内冷空气必须完全排尽后，才能关上排气阀，因灭菌的主要因素是高温而不是高压。

（7）高压蒸汽灭菌完毕后，应待气压表指针降到"0"，方可打开灭菌锅，避免因锅内压力骤然下降，使容器内的培养基冲出沾染棉塞，也避免蒸汽烫伤操作者。

六、实验报告与思考题

1. 实验结果

（1）将实验内容中 3 种培养基配制的操作过程及其结果写成实验报告，并绘制其流程图。

（2）检查配制的 3 种培养基经高压蒸汽灭菌后，灭菌是否彻底。

2. 思考题

（1）培养细菌、放线菌、酵母菌和霉菌，通常可分别采用哪些培养基？这四大类微生物生长繁殖的最适 pH 一般各为多少？

（2）培养基配好后，为什么必须立即灭菌？如何检查灭菌后的培养基是无菌的？

（3）在配制培养基的操作过程中应注意些什么问题，为什么？

（4）细菌能否在高氏 I 号培养基上生长？为什么？

（5）进行干热灭菌操作应注意哪些事项？为什么干热灭菌比湿热灭菌所需要的温度要高，时间要长？

（6）培养基和液体试剂能否进行干热灭菌？为什么？

（7）进行高压蒸汽灭菌操作应注意哪些事项？可能导致灭菌不完全的因素有哪些？

第二节　无菌操作技术

微生物无处不在，无孔不入，因此，在对微生物的研究和应用过程中，必须随时注意保持微生物纯培养物的纯洁性，防止其他微生物（杂菌）的混入；在进行分离、转接及培养微生物纯培养物时，要采用严格的无菌操作技术，防止被其他微生物所污染。

在微生物学研究中，常需用接种环把微生物纯培养物，由一个器皿移接到另一个培养容器中进行培养。由于周围环境（主要是空气）中，存在着大量肉眼无法发现的各种微生物，只要一打开器皿，就可能会引起器皿内的培养基或培养物，被环境中其他微生物所污染。

因此，微生物菌种移接的所有操作，均应在无菌环境下进行严格的无菌操作。

一、无菌环境条件

无菌环境是指在无菌室、无菌箱、超净工作室或超净工作台等无菌或相对无菌的环境条件下进行操作。

超净工作室或超净工作台目前较常用，它是通过通入经超细过滤的无菌空气以维持其无菌状态的；而无菌室或无菌箱目前较少用，它是在使用前一段时间内，用紫外线灯或化学药剂进行室内空气灭菌，以维持其相对无菌状态的。

紫外线灭菌是用紫外线灯进行的。紫外线穿透力不强，所以只适用于无菌室、接种箱和手术室内的空气及物体表面的灭菌。单独用紫外线照射的方法如下：

(1) 在无菌室内或在接种箱内，打开紫外线灯，照射 30 min，关闭。
(2) 将营养琼脂平板（共 3 个）的皿盖打开 15 min，盖上皿盖。置 37℃培养 24 h。
(3) 检查每个平板上生长的菌落数（4 个以下，则说明灭菌效果良好）。

为了增强紫外线灭菌效果，在开紫外灯前，可用化学消毒剂在无菌室或接种箱内喷洒和擦洗。化学消毒剂与紫外线照射结合使用的方法如下：

(1) 在无菌室内，先用 2%～3%来苏尔擦洗桌面和凳子，再打开紫外线灯照射 15 min。
(2) 在无菌室内，用 3%～5%的石炭酸溶液喷洒，再打开紫外线灯照射 15 min。
(3) 用营养琼脂平板检查灭菌效果（方法同上）。

二、无菌操作接种技术

上述的无菌环境条件只是相对而言，实际上不可能保持环境的绝对无菌。因此接种时，关键是要严格进行正确的无菌操作，其要点是要充分利用火焰周围的高温区（无菌区），即接种时，管口和瓶口始终保持在火焰（如酒精灯焰）旁边，进行熟练的移接种操作，以便保证微生物的纯种培养。

此外，挑取和移接微生物纯培养物用的接种环及接种针，应采用易于迅速加热和冷却的镍铬合金等金属制备，使用时用火焰灼烧灭菌；转移液体纯培养物时，应采用无菌吸管或无菌移液枪。

接种和培养过程中必须保证不被其他微生物所污染，因此，除工作环境要求尽可能地避免或减少杂菌污染外，熟练地掌握各种无菌操作接种技术是很重要的。接种技术用得最多的是斜面接种，其次是液体培养基接种和穿刺接种。

1. 斜面接种

在待接种的斜面培养基试管上先贴好标签，用左手握住斜面菌种（如细菌）试管和待接种的斜面培养基试管，使斜面朝上成水平状态，在火焰边用右手拔出棉塞（或试管帽）；右手拿接种环在火焰上垂直灼烧灭菌并冷却后，伸入菌种试管内挑取少许菌苔，迅速伸入待接种的斜面培养基表面，在斜面上自底部向上端轻轻地划线。

2. 液体培养基接种

用接种环挑取菌苔放入液体培养基试管，在液体表面处的管内壁上轻轻摩擦搅动，使菌体从环上洗脱分散开，进入液体培养基中；塞好试管塞后摇动试管，使菌体在培养液中均匀分布。若菌种为液体培养物，则可用无菌吸管（或无菌移液枪）定量吸出后加入（或直接倒入）液体培养基中。整个接种过程基本上与斜面接种法相同，都要求严格的无菌操作。

3. 穿刺接种

右手拿接种针（针应挺直），在火焰上垂直灼烧灭菌，冷却后按上述斜面接种的无菌操作方法，用接种针下端挑取菌种，自半固体培养基的中心垂直刺入，直至接近试管底部，但不要穿透，然后沿原穿刺线将针退出，塞上试管塞，灼烧接种针。

实验十一　无菌操作和微生物菌种的移接

一、目 的 要 求

（1）树立无菌概念，体会无菌操作的重要性。
（2）训练无菌操作的基本技术。
（3）熟练掌握各种微生物菌种移接的基本方法。

二、基 本 原 理

在我们生活的周围环境——土地、空气、水中，以及人体的体表和体内，存在着大量的各种看不见的微生物，即我们是生活在微生物的团团包围之中的。如何证明微生物的存在呢？除了通过显微技术将微生物个体放大，使我们能够用肉眼看到它们外，还有另一种方法就是通过培养，使肉眼看不见的微生物个体在固体培养基上繁殖成肉眼可见的细胞群体——菌落，这样我们就可以看得到它们的存在了。

为了使学生牢固树立起"有菌观念"，本实验将采取上述后一种方法，让学生自行检测实验室环境（空气）和人体表面存在的微生物。

实际上，人工创造的无菌环境条件只是相对而言，不可能保证环境的绝对无菌。因此，接种和培养过程中必须保证不被其他微生物所污染，关键是要严格进行正确的无菌操作，熟练地掌握各种无菌操作接种技术。

本实验将让学生自行在酒精灯火焰旁进行微生物菌种的转接，包括斜面接种、液体培养基接种、穿刺接种和倾注平板，以训练他们的无菌操作接种技术，并使学生牢固树立起"无菌观念"。

三、实 验 器 材

1. 微生物菌种

（1）枯草杆菌（*Bacillus subtilis*），谷氨酸棒状杆菌（*Corynebacterium glutamicum*）。
（2）酿酒酵母（*Saccharomyces cerevisiae*），卡尔斯伯酵母（*Saccharomyces carlsbergensis*）。
（3）黑曲霉（*Aspergillus niger*），米曲霉（*Aspergillus oryzae*）。

2. 培养基

（1）麦芽汁培养基
斜面培养基（试管），液体培养基（试管），平板培养基（三角瓶）。
（2）肉汁培养基
斜面培养基（试管），液体培养基（三角瓶），平板培养基（三角瓶）。

3. 玻璃器皿及其他材料

烧杯，培养皿，三角瓶，试管，吸管，试管箩，试管架。

4. 仪器设备

超净工作台，恒温培养箱，恒温摇床，水浴锅，电炉，铜锅，酒精灯，接种环。

四、实验内容及操作步骤

（一）实验室环境与人体表微生物的检测

1. 实验室内微生物的测定

（1）取肉汁琼脂平板和麦芽汁琼脂平板各一皿，置于实验室台面或选定地点。另取肉汁琼脂平板和麦芽汁琼脂平板各一皿，置于运行中的超净工作台内作对照。

（2）打开皿盖，使琼脂培养基暴露于空气中，30～60 min 后，盖上皿盖。

（3）将麦芽汁琼脂平板置于30℃温箱内培养2～3天，肉汁琼脂平板置于37℃培养箱内培养1～2天，观察微生物种类并计算菌落数。

2. 人体表细菌的测定

（1）取两个肉汁琼脂平板，贴上标签，打开皿盖，分别将未洗过手的手指和洗过手的手指在琼脂表面轻轻划之字形线，盖上皿盖。

（2）取1个肉汁琼脂平板，贴上标签，打开皿盖，在琼脂平板上方用手将头发用力摇动数次，使细菌降落于琼脂表面，盖上皿盖。

（3）取1个肉汁琼脂平板，贴上标签，打开皿盖，放在离口6～8 cm处，对着琼脂表面用力咳嗽，盖上皿盖。

（4）将上述平板置于37℃培养箱内培养1～2天，观察细菌种类并计算细菌菌落数。

（二）微生物接种与无菌操作技术的训练

1. 斜面接种（图4-7，图4-8）

（1）斜面接种的操作方法（以细菌为例）。① 在待接种的斜面培养基试管上先贴好标签，注明菌名、编号、日期等；点着酒精灯或煤气灯火焰。② 用左手握住斜面菌种（如细菌）试管和待接种的斜面培养基试管，试管底部放在手掌心并将中指夹在两试管之间。③ 使斜面朝上成水平状态，在火焰边用右手松动试管棉塞或试管帽以便于接种时拔出。④ 右手拿接种环在火焰上垂直灼烧灭菌后，暂搁于架上。⑤ 在火焰边用右手拔出棉塞（或试管帽），顺次夹在手掌边缘和小指、小指和无名指之间，并将管口稍作灼烧灭菌。⑥ 将接种环再次在火焰上灼烧灭菌后，伸入菌种试管内，环先与试管内壁或未长菌的培养基接触使之冷却。⑦ 挑取少许菌苔，将接种环退出菌种试管（勿接触管壁或管口），迅速伸入待接种的斜面培养基

图4-7 斜面接种操作

表面，在斜面上自底部向上端轻轻地划之形线（勿划破培养基）。⑧ 将接种环退出斜面试管，再用火焰灼烧管口，并在火焰边将试管塞塞上。将接种环垂直于火焰上彻底灼烧杀菌。

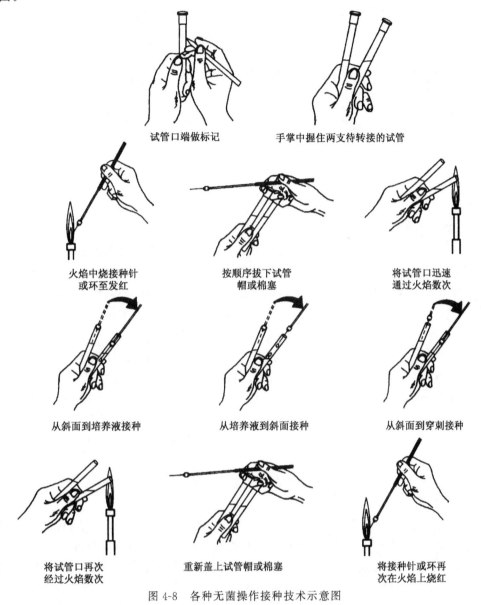

图 4-8　各种无菌操作接种技术示意图

（2）细菌斜面接种。① 每组取肉汁斜面培养基 2 支，按无菌操作，用接种环在斜面上接种细菌（枯草杆菌和谷氨酸菌）。② 将斜面接种物放入试管篓中，置 32～35℃于温箱中培养约 24 h。

（3）酵母菌和霉菌斜面接种。①每组取麦芽汁斜面培养基 2 支，按无菌操作，用接种环在斜面上分别接种酵母菌和霉菌。② 将斜面接种物放入试管篓中，置于 30～32℃温箱中培养 1～3 天。

2. 穿刺接种（图 4-8，图 4-9）

(1) 右手拿接种针（针应挺直），在火焰上垂直灼烧灭菌，冷却。

(2) 按上述斜面接种的无菌操作方法，用接种针下端挑取菌苔。

(3) 自半固体培养基的中心垂直刺入，直至接近试管底部（不要穿透）。

(4) 沿原穿刺线将针退出，塞上试管塞，烧灼接种针。

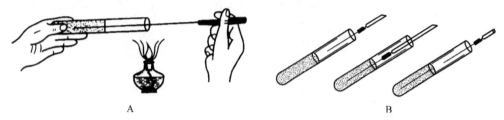

图 4-9　穿刺接种示意图
A. 穿刺接种操作；B. 穿刺接种过程

3. 液体培养基接种（图 4-8）

(1) 斜面菌种接入试管液体培养基。① 每组取麦芽汁液体培养基试管 2 支，贴好标签，注明菌名、组别、日期等。② 按无菌操作，用接种环挑取酿酒酵母斜面菌苔，接入麦芽汁液体培养基试管中。③ 在液体表面处的管内壁上轻轻擦动，使菌体从环上洗脱分散进入液体培养基中。④ 塞好试管塞后摇动试管，使菌体在培养液中均匀分布。⑤ 将试管液体接种物放入试管篓中，置于 30～32℃温箱中培养 12～16 h。

(2) 试管中的菌液接入三角瓶中的液体培养基。① 每组取肉汁液体培养基三角瓶 1 个，贴好标签，注明菌名、组别、日期等。② 按无菌操作，用无菌吸管（或无菌移液枪）定量吸出试管中的菌液（谷氨酸菌或枯草杆菌）。③ 接入三角瓶中的液体培养基中，盖好纱布，轻轻摇均匀。④ 将三角瓶液体接种物置于恒温摇床上，于 32～35℃温箱振荡培养 8～12 h。

4. 倾注平板（倒平板）

平板是指将经熔化的固体培养基倒入无菌培养皿中，冷却凝固而制成的盛有固体培养基的平皿。

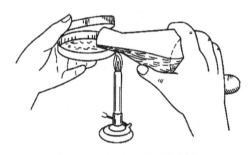

图 4-10　倒平板操作示意图

(1) 倾注平板的方法。① 右手拿盛培养基的三角瓶，拔出棉塞后将瓶口在火焰上稍作灭菌。② 左手拿住培养皿并在灯焰旁将皿盖打开少许，迅速注入培养基约 15 mL（图 4-10），盖好后轻轻旋动培养皿，使培养基分布均匀。③ 平置于桌面上，待凝固后即成平板。

(2) 倒制肉汁琼脂培养基平板。① 将肉汁琼脂培养基加热熔化后，冷却至约 50℃（减少冷凝水）。② 以无菌操作倾入无菌培养皿中，每皿 12～15 mL，置于台面充分冷却凝固成平板。

五、实验注意事项

（1）放置检测微生物所用平板时，注意不能在皿盖上作标记，避免错盖皿盖造成混乱。

（2）无菌操作需要在酒精灯火焰旁进行，操作时要小心，不要将手烫伤。

（3）在火焰上直接灼烧接种环（针）灭菌后，一定要使其冷却后方可取菌体转接，以免烫死菌种。

（4）在使用吸管操作过程中，手指不要接触到吸管的下端，以免染菌。

（5）树立有菌观念和无菌观念，认真细心地体会无菌操作的要领。

六、实验报告与思考题

1. 实验结果

（1）将实验室内微生物的检测和人体表细菌的检测结果列表报告（注明菌落数量与种类），并作简要说明。

（2）将斜面接种、液体接种、穿刺接种的过程及培养后记录的结果写成实验报告。

2. 思考题

（1）试比较实验室空气与超净台空气，未洗与已洗的手指、头发，以及哈气，哪一种样品中菌落数与菌落类型最多？

（2）同样暴露于实验室空气中，为什么肉汁琼脂平板与麦芽汁琼脂平板上长出的菌落会有较大的差别？

（3）你能初步鉴别麦芽汁琼脂平板上长出的菌落属于哪一种微生物吗？

（4）在什么情况下要分别进行斜面接种、液体接种、穿刺接种和平板接种？为什么？

（5）为什么接种完毕后，接种环还必须灼烧后再放回原处？

第三节　工业微生物分离与纯化技术

在工业微生物学中，为了研究某种微生物的特性，或者在发酵工业生产中，为了要大量培养和利用某些微生物，必须把它们从混杂的微生物群体中分离出来，从而获得某一菌株的纯培养物。这种获得只含有某一种或某一株微生物纯培养的过程，称为微生物的分离与纯化。

为了获得某微生物的纯培养物，一般是根据该微生物的特性，设计适宜的培养基和培养条件，以利于该微生物的生长繁殖，或加入某些抑制因素，造成只利于此菌生长，而不利于其他菌生长的环境条件，从而淘汰其他杂菌。然后再通过各种稀释法，使所需的菌在固体培养基上形成单菌落。当然，从微生物群体中经分离后生长在平板上的单个菌落，并不能保证一定是纯培养，还要经过一系列的分离、纯化和鉴定，才能获得所需要的纯菌株。

常用的微生物分离纯化的方法有：稀释混合倒平板法、稀释涂布平板法、平板划线分离法、稀释摇管法、液体培养基分离法、单细胞分离法、选择培养分离法等。其中前三种方法最为常用，不需要特殊的仪器设备，分离纯化效果好，现分别简述如下：

1. 稀释混合倒平板法

将熔化的固体培养基倒入无菌培养皿中，冷却凝固而成的盛有固体培养基的平皿称之为平板。稀释混合倒平板法是先将待分离的含菌样品，用无菌生理盐水作一系列的稀释（常用十倍稀释法，稀释倍数要适当），然后分别取不同浓度稀释液少许（0.5～1.0 mL）置于无菌培养皿中，再倾入已熔化并冷却至50℃左右的琼脂培养基，迅速旋摇，充分混匀。待琼脂凝固后，即成为可能含菌的琼脂平板。于恒温箱中倒置培养一定时间后，在琼脂平板表面或培养基中即可出现分散的单个菌落。每个菌落可能是由一个细胞繁殖形成的。挑取单一个菌落，一般再重复该法1或2次，结合显微镜检测个体形态特征，便可得到真正的纯培养物。若样品稀释时能充分混匀，取样量和稀释倍数准确，则该法还可用于活菌数量测定。

2. 稀释涂布平板法

上述稀释混合倒平板法有两个缺点，①会使一些严格好氧菌因被固定在琼脂中间，缺乏溶氧而生长受影响，形成的菌落微小难以挑取；②在倾入熔化琼脂培养基时，若温度过高，易烫死某些热敏感菌，过低则会引起琼脂太快凝固，不能充分混匀。

在微生物学研究中，更常用的纯种分离方法是稀释涂布平板法。该法是将已熔化并冷却至约50℃（减少冷凝水）的琼脂培养基，先倒入无菌培养皿中，制成无菌平板。待充分冷却凝固后，将一定量（约0.1 mL）的某一稀释度的样品悬液滴加在平板表面，再用三角形无菌玻璃涂棒涂布，使菌液均匀分散在整个平板表面，倒置温箱培养后挑取单个菌落。

另一种简单快速有效的涂布平板法，可省去含菌样品悬液的稀释，直接吸取经振荡分散的样品悬浮液1滴加入1号琼脂平板上，用一支三角形无菌玻璃涂棒均匀涂布，用此涂棒再连续涂布2号、3号、4号平板（连续涂布起逐渐稀释作用，涂布平板数视样品浓度而定），翻转此涂棒再涂布5号、6号平板，经适温倒置培养后挑取单个菌落。该法可称之为玻璃涂棒连续涂布分离法。

3. 平板划线分离法

先倒制无菌琼脂培养基平板，待充分冷却凝固后，用接种环以无菌操作蘸取少量待分离的含菌样品，在无菌琼脂平板表面进行有规则的划线。划线的方式有连续划线、平行划线、扇形划线或其他形式的划线。通过这样在平板上进行划线稀释，微生物细胞数量将随着划线次数的增加而减少，并逐步分散开来。经培养后，可在平板表面形成分散的单个菌落。但单个菌落并不一定是由单个细胞形成的，需再重复划线1或2次，并结合显微镜检测个体形态特征，才可获得真正的纯培养物。该法的特点是简便快速。

实验十二　微生物菌种的分离和纯化

一、目　的　要　求

（1）掌握倾注平板（倒平板）的方法。
（2）学习从混杂的微生物群体中分离与纯化微生物菌种的方法。
（3）综合练习常用的几种微生物分离纯化技术和无菌操作技术。

二、基 本 原 理

把特定微生物从混杂的微生物群体中分离出来，获得只含有某一种或某一株微生物纯培养的过程，称为微生物菌种的分离与纯化。

要获得某微生物的纯培养物，可根据该微生物的特性，设计出只利于此菌生长，而不利于他菌生长的条件（含培养基组分和培养条件），大量淘汰其他杂菌。再通过各种稀释法，使它们在固体培养基上单独长成菌落。从微生物群体中经分离而生长在平板上的单个菌落并不能保证一定是纯培养，还要经过一系列的分离、纯化和鉴定方能确定。

菌种分离纯化最为常用的方法有：稀释混合倒平板法、稀释涂布平板法、平板划线分离法等三种方法，其中稀释混合倒平板法，留待第五章实验二十（水和食品中细菌菌落总数的测定）中的平板菌落计数法中再作介绍。本实验应用稀释涂布平板法、平板划线分离法两种方法对含菌样品进行分离纯化。此外，还应用另一种分离纯化的新方法——玻璃涂棒连续涂布分离法，该法综合了稀释涂布平板法与平板划线分离法的优点，是一种简便快速有效的方法。

用于酿制白酒的酒曲中，含有各种各样的微生物群体。本实验应用稀释涂布平板法，从酒曲中分离纯化酿酒酵母和根霉，采用有利于酵母和霉菌生长而不利于细菌和放线菌生长的麦芽汁培养基，同时添加去氧胆酸钠以防止菌丝蔓延，以便获得目的菌（根霉菌）的单个菌落。

土壤是体现微生物多样性的重要场所，是发掘微生物资源的重要基地，我们可以从土壤中分离纯化，获得许多有价值的菌株。本实验应用平板划线分离法和另一种简单快速的玻璃涂棒连续涂布分离法，从土壤中分离纯化谷氨酸产生菌，采用含有溴麝香草酚蓝的培养基，以便获得能使周围培养基变黄色（产酸）的谷氨酸菌单个菌落。通过本实验，使学生学习掌握从混杂的微生物群体中分离与纯化微生物菌种的方法，并使学生综合练习了微生物学实验的各种无菌操作技术。

三、实 验 器 材

1. 含菌样品

酒曲（小曲或大曲），含菌土壤样品。

2. 培养基用材料与试剂

米曲汁（8~10°Bé），葡萄糖，氯化钠，琼脂，20%尿素，20%玉米浆，10% K_2HPO_4，4% $MgSO_4$，1%溴麝香草酚蓝。

3. 仪器设备

超净工作台，恒温培养箱，电子天平，研钵，电炉。

4. 玻璃器皿

培养皿，试管，吸管（10 mL和1 mL），玻璃刮棒，锥形瓶（250 mL、100 mL），内盛玻璃珠的100 mL锥形瓶（2个）。

四、实验内容及操作步骤

（一）培养基的制备

1. 麦芽汁琼脂平板培养基

量取麦芽汁 100 mL，装入 250 mL 锥形瓶中，加入琼脂 2 g，灭菌备用。用前熔化后加入 10% 去氧胆酸钠 1 mL（浓度为 0.1%）。

2. 分离谷氨酸菌用的平板培养基

配方：葡萄糖 2%、K_2HPO_4 0.1%、$MgSO_4$ 0.04%、溴麝香草酚蓝 0.01%、琼脂 2%，pH 7.0。装入 250 mL 锥形瓶中，包扎，灭菌备用。

3. 生理盐水

称取 NaCl 0.43 g，加入 50 mL 水，装入 100 mL 小锥形瓶中，灭菌备用。

（二）从酒曲中分离纯化酿酒酵母和根霉

应用稀释涂布平板法，从酒曲中分离纯化酿酒酵母和根霉，采用有利于酵母和霉菌生长而不利于细菌和放线菌生长的麦芽汁培养基，同时添加去氧胆酸钠以防止菌丝蔓延，以便获得目的菌单个菌落。

1. 制备曲液（图 4-11）

（1）将酒曲研碎成粉末状，称取 1 g 放入装有 10 mL 生理盐水和玻璃珠的 100 mL 小三角瓶中，激烈振荡约 10 min 使菌分散。

（2）用无菌吸管吸取 1 mL 酒曲悬液注入盛有 9 mL 生理盐水的试管中，吸放三次，用旋涡混合器振荡使之充分混匀。

（3）再取一支无菌吸管，从此试管中吸取 1 mL，注入另一盛有 9 mL 生理盐水的试管中，吸放三次并混匀。

（4）同法类推制成 10^{-1}、10^{-2}、10^{-3}、10^{-4}、10^{-5}、10^{-6} 的各种稀释度的酒曲溶液。

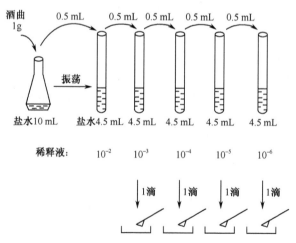

图 4-11　分离酒曲中的微生物菌种操作过程示意图

2. 倒制平板

(1) 将麦芽汁琼脂培养基加热熔化，冷却至 55~60 ℃。

(2) 加入 10% 的去氧胆酸钠 1 mL，混匀。

(3) 在超净工作台的酒精灯火焰旁倒制平板。

3. 涂布平板（图 4-12）

(1) 将上述培养基的四个平板分别标上 10^{-3}、10^{-4}、10^{-5}、10^{-6} 四种稀释度。

(2) 取 4 支无菌吸管（或无菌移液枪），分别从 10^{-3}、10^{-4}、10^{-5}、10^{-6} 四管酒曲稀释液中，各吸取 0.1 mL。

图 4-12 涂布平板操作法示意图

(3) 对号放于已标好稀释度的平板中，用无菌玻璃涂棒在培养基表面轻轻涂布均匀。

4. 倒置培养

将平板倒置（防止皿盖的冷凝水往下滴），于 30~32℃ 温箱中培养 2 天。

5. 观察挑菌

(1) 观察培养后长出的酿酒酵母和根霉的单个菌落，分别挑取并接种于曲汁斜面上。

(2) 将两种菌分开置于 30~32℃ 温箱中培养。

(3) 待菌苔长好后，检查菌苔是否单纯，若有其他杂菌混杂，再一次进行分离纯化，直到获得纯菌株培养物。

（三）从土壤中分离纯化谷氨酸产生菌

应用平板划线分离法和另一种简单快速有效的玻璃涂棒连续涂布分离法，从土壤中分离纯化谷氨酸产生菌，采用含有溴麝香草酚蓝的培养基平板，以便获得能使周围培养基变黄色（产酸）的谷氨酸菌的单个菌落。

1. 制备土壤悬液

(1) 称取含菌土壤样品 1 g，放入装有 10 mL 生理盐水和玻璃珠的 100 mL 小三角瓶中。

(2) 激烈振荡约 10 min，使菌体分散并悬浮于液体中。

2. 倒制平板

(1) 将分离谷氨酸菌用的溴麝香草酚蓝琼脂培养基加热熔化。

(2) 待培养基冷却至约 50℃ 时，在超净工作台的酒精灯火焰旁边倒制平板 8 个。

3. 平板划线

(1) 连续划线法。①在近火焰处，左手拿培养皿并打开盖，右手拿接种环，取上述土壤悬液一环，在平板培养基上分成三个区作"之"字形连续划线（图 4-13，划线轨迹图 B）。②划线完毕后，盖上培养皿，倒置于 32℃ 温箱中培养 2 天。

(2) 平行划线法。①按无菌操作，用接种环取土壤悬液一环，先在平板培养基的一边作第一次平行划线 3 或 4 次（图 4-13，划线轨迹图 A）。②将平板转动约 70°，将接种环上剩余物烧掉，待接种环冷却后穿过第一次划线部分进行第二次平行划线。③再用同样的方法进行第三次平行划线和第四次平行划线。④划线完毕后，盖上培养皿盖，倒置

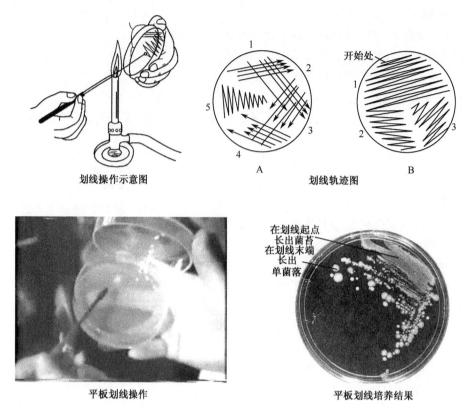

图 4-13 平板划线分离操作法示意图

于 32℃温箱中培养 2 天。

4. 连续涂布（图 4-14）

（1）将含有溴麝香草酚蓝培养基的 6 个平板分别编号。

（2）吸取土壤悬浮液 0.1 mL 或 1 滴，加入 1 号琼脂平板上，用一支无菌玻璃涂棒在培养基表面轻轻涂布均匀。

（3）用此涂棒连续涂布 2 号、3 号、4 号平板、翻转玻璃涂棒再涂布 5 号、6 号平板。

（4）将平板倒置，于 32℃温箱中培养 2 天。

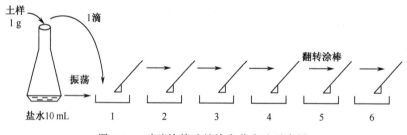

图 4-14 玻璃涂棒连续涂布分离法示意图

5. 观察挑菌

（1）观察并挑取能使周围培养基变黄色（产酸）的单菌落，接入肉汤培养基斜面。

(2) 置于 32℃ 培养 18～24 h。

6. 粗筛测定

(1) 用摇管法发酵粗筛,并取发酵液点样于滤纸上进行定性分析。
(2) 取能产生谷氨酸的菌株进行小摇瓶发酵初筛和定量分析。
(3) 将产量较高者再次进行分离纯化。

五、实验注意事项

(1) 制备酒曲和土壤悬液时,要用玻璃珠在小三角瓶中激烈振荡,尽可能使菌体分散,以便在平板中获得均匀分散的单菌落。
(2) 涂布平板用的菌悬液量一般以 0.1 mL(亦可用 1 或 2 滴)较为适宜。如果菌液量过多,培养后不易形成单菌落。
(3) 涂布时要均匀并充分利用整个平板表面,使培养后菌落均匀分散。
(4) 连续划线分离时,接种环要在平板上迅速划动,但注意勿划破培养基。
(5) 平行划线时,平行线之间的距离要小,使划线次数增加,及时灼烧接种环上剩余的菌体。

六、实验报告与思考题

1. 实验结果

(1) 将从酒曲中分离酿酒酵母和根霉的过程用简图表示,并将实验结果写成报告。
(2) 将从土壤中分离谷氨酸产生菌的过程用简图表示,并将实验结果写成报告。

2. 思考题

(1) 实验中所应用的稀释涂布平板法、平板划线分离法和玻璃涂棒连续涂布分离法 3 种方法,是否较好地得到了单菌落?如果哪种不理想,请分析其原因。
(2) 在本实验采用的两种不同培养基上,分离得到哪些类群的微生物?请简述它们的菌落形态特征。
(3) 上述两项从混杂的含菌样品中分离纯化菌种的工作,你认为采取了哪些提高纯种分离效率的措施?
(4) 当平板上长出的菌落不是均匀分散而是集中在一起时,你认为主要是什么问题引起的?
(5) 如何确定平板上长出的单个菌落是否为纯培养物?请写出实验的主要步骤。

实验十三 碱性纤维素酶产生菌的分离纯化

一、目 的 要 求

(1) 了解酸性纤维素酶和碱性纤维素酶的用途、特点和不同之处。
(2) 学习从土壤中分离筛选碱性纤维素酶产生菌的原理和方法。
(3) 了解碱性纤维素酶酶活力测定的基本原理和具体操作方法。

二、基本原理

纤维素酶是能将纤维素水解成还原糖的酶系的总称,在生产生活中广泛应用于食品、酿酒、造纸、饲料、纺织等行业。

早期研究的纤维素酶主要是由丝状真菌木霉、曲霉等产生的,该类真菌产生的纤维素酶通常为酸性酶,一般在酸性或中性偏酸性条件下水解纤维素底物,最适 pH 在 3~5,在碱性范围内无活性或活性很低。但洗涤剂水溶液通常为碱性环境,酸性纤维素酶类在其中没有活性,也就起不到去污等效果。因此寻找在碱性条件下具有纤维素酶活力的碱性纤维素酶,成为一大研究热点。

从 20 世纪 60 年代以来,国内外记录的产纤维素酶的菌株大约已有 53 个属的几千个菌株。细菌、放线菌、部分酵母菌和高等真菌等很多主要的微生物类群中都有能产生纤维素酶的菌种。目前大多以木霉属（*Trichoderma*）、曲霉属（*Aspergillus*）等霉菌和木腐菌等胞外酶活性较高的丝状真菌产生的纤维素酶作为研究对象。但这些真菌产生的纤维素酶一般只在酸性或中性偏酸的条件下水解纤维素底物,通常为酸性酶,最适 pH 在 3.0~5.0,在碱性范围内无活性或活性很低。因此,选育产酶活力高且对培养和产酶条件要求都不高的碱性或耐碱性纤维素酶生产菌株,已成为当前纤维素酶研究的重要内容,也是一条简单而又实用的获得碱性或耐碱性纤维素酶的途径。

碱性纤维素酶产生菌的分离筛选方法有：CMC（羧甲基纤维素）-天青法（CMC-azure）；凉乙醇沉淀法；十六烷基三甲基溴化铵法；Unitex 染色法；台盼蓝染色法；刚果红（Congo red）染色法。其中刚果红染色法是将生长有菌落的平板培养基,用 0.1% 的刚果红水溶液浸染一定时间后,再用 1 mol/L NaCl 溶液脱色。刚果红将未被降解的 CMC 染成红色,而对降解产物小分子低聚糖类无作用,因此在产羧甲基纤维素酶（CMCase）的菌落周围留下了清晰的透明圈。

在上述几种采用平板降解圈直接分离产 CMCase 的菌株的方法中,以刚果红染色法为最好方法。其他的方法有的受底物的限制,有的灵敏度低,需培养较长时间,有的则因杀死菌体而需影印移植,这就造成了诸多不便。刚果红对菌体无任何不良影响,透明圈清晰易辨,特别是它的灵敏度较高,只要菌落长到肉眼可见的大小即可产生清晰的透明圈。采用刚果红染色法避免了上述其他方法的缺点。本实验拟采用刚果红法分离纯化产生碱性纤维素酶的菌株。

三、实验器材

1. 含菌样品

含菌土壤样品。

2. 培养基与试剂

（1）初筛培养基,种子培养基,发酵培养基,牛肉膏蛋白胨斜面培养基。

（2）羧甲基纤维素（CMC）,刚果红,蛋白胨,酵母膏,葡萄糖,琼脂粉,NaCl,K_2HPO_4,NaH_2PO_4,无菌生理盐水,DNS 试剂。

3. 仪器设备

电子天平,酸度计,超净工作台,灭菌锅,离心机,恒温水浴锅,超低温冰箱,磁力搅拌器,紫外-可见分光光度计,全温度恒温气浴摇床,电热恒温培养箱。

4. 其他材料

试管,比色管,三角瓶,培养皿,移液管,酒精灯,其他常用玻璃器皿。

四、实验内容及操作步骤

(一)培养基的配制

1. 初筛培养基

(1)按下列配方配制初筛培养基(100 mL):

CMC 1%,$(NH_4)_2SO_4$ 1%,KNO_3 0.5%,Na_2CO_3 0.5%,$MgSO_4 \cdot 7H_2O$ 0.01%,$FeSO_4 \cdot 7H_2O$ 5 mg/kg,$MnSO_4$ 5 mg/kg,琼脂 1.6%,pH 9.0。

(2)装入 250 mL 三角瓶中,于 121℃ 灭菌 20 min,倒制平板,备用。

2. 种子培养基

(1)按下列配方配制种子培养基(200 mL):

蛋白胨 1%,葡萄糖 2%,酵母膏 1%,K_2HPO_4 0.1%,NaH_2PO_4 0.1%,$MgSO_4 \cdot 7H_2O$ 0.01%,$FeSO_4 \cdot 7H_2O$ 5 mg/kg,$MnSO_4$ 5 mg/kg,pH 7.0。

(2)分装入 150 mL 三角瓶中(20 mL/瓶),于 121℃ 灭菌 20 min,备用。

3. 发酵培养基

(1)按下列配方配制发酵培养基(500 mL):

葡萄糖 1%,可溶性淀粉 2%,麸皮 0.5%,蛋白胨 1%,酵母膏 1%,K_2HPO_4 0.1%,NaH_2PO_4 0.1%,$MgSO_4 \cdot 7H_2O$ 0.01%,$FeSO_4 \cdot 7H_2O$ 5 mg/kg,$MnSO_4$ 5 mg/kg,pH 7.0。

(2)分装入 250 mL 三角瓶中(50 mL/瓶),于 121℃ 灭菌 20 min,备用。

4. 牛肉膏蛋白胨斜面培养基

(1)按下列配方配制斜面培养基(100 mL):

蛋白胨 1 g,牛肉膏 0.5 g,NaCl 0.55 g,琼脂 2 g,水 100 mL,pH 7.0。

(2)分装入试管中,于 121℃ 灭菌 15 min,摆成斜面。

(二)产碱性纤维素酶菌株的初筛

1. 含菌土壤样品的稀释

(1)称取含菌土壤样品 10 g,移入盛有 90 mL 无菌生理盐水的三角瓶中。

(2)置于 37℃ 恒温摇床上,振荡培养 20 min,使土样中的菌体充分分散。

(3)采用十倍梯度稀释法稀释至适当浓度($10^{-6} \sim 10^{-4}$)。

2. 分离单菌落

(1)从盛装稀释后样品的试管中吸取 0.2 mL 样品,均匀涂布于初筛培养基平板上。

(2)于 37℃ 恒温培养箱中倒置培养 48 h,使培养物长成单菌落并对菌落逐一编号。

3. 菌株初筛

(1)用牙签将平板上的单菌落对号挑取到另一个平板上备份。

(2)用 0.2% 的刚果红溶液染色 20 min,再用 1 mol/L 的 NaCl 溶液脱色 20 min。

(3) 观察平板上的菌株是否产生水解圈及产生水解圈的大小。
(4) 挑取产生的水解圈较大的单菌落，移接入牛肉膏蛋白胨斜面培养基中。
(5) 置于37℃恒温箱中培养16~24 h，备复筛用。

（三）产碱性纤维素酶菌株的复筛

1. 制备摇瓶种子

(1) 将经初筛得到的备份于斜面中的菌株，分别接种到盛有20 mL种子培养基的150 mL三角瓶中。
(2) 置于全温度恒温气浴摇床上，于37℃，225 r/min下振荡培养24 h，制成摇瓶液体种子。

2. 摇瓶发酵复筛

(1) 按2%的接种量，将液体种子分别接入盛有50 mL发酵培养基的250 mL三角瓶中。
(2) 置于全温度恒温气浴摇床上，在37℃，200 r/min下振荡培养，发酵时间约48 h。
(3) 发酵液于5000 r/min，4℃离心10 min，上清即为粗酶液。
(4) 按下述碱性纤维素酶活力的测定方法，学习进行酶活力的分析测定。

（四）碱性纤维素酶活力的测定

1. 标准曲线制作

取0.5 mL的稀释酶液，加入用1 mL甘氨酸-NaOH缓冲液（pH 9.0）配成的1%(m/V) CMC溶液中，50℃反应30 min，加入3 mLDNS试剂，煮沸10 min，用水定容至25 mL，于波长540 nm处测定吸光值（A）。

2. 发酵液酶活力测定

(1) 取1~2 mL发酵液，在4℃下，10 000 r/min离心10 min，取上清液用于酶活测定。
(2) 在25 mL比色管中，分别加入经不同pH的缓冲液稀释过的酶液0.5 mL及1%相应pH的底物1 mL，每支比色管中的总反应体积为1.5 mL。
(3) 另取一支25 mL比色管，加入已经煮沸灭活的酶液，其余步骤同（2），作为空白对照。
(4) 将上述样品管和空白对照管均放入水浴中，于50℃酶解反应30 min。
(5) 反应结束后加入3 mL DNS试剂，混合均匀，煮沸5 min使样品显色。
(6) 冷却后加水至25 mL并充分混匀，在波长540 nm处测定吸光值。
(7) 根据标准曲线的回归方程，计算出反应体系的含糖量。

五、实验注意事项

(1) 碱性纤维素酶酶活力的定义为，在发酵酶液活力测定条件下，1 min内催化形成1 μmol还原糖（葡萄糖）所需的酶量定义为1个酶活力单位。
(2) 对于初筛时得到的水解圈较大的菌株，使用摇瓶发酵复筛时，对每个菌株应设置 2 组以上重复实验,以防漏筛。

(3) 对于进入复筛的重点菌株,摇瓶发酵过程中应每隔 4～6 h 测一次酶活力,以把握各菌株的产酶高峰时间。

六、实验报告与思考题

1. 实验结果

(1) 将产碱性纤维素酶菌株的分离纯化的过程用简图表示。

(2) 观察并记录经初筛后得到的用于摇瓶发酵的复筛菌株的菌落特征和个体形态,初步鉴别其分别属于哪一类微生物?

2. 思考题

(1) 碱性纤维素酶与酸性纤维素酶有什么不同?

(2) 采用刚果红法分离纯化产碱性纤维素酶的菌株是根据什么原理来得到结果的?

(3) 通过本实验,你对从自然界中分离筛选产生某种工业用酶的菌株时所应用的原理及方法等有何体会?

实验十四 噬菌体的分离与纯化

一、目 的 要 求

(1) 掌握从含噬菌体的样品中分离噬菌体的基本原理和具体操作方法。

(2) 学习从噬菌体裂解液中纯化噬菌体的基本技术。

(3) 学会观察分辨平板上噬菌斑的大小和形态特征。

二、基 本 原 理

噬菌体(phage)是侵染原核生物(细菌、放线菌和蓝细菌)的病毒,它是一种超显微的,没有细胞结构的,专性活细胞寄生的大分子微生物。根据噬菌体与宿主细胞的相互关系,可将其分为烈性噬菌体和温和噬菌体两大类。

烈性噬菌体侵染宿主菌时,将其 DNA 注入菌体细胞内,在细胞内进行复制和转录,表达相关基因,装配成完整的噬菌体颗粒,在细胞内形成大量的子代噬菌体,从而引起菌体细胞裂解死亡,同时释放出成熟的子代噬菌体(图 4-15)。烈性噬菌体的生长繁殖过程一般可分为吸附、侵入、增殖、成熟、裂解五个阶段。

由于烈性噬菌体对宿主细胞的这种裂解作用,可使浑浊的菌悬液变为清亮或比较清亮。利用烈性噬菌体的这种特性,在液体培养基中加入含噬菌体的样品和敏感宿主菌株,经混合培养一定时间后,噬菌体便可能增殖和释放出来,从而可分离到特定的噬菌体。

烈性噬菌体侵染敏感宿主细胞后,释放出子代噬菌体,通过培养基上层的软琼脂再扩散

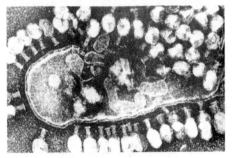

图 4-15 大肠杆菌细胞裂解释放出许多 T4 噬菌体

到周围的细胞中，继续侵染而引起更多细胞裂解，从而在平板上形成的一个个肉眼可见的透亮无菌近圆形的空斑，称为噬菌斑。噬菌斑是一个噬菌体粒子在菌苔上逐步形成的噬菌体群体，它是噬菌体存在的一种特性标志。每种噬菌体在平板上形成的噬菌斑都具有一定的形状、大小、透明度和边缘特征，故可用于噬菌体的纯种分离、计数和鉴定（图 4-16）。

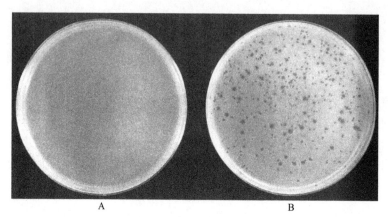

图 4-16　噬菌体在大肠杆菌菌苔上形成的噬菌斑
A. 大肠杆菌在平板上形成的均匀菌苔；B. 噬菌体侵染形成的噬菌斑

利用这种现象可将分离获得的噬菌体进行纯化，也可测定噬菌体的效价。所谓噬菌体的效价，就是 1 mL 样品中所含噬菌体颗粒的总数，以噬菌斑形成单位（pfu）表示。效价测定一般应用双层软琼脂平板法，在含有特定宿主细胞的软琼脂平板上形成肉眼可见的噬菌斑，能方便地进行噬菌体计数（参考第五章实验二十二）。

在自然环境中，凡是有细菌存在的地方，总可分离得到相应的噬菌体。例如，粪便与阴沟污水中含有大量的大肠杆菌，因此很容易分离得到大肠杆菌噬菌体；奶牛场中有较多的乳酸杆菌，也容易获得乳酸杆菌噬菌体；味精生产厂的阴沟污水、发酵车间的污泥或空气中，会有少量被排放的谷氨酸短杆菌，也容易获得相应的噬菌体。

本实验是从味精生产厂的阴沟污水中取样，利用敏感宿主菌谷氨酸短杆菌增殖和分离其噬菌体。由于从自然环境中分离得到的噬菌体往往不纯，表现为噬菌斑的形态、大小、清亮程度等表型特征有所不同，故需作进一步纯化。

三、实验器材

1. 微生物材料

谷氨酸短杆菌（*Brevibacterium glutamicus*），用作指示菌；含菌的味精厂阴沟污水样品。

2. 培养基与试剂

短杆菌增殖培养基，三倍料短杆菌增殖培养基，下层固体培养基，上层半固体培养基。

蛋白胨水（1%，pH 7.0）。

3. 仪器设备

电子天平，酸度计，超净工作台，灭菌锅，离心机，恒温水浴锅，超低温冰箱，磁力搅拌器，紫外-可见分光光度计，恒温摇床，电热恒温培养箱。

4. 其他材料

无菌试管，比色管，三角瓶，培养皿，无菌吸管，酒精灯，玻璃涂棒，其他常用玻璃器皿。

四、实验内容及操作步骤

（一）培养基的配制

1. 短杆菌增殖培养基的制备

(1) 分别称取 葡萄糖 2.5 g、尿素 0.5 g、玉米浆 2 g、K_2HPO_4 0.1 g，加水溶解并定容至 100 mL，调 pH 6.8~7.0，再加入 $MgSO_4$ 0.04 g；

(2) 分装入 2 个 250 mL 三角瓶中（40 mL/瓶），瓶口包上八层纱布，并覆盖牛皮纸防潮；

(3) 于 121℃灭菌 15 min。

2. 三倍料短杆菌增殖培养基的制备

配制 20 mL 三倍料短杆菌培养基，置于 500 mL 三角瓶中（共配制 2 瓶），方法同上，只是各组分的含量为常量的 3 倍。

3. 下层固体培养基的制备

(1) 称取牛肉膏 1 g、蛋白胨 2 g、NaCl 1 g，加水 200 mL 溶解，调 pH 7.0~7.2。

(2) 装入 500 mL 锥形瓶中，再加入 4 g 琼脂，包扎灭菌备用。

4. 上层半固体培养基的制备

(1) 分别称取：葡萄糖 1 g、蛋白胨 0.5 g、尿素 0.2 g、玉米浆 1 g、K_2HPO_4 0.05 g，加水溶解并定容至 100 mL，调 pH 6.8~7.0。

(2) 再加入 $MgSO_4$ 0.02 g、$MnSO_4$ 0.02 g、琼脂 0.8 g，加热使琼脂熔化，补足水分。

(3) 分装至小试管（4 mL/支），包扎，灭菌备用。

5. 蛋白胨水的制备

称取蛋白胨 1 g，加水 100 mL 溶解，调 pH 至 7.0。装入小锥形瓶，包扎，灭菌备用。

（二）噬菌体的分离

1. 培养宿主菌（指示菌）

(1) 用接种环以无菌操作，取一满环经活化的谷氨酸短杆菌斜面菌苔，接入装有 40 mL 宿主菌培养基的 250 mL 三角瓶中。

(2) 加盖八层纱布（切勿盖纸），用线扎紧并打活结，置于恒温振荡器上，于 32 ℃振荡培养 12 h。

2. 增殖噬菌体

(1) 在盛有 20 mL 三倍料宿主菌培养基的 500 mL 三角烧瓶中，加入含菌的阴沟污水样品 40 mL 和宿主菌（谷氨酸短杆菌）培养物 0.5 mL。

(2) 混合后置恒温摇床上，于 32℃振荡培养 12～24 h。

3. 制备噬菌体裂解液

(1) 将上述混合培养物分装入无菌离心管中，经 4000 r/min 离心 15 min。

(2) 将上清液转入无菌小三角瓶中，得噬菌体裂解液，备用。

4. 检测噬菌体

(1) 在下层培养基（牛肉膏蛋白胨琼脂）平板上加入 0.1 mL 指示菌（谷氨酸短杆菌）菌液，用无菌玻璃涂棒将菌液均匀地涂布在培养基表面上。

(2) 待平板上的菌液稍干后，用接种环取裂解液点种于平板上，置 32℃培养约 12 h。

(3) 取出观察，若点种裂解液处形成透明无菌斑，便证明裂解液中有噬菌体。

5. 高效价噬菌体的制备

(1) 将噬菌体裂解液与宿主菌液体培养基按 1∶10 的比例混合。

(2) 再加入宿主菌（谷氨酸短杆菌）悬液适量（可与噬菌体裂解液等量或为其 1/2 量）。

(3) 于 32℃振荡培养约 12 h，使噬菌体增殖。

(4) 分装入无菌离心管中，经 4000 r/min 离心 15 min。

(5) 取上清液（裂解液）再按同样方法重复 2 次，便可得到高效价的噬菌体悬液。

（三）噬菌体的纯化

1. 倒制下层培养基

(1) 熔化下层培养基，冷却至约 50℃（减少冷凝水）。

(2) 倒入无菌培养皿（10～15 mL/皿），制成底层平板，凝固备用。

2. 准备上层培养基

熔化上层培养基 10 管，冷却至不烫手，置于 45℃水浴中保温备用。

3. 加入指示菌和噬菌体悬液

(1) 将噬菌体悬液以十倍稀释法，用蛋白胨水稀释至约 10^{-10}（视噬菌体效价而定）。

(2) 向每支在 45℃水浴中保温的上层培养基试管中加入指示菌菌液 0.2 mL。

(3) 在已加入指示菌菌液的试管中分别顺次加入稀释度为 10^{-6}～10^{-10} 的噬菌体悬液 0.1 mL（每个稀释度重复 2 支）。

(4) 稍加摇动混合均匀（避免产生气泡）。

4. 铺双层平板

(1) 迅速将含菌的上层培养基倒入已凝固的下层平板上，迅速铺平铺匀。

(2) 待凝固后正置于 32℃恒温箱中培养 12～16 h。

5. 观察噬菌斑

(1) 取出培养的平板，仔细观察平板上噬菌斑的形态特征。

(2) 记录各种噬菌斑形状、大小、清亮程度等。

(3) 取适当稀释度的平板，计噬菌斑数。

6. 纯化噬菌体

因按上述分离过程制备的裂解液中，往往有多种噬菌体，需要挑取单个噬菌斑进行纯化。纯化噬菌体可按下列步骤进行。

(1) 用接种针（或无菌牙签）对准单个噬菌斑轻轻点一下，蘸取少许噬菌体接入含有宿主菌的液体培养基的小三角瓶中。

(2) 置于恒温振荡器上，于32℃振荡培养，直至小三角瓶中的菌悬液由浑浊变清。

(3) 取出培养物，经 4000 r/min 离心 15 min 后取上清液，得到经第一次纯化的噬菌体悬液。

(4) 将经第一次纯化的噬菌体悬液再次稀释铺双层平板。

(5) 如此再重复 2 或 3 次，直至出现的噬菌斑大小和形态特征一致为止。

五、实验注意事项

(1) 在向上层培养基试管中加入指示菌液和噬菌体悬液时，培养基必须冷却至45～48℃，避免烫死指示菌和噬菌体。

(2) 纯化噬菌体所采用的双层平板法中，上层半固体培养基的琼脂浓度不宜过低，一般为 0.5%～0.8%，否则上层培养基易滑动。

(3) 从自然环境中开始分离得到的噬菌体效价一般不高，需将噬菌体进行增殖培养。

(4) 获得单个噬菌斑的影响因素较多，其中，样品中的噬菌体浓度和稀释度是关键因素。

(5) 为提高噬菌体的浓度，可在噬菌体感染宿主细胞后加入少量氯仿，在旋涡振荡器上振荡 1 min，室温静置 5 min，再经离心收集上清液。但要注意氯仿是易燃物，应远离火焰。

(6) 指示菌（宿主菌）的密度是获得清晰噬菌斑的重要因素之一，其密度不宜过高或过低，一般控制在 1×10^7～5×10^7 个细胞/mL 为宜。

六、实验报告与思考题

1. 实验结果

(1) 仔细观察和比较平板上出现的不同噬菌斑的大小和形态特性，记录并报告噬菌体分离的结果。

(2) 用自行设计的图示法表示从含菌的阴沟污水样品中分离和纯化噬菌体的过程，并用文字加以说明。

2. 思考题

(1) 能不能直接用培养基来分离培养自然环境中的噬菌体？为什么？

(2) 如何证实所获得的裂解液中确有噬菌体存在呢？

(3) 试比较分离纯化噬菌体与分离纯化细菌在基本原理和具体方法上的异同。

(4) 在培养至噬菌体感染宿主细胞后加入少量氯仿，振荡、静置、再离心收集上清液，为什么能提高噬菌体的效价？

第四节 厌氧微生物纯培养技术

厌氧微生物的生长繁殖不需要氧，氧分子的存在对于严格厌氧菌还有毒害作用，所以在进行分离、培养厌氧微生物时，必须设法除去环境中的氧及降低氧化还原电势。梭状芽孢杆菌、乳酸菌、双歧杆菌等是工业生产上有重要应用价值的厌氧微生物（图 4-17，图 4-18），它们的作用已日益受到人们的重视。

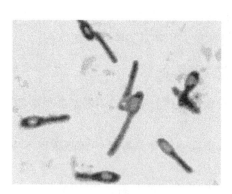

图 4-17 梭状芽孢杆菌

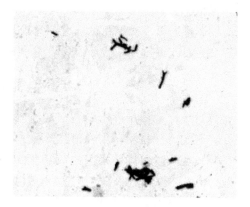

图 4-18 双歧杆菌

目前，已发展出了很多厌氧微生物培养技术，有化学方法、物理方法、物理与化学相结合的方法，如真空干燥器化学吸氧法、厌氧发生袋培养法、厌氧罐培养法、厌氧培养箱培养法、疱肉培养基法、亨盖特（Hungate）厌氧技术等。本节主要介绍前面四种常用的厌氧培养技术。

真空干燥器化学吸氧法又称为碱性焦性没食子酸法，是在干燥器内使焦性没食子酸与氢氧化钠溶液发生反应，形成易被氧化的碱性没食子盐，后者通过氧化作用形成焦性没食子橙，从而除掉密封容器中的氧（在过量碱液中每克焦性没食子酸能吸收 100 mL 空气中的氧），形成无氧的小环境而使厌氧菌生长繁殖。该法的优点是无需特殊及昂贵的设备，可用任何密封的容器，操作简单，厌氧环境建立迅速。但此法不适用于培养需要 CO_2 的厌氧微生物。

厌氧罐培养法是在密闭的厌氧罐中，利用氢硼化钠（或镁和氯化锌）与水发生反应产生一定量的氢气，用经过处理的钯粒作为常温催化剂，再催化氢与氧化合形成水，从而除掉罐中的氧造成厌氧环境，从罐中的厌氧度指示剂（美蓝）的呈色可观察到除氧效果。同时，利用柠檬酸与碳酸氢钠的作用在厌氧罐内产生 CO_2，有利于需 CO_2 的厌氧菌生长。厌氧罐内也可直接通入混合气体，其体积分数以 10% CO_2、10% H_2 和 80%高纯氮气较为适宜。常温钯催化剂，每次使用后应在 160~170℃加热 2 h 后再重复使用。厌氧罐技术早已商品化，可供选用的有多种厌氧罐产品，包括厌氧罐罐体、催化剂、产气袋、厌氧指示剂等。

厌氧培养箱是利用通入的氢气，在箱内黑色钯粒的催化下，与氧结合生成水的反应，达到除去箱内氧的目的。厌氧箱可分为操作室和交换室两部分。操作室用于进行厌氧操作，前面有一对供操作用的套袖及胶皮手套。操作室内的常温钯粒和干燥剂被用钢丝网分别装着，并与电风扇组装在一起，不断除去操作室内的氧及所形成的水分。操作室内还备有接种针和用于接种针灭菌的电热器，有的还安装有培养箱。交换室是用于室外物品的放入和室内物品的取出。交换室又与真空泵及混合气钢瓶相连。混合气体体积分数一般为 10% CO_2、5%～10% H_2 和 80%～85%高纯 N_2。

实验十五　厌氧微生物的纯培养

一、目 的 要 求

(1) 了解厌氧微生物纯培养的基本原理。
(2) 学习三种常用厌氧培养法的具体操作技术。

二、基 本 原 理

本实验主要采用真空干燥器化学吸氧法、厌氧袋培养法、厌氧罐培养法、厌氧培养箱培养法四种常用的厌氧培养技术。化学吸氧法和厌氧罐培养法的操作相对简单，可用于一般厌氧菌（如乳酸菌）的分离与培养，是最基本最常用的厌氧培养技术；厌氧培养箱培养法对实验仪器有较高的要求，操作较复杂，耗材费用也较高，主要用于严格厌氧菌（如双歧杆菌）的分离和培养。

1. 真空干燥器化学吸氧法

真空干燥器化学吸氧法，是先将密封的小型干燥器内的空气用真空泵抽走，造成一定的真空度，然后再使焦性没食子酸与氢氧化钠溶液混合发生反应，从而除掉密封干燥器中的氧。该法无需昂贵的设备，且操作简单。但该法不适用于培养需要 CO_2 的厌氧菌。本实验应用真空干燥器化学吸氧法培养丙酮丁醇梭状芽孢杆菌。

2. 厌氧袋培养法

厌氧袋除氧是利用 $NaBH_4$ 与水反应产生氢，氢在催化剂钯的作用下，与袋中的氧结合生成水而达到除氧的目的。除氧的效果可以从袋中的厌氧度指示剂观察到。同时，利用柠檬酸与碳酸氢钠的作用产生 CO_2，以利于需要 CO_2 生长的厌氧菌。其化学反应过程如下：

$$NaBH_4 + 2H_2O \xrightarrow{Co^{2+}} NaBO_2 + 4H_2 \uparrow$$

$$2H_2 + O_2 \xrightarrow{钯} 2H_2O$$

$$\underset{\text{柠檬酸}}{\text{HO}-\underset{\underset{CH_2COOH}{|}}{\overset{\overset{CH_2COOH}{|}}{C}}-COOH} + 3NaHCO_3 \longrightarrow \underset{\text{柠檬酸钠}}{\text{HO}-\underset{\underset{CH_2COONa}{|}}{\overset{\overset{CH_2COONa}{|}}{C}}-COONa} + 3H_2O + 3CO_2 \uparrow$$

3. 厌氧罐培养法

厌氧罐除氧是在密闭的厌氧罐中，利用镁与氯化锌遇水后发生反应产生氢气，利用碳酸氢钠加柠檬酸水产生 CO_2，用钯粒作为催化剂，催化氢与氧化合形成水，从而除掉罐中的氧造成厌氧环境并供给一定的 CO_2，适用于需 CO_2 的厌氧菌生长。厌氧罐中使用厌氧度指示剂，其原理是美蓝在氧化态时呈蓝色，在还原态时呈无色。本实验应用厌氧罐除氧法培养严格厌氧的双歧杆菌。

4. 厌氧培养箱培养法

厌氧培养箱是厌氧法培养微生物的最先进设备。该设备主要由操作室（工作箱）、交换室（通过箱）和控制单元三部分组成。操作室前面装有两个手套，可通过手套在箱内进行操作。操作室内备有接种针和用于其灭菌的电热器，还安装有培养箱。交换室有内外门，内门与工作箱相连，外门与外界相连。交换室与真空泵及混合气钢瓶相连，以便于抽气与充气。控制单元用于控制工作箱的温度、湿度、照明，交换室与操作室的抽气与换气等。该设备集接种操作和培养于一体，可随时检查厌氧菌的生长情况，无需暴露在空气中，适于进行厌氧微生物的大量培养工作。

厌氧培养箱除氧是利用通入的按一定比例（体积）（如 $N_2:H_2:CO_2=8:1:1$）配制的混合气体而造成厌氧环境的。通入的氢气在钯粒的催化下，与氧反应生成水而除去箱内的氧，箱内的干燥剂则可不断除去所形成的水分。本实验拟应用厌氧培养箱法分离纯化双歧杆菌。

三、实验器材

1. 微生物菌种

丙酮丁醇梭状芽孢杆菌（*Clostridium acetobutylicum*），两歧双歧杆菌（*Bifidobacterium bifidum*）。

2. 培养基与试剂

玉米醪深层试管培养基，中性红培养基，双歧杆菌增殖培养基，NPNL 半固体培养基，无菌生理盐水，NaOH 溶液，焦性没食子酸。

3. 仪器设备及其他材料

厌氧手套箱，恒温培养箱，显微镜，真空泵，真空干燥器，厌氧培养罐，铜锅，指示剂袋，干燥剂，高纯氮气，钯粒催化剂，超净工作台。

四、实验内容及操作步骤

（一）真空干燥器厌氧法培养丙酮丁醇梭状芽孢杆菌（图 4-19）

1. 培养基准备与接种

(1) 玉米醪深层试管培养基的制备。① 称取筛过的玉米粉 6 g，加水 100 mL，混匀，煮沸 10 min，成糊状。② 分装于大试管，每管 15～20 mL，自然 pH，121℃灭菌 30 min，备用。

(2) 将 3 支装有玉米醪培养基的大试管放在水浴中煮沸 10 min，以驱除其中溶解的氧气，迅速冷却，备用。

(3) 以无菌操作，将其中两支试管接入丙酮丁醇梭状芽孢杆菌（勿摇动）。

2. 干燥器准备与抽气

(1) 在小型真空干燥器内底部，放入粉状焦性没食子酸 30～40 g。

(2) 再斜着放入盛有 200 mL 15%～20% NaOH 溶液的烧杯中。

(3) 将接种有丙酮丁醇梭状芽孢杆菌的 2 支试管竖直放入干燥器内。

(4) 同时接种枯草芽孢杆菌（好氧菌）于另一盛有液体培养基的试管中作为对照。

(5) 在干燥器口上涂抹凡士林，密封后接通真空泵，抽气数分钟，关闭活塞。

(6) 轻轻摇动干燥器，使烧杯中的 NaOH 溶液翻倒，与焦性没食子酸混合发生吸氧反应，形成无氧环境。

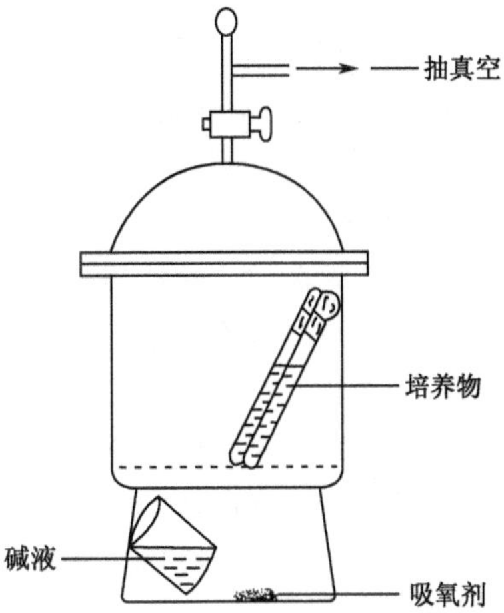

3. 结果观察

(1) 将整个干燥器置于 37℃ 的恒温箱中培养（培养过程中再间歇抽气 2 或 3 次）。

图 4-19 真空干燥器化学吸氧法

(2) 约 1 周后取出培养管，观察其形成的醪盖，并制片镜检菌体形态特征。

(3) 观察枯草芽孢杆菌在液体培养基表面的生长情况。

（二）厌氧袋法分离纯化丙酮丁醇梭菌

1. 中性红培养基的制备

(1) 按下列配方配制培养基：葡萄糖 4 g，胰蛋白胨 0.6 g，酵母膏 0.2 g，牛肉膏 0.2 g，乙酸铵 0.3 g，KH_2PO_4 0.05 g，$MgSO_4 \cdot 7H_2O$ 0.02 g，$FeSO_4 \cdot 7H_2O$ 0.001 g，中性红 0.02 g，蒸馏水 100 mL，琼脂 2 g。

(2) 分装于大试管，每管 15 mL，pH 6.2，115℃ 灭菌 20 min，备用。

2. 厌氧袋的准备（图 4-20）

(1) 选用无毒复合透明薄膜塑料袋一个，大小约 20 cm×40 cm。

(2) 制做产气管。① 取一根无毒塑料软管（直径 2 cm，长 20 cm），在管壁钻小孔多个，一端封实。② 在电子天平称取 0.4 g $NaBH_4$ 和 0.4 g $NaHCO_3$。③ 用擦镜纸包成小包，塞入塑料软管底部，其上再塞入 3 层擦镜纸。④ 将装有 3 mL 5% 柠檬酸溶液的安瓿管塞入塑料软管中。⑤ 管口塞上有缺口的泡沫塑料小塞，即制成产气管。

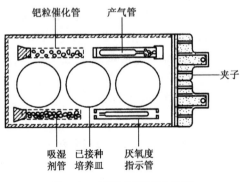

图 4-20 厌氧袋装配示意图

(3) 制作厌氧度指示管。① 量取 0.5% 美蓝水溶液 3 mL，用蒸馏水稀释至 100 mL。② 取 0.1 mol/L NaOH 溶液 6 mL，用蒸馏水稀释至 100 mL。③ 称取 6 g 葡萄糖，加蒸馏水稀释至 100 mL。④ 将上述 3 种溶液等量混合后取 2 mL 装入 1 支安瓿管中。⑤ 用沸水浴加热安瓿管，至溶液无色，立即用酒精喷灯熔封管口。⑥ 将安瓿管装入一根无毒透明塑料软管（直径 2 cm，长 10 cm）中，即成为厌氧度指示管。

(4) 制作催化管和吸湿剂管。① 取催化剂钯粒（A 型）10～20 粒，加热活化。② 装入带孔的小塑料硬管内，制成钯粒催化管。③ 取变色硅胶少许，用滤纸包好，塞入带孔塑料管内，成为吸湿剂管。

3. 培养基准备和接种

(1) 将灭菌的中性红培养基在沸水浴中煮沸 10 min，以驱除氧气。

(2) 待培养基冷却至 50℃左右倒制平板。

(3) 冷凝后在平板表面涂布丙酮丁醇梭状芽孢杆菌稀释菌液。

(4) 立即将平皿倒置放入厌氧袋中，每袋可平放 3 个平皿。

4. 封袋除氧和培养

(1) 将产气管、厌氧度指示管、钯粒催化剂管和吸湿剂管分别放入袋中平皿两边，并尽量赶出袋中空气。

(2) 用宽透明胶带密封袋口，将袋口卷折 2 或 3 层，再用夹子夹紧，以防漏气。

(3) 使袋口倾斜向上，隔袋折断产气管中的安瓿管颈，使试剂发生化学反应（产生 H_2 和 CO_2，H_2 在钯粒催化下与袋内 O_2 化合生成 H_2O）。

(4) 半小时后，再隔袋折断厌氧度指示管中的安瓿管颈，观察指示剂（不变蓝，表明袋内已形成厌氧环境）。

(5) 将整个厌氧袋转入 37℃恒温箱中培养 6～7 天。

5. 观察结果和镜检

(1) 从袋中取出平皿观察丙酮丁醇梭状芽孢杆菌的菌落特征（在中性红平板上菌落呈黄色）。

(2) 挑取典型菌落涂片染色后进行镜检，观察菌体细胞形态特征，并做记录。

6. 分离纯化

(1) 用接种环挑取平板上生长的丙酮丁醇梭状芽孢杆菌单个菌落，分别接入斜面。

(2) 立即将斜面放入厌氧袋中，转入 37℃恒温箱中培养 3～4 天。

(3) 若挑取的菌落不纯，可再次分离纯化，妥善保藏。

（三）厌氧罐培养双歧杆菌（图 4-21）

1. 培养基的制备

(1) 制备双歧杆菌增殖培养基。① 按下列配方配制液体培养基 100 mL：葡萄糖 2%，酵母浸出膏 1%，胰蛋白胨 0.5%，牛肉膏 0.5%，大豆蛋白胨 0.5%，低聚果糖 0.5%，牛肝浸液 5%，K_2HPO_4 0.2%，NaCl 0.3%，L-半胱氨酸盐酸盐 0.1%。② 调 pH 7.5，分装试管，于 121℃下灭菌 15 min，备用。

(2) 制备 NPNL 半固体培养基。① 按下列配方配制半固体培养基 100 mL：葡萄糖 1%，酵母浸出膏 0.5%，胰蛋白胨 0.5%，蛋白胨 1%，大豆蛋白胨 0.3%，L-半胱氨酸盐酸盐 0.05%，可溶性淀粉 0.05%，牛肝浸液 15%（v/v），双歧因子 1%，乳糖 0.3%，吐温 80 0.1%，盐溶液 A 1%，盐溶液 B 0.5%，琼脂 0.8%。② 调 pH 7.0，分装试管（10mL/管），于 121℃下灭菌 15 min，备用。

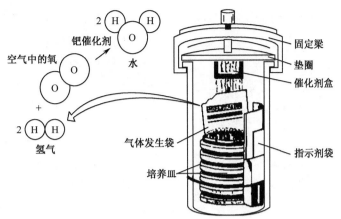

图 4-21 厌氧罐除氧原理及其装置

2. 培养物的准备

（1）将双歧杆菌接种于装有无菌双歧杆菌增殖培养基（液体）的试管中。

（2）另取经适当稀释的双歧杆菌菌液，接种于装有无菌 NPNL 半固体培养基（约 45℃）的试管中，混匀，做好标记。

（3）将培养物置于厌氧罐的支架上，放入厌氧培养罐内。

（4）同时接种枯草芽孢杆菌（好氧菌）于另一支盛有液体培养基的试管中作为对照。

3. 放催化剂和指示剂袋

（1）将已经活化的常温钯粒催化剂，倒入厌氧罐罐盖下面的多孔催化剂小盒内，旋紧。

（2）剪开指示剂袋，使指示条暴露，立即放入罐中。

4. 安放气体发生袋

（1）剪开气体发生袋的一角，将其置于罐内金属架的夹上。

（2）再向袋中加入约 10 mL 水，迅速盖好厌氧罐罐盖，旋紧固定梁。

5. 培养与观察

（1）置于 38℃ 恒温箱中培养，观察并记录罐内指示条变化情况（氧化态为蓝色，还原态为无色）。

（2）观察菌种生长情况（液体培养基自下向上逐渐变混浊，半固体培养基中逐渐出现小菌落）。

（3）观察枯草芽孢杆菌在液体培养基表面的生长情况。

（四）厌氧箱法分离纯化双歧杆菌

1. 厌氧培养箱的准备（图 4-22）

（1）将预先在 160~170℃ 加热活化好的常温钯粒和干燥剂放入操作室内。

（2）将厌氧指示条、接种与培养有关的工具等放入操作室内。

（3）检查交换室内、外门是否关闭。

（4）打开加热开关，检查温度设置，并调整到所需温度。

图 4-22 厌氧手套箱的内部构造及操作

(5) 接通电源，启动真空泵抽气，尽可能抽去操作室内的空气。

(6) 开启充有高纯氮气的钢瓶，往操作室内充入氮气。

(7) 待充满后再用真空泵抽出充入操作室的氮气。

(8) 抽气完毕再一次往操作室内充满氮气，至操作室换气彻底。

2. 培养基与菌种转入操作室

(1) 打开交换室外门，将培养基和菌种等物品放入交换室内。

(2) 关闭交换室外门，接通电源，启动交换室真空泵抽去空气。

(3) 开启高纯氮气钢瓶，往交换室内充入氮气，至交换室换气彻底。

3. 双歧杆菌的分离

(1) 套好手套，打开交换室内门，将培养基和菌种等物移入操作室，关闭内门。

(2) 在操作室内将待分离的含有双歧杆菌的样品，用无菌生理盐水作十倍稀释。

(3) 分别取不同稀释度的稀释液 0.5 mL 于无菌培养皿中。

(4) 倾入已熔化并在 50℃保温的 NPNL 半固体培养基，迅速旋摇，充分混匀。

(5) 冷却凝固后放入操作室中培养箱内的皿架上。

4. 换混合气培养

(1) 启动真空泵抽气，至操作室内氮气基本排除。

(2) 开启混合气钢瓶，往操作室内充入配制好的混合气体体积 [10% CO_2：(5%～10%) H_2：(80%～85%) 高纯氮气]。

(3) 待充满后，通过手套打开操作室内厌氧指示条，检测工作箱内厌氧度。

(4) 调节培养箱内温度至 38℃，培养 3～5 天。

5. 培养物取出与观察

(1) 启动交换室抽气换气循环系统，换气完成后打开交换室内门。

(2) 从操作室的培养箱内取出培养物及其他物品，移入交换室，关闭内门。

(3) 打开外门，移出培养物及其他物品。

(4) 观察长出的双歧杆菌的菌落特征。

(5) 挑取菌落作涂片，用结晶紫染液染色。

(6) 镜检观察双歧杆菌的菌体形态特征，并做记录。

6. 菌落挑取及培养

(1) 挑取单个双歧杆菌菌落，分别接入试管中的深层液体培养基中。

(2) 在厌氧箱内继续培养 16～20 h 后，放入冰箱暂存。

(3) 若挑取的菌落不纯，可再次分离纯化，妥善保藏。

五、实验注意事项

(1) 已制备并灭菌的培养基在接种前应在沸水浴中煮沸 10 min，以消除溶解在培养基中的氧。

(2) 焦性没食子酸对人体有毒，NaOH 对皮肤有腐蚀作用，操作时必须小心，并戴手套。

(3) 在采用真空干燥器化学吸氧法进行厌氧微生物培养时，必须注意应在做好一切准备工作后，才能开始抽真空，再摇动干燥器，使烧杯中的 NaOH 溶液翻倒，与焦性没食子酸混合发生吸氧反应。

(4) 培养需要 CO_2 的厌氧菌时，应在厌氧环境中供应一定量的 CO_2。

(5) 选用干燥器、厌氧袋或厌氧罐时，应事先仔细检查其密封性能，以防漏气。

(6) 在采用厌氧罐培养法进行厌氧微生物培养时，也必须注意应在一切准备工作齐备后，才能向气体发生袋中注水，加水后则应迅速密闭厌氧罐。

(7) 厌氧罐和厌氧手套箱中使用的钯粒催化剂，会因受到厌氧培养过程中形成的水汽、硫化氢、一氧化碳等的污染而失去活性，故在每次使用后，都必须置于 140～160℃ 的烘箱内，烘 1～2 h 使其重新活化，密封后放在干燥处备用。

(8) 氢气和混合气是危险易爆气体，使用时应严格按照操作规程进行，切勿大意。

六、实验报告与思考题

1. 实验结果

(1) 将真空干燥器化学吸氧法培养丙酮丁醇梭状芽孢杆菌的过程及实验结果写成报告，并用简图表示。

(2) 将观察到的厌氧罐除氧培养法中，严格厌氧的双歧杆菌在液体培养基和在半固体培养基中的生长情况进行描述分析，并绘图表示。

(3) 将用厌氧手套箱法分离双歧杆菌纯培养物的过程及结果写成报告，并用简图表示。

2. 思考题

(1) 采用厌氧罐除氧法除掉罐中的氧气来得到厌氧环境，根据的是什么原理？

(2) 在采用厌氧手套箱法分离专性厌氧菌的纯培养物的操作中，为什么要先充入氮气而不直接充入混合气？

(3) 在进行厌氧菌培养时，为什么最好同时接种一种好氧菌作为对照？

(4) 根据实验的体会，你认为这 4 种厌氧培养法各有什么优缺点？

(5) 除本实验中介绍的 4 种厌氧培养法之外，你还知道哪些厌氧培养技术？

第五节　工业微生物菌种保藏技术

容易变异是微生物的特性之一。微生物纯培养物，尤其是优良菌种，若不妥善加以保藏，轻则会污染其他杂菌，重则易发生变异，甚至会导致死亡。因此，菌种的长期保藏是一项十分重要的工作。

为了长时间保持微生物菌种原有的生命活力和生产性状，从而保证基础研究结果的良好重复性，保证生产用菌种的持续高产稳产，许多国家都建立了专门的菌种保藏机构，其中，国际知识产权组织承认的法定保藏机构就有 28 家。我国有中国科学院微生物研究所的普通微生物菌种保藏管理中心（CCGMC）和武汉大学的中国典型培养物保藏中心（CCTCC）。

微生物菌种保藏的基本原理是，使微生物的新陈代谢处于最低或几乎停止的状态，从而使微生物极少或不发生变异；保藏方法的建立通常都是基于温度、水分、氧气、营养成分和渗透压等方面考虑；保藏条件都是人工创造的低温、干燥、缺氧环境。

目前，已建立了许多种长期保藏菌种的方法，包括：传代培养冰箱保藏法、液体石蜡保藏法、沙土管保藏法、滤纸片保藏法、冷冻真空干燥保藏法、液氮保藏法等。下面介绍其中 6 种目前常用的保藏法。

1. 传代培养冰箱保藏法

该方法又称为斜面冰箱保藏法、定期移植保藏法。该法是将菌种移接在适宜的固体斜面培养基上，待其充分生长后，置于 4℃ 冰箱中保藏，定期转接传代。此法也适合于采用液体培养、穿刺培养、平板培养等的菌种的保藏。该方法的特点是操作简单、使用方便，菌种存活率高，不需要特殊设备。四大类工业微生物菌种（细菌、酵母菌、放线菌、霉菌）都可使用这种保藏方法。但使用该法保藏时间短、菌种容易退化或被污染。

2. 液体石蜡保藏法

该法是用无菌液体石蜡（或称矿油）封存于已培养好的斜面菌种上，置于冰箱中保存，从而达到隔氧、低温的保藏条件，以抑制微生物的代谢，推迟细胞老化，并可防止培养基水分蒸发。此法也比较简便易行，不需经常移种，实用且效果较好（一般菌种的保藏时间为 1~2 年）。

3. 沙土管保藏法

沙土管保藏法又称载体保藏法。该法是指将能产生孢子的霉菌、放线菌和能产生芽孢的细菌菌种，先在斜面培养基上培养后，再用无菌生理盐水将孢子或细菌细胞制成孢子或细胞悬浮液，并将悬浮液混入已灭菌的沙土管中，使孢子或细胞附着在无菌沙土载体上，再进行干燥熔封。该法操作通常比较简单，效果较好，可将菌种保存几年时间，广泛应用于抗生素工业的生产菌种保藏中，但该方法不能用于保藏营养细胞。

4. 滤纸片保藏法

滤纸片保藏法的原理与上述沙土管法相似，是以无菌滤纸片（约 1 cm×0.5 cm）作为载体，吸附霉菌、放线菌的孢子或细菌的芽孢，经干燥后，再把带有孢子或芽孢的滤纸片（条）放入无菌的安瓿管内，熔融封口。也可将带菌滤纸片装入无菌的小袋，封闭后放在信封中以方便邮寄。

5. 冷冻真空干燥法

冷冻真空干燥法又称低压冷冻干燥法。该法是指将要保藏的微生物液态样品先经低温预冻，然后在冻结状态下进行低温真空干燥，使其中的水分升华，最后达到干燥状态。该法综合利用了各种有利于菌种保藏的因素（低温、干燥和缺氧等），是目前最有效的菌种保藏方法。各类微生物，如病毒、细菌、放线菌、酵母菌、丝状真菌（除不生孢子的菌种外）等，用冷冻真空干燥法保存都取得了很好的效果。保存时间依菌种不同而定，有的菌种可被保存几年，有的长达 10 年以上，甚至 30 多年。

6. 液氮保藏法

用冷冻真空干燥法保藏某些微生物，有时不易获得成功。液氮保藏法是根据液态氮冰箱可有效地用于储藏冻结精子和血液的启示，而发展起来的一种保藏方法。该法是指将待保藏的菌种，加保护剂制成菌悬液，密封于安瓿管内，经控制速度冻结后，储藏于 $-150\sim-196$℃ 的液态氮超低温冰箱中。其操作程序并不复杂，但需要有液态氮超低温冰箱等设备。

实验十六　工业微生物菌种的保藏

一、目 的 要 求

（1）了解微生物菌种保藏的基本原理。
（2）学习几种常用菌种保藏方法的具体操作技术。

二、基 本 原 理

菌种保藏工作的任务，是把从自然界或实验室中广泛收集到的有用菌种、菌株、病毒株等，用适宜的方法进行妥善保藏，使之保持不死、不衰、不变异、不污染的状态。

目前，已建立了许多种优良有效的长期保藏菌种的方法，包括：传代培养冰箱保藏法、穿刺保藏法、液体石蜡保藏法、沙土管保藏法、木粒麸皮保藏法、悬液保藏法、滤纸片保藏法、冷冻干燥保藏法、甘油保藏法、液氮保藏法等。

无论何种保藏方法，其依据的基本原理均是，根据微生物的生理生化特性，人为地创造出低温、干燥、缺氧的环境条件，使微生物的生长繁殖受抑制，新陈代谢处于最不活泼的休眠状态。在此条件下，微生物菌株极少或不发生变异，从而能够达到长期保持菌种纯正的目的。

本实验重点介绍传代培养冰箱保藏法、液体石蜡保藏法、沙土管保藏法、滤纸片保藏法、冷冻干燥保藏法、液氮保藏法 6 种最常用最有效的菌种保藏技术。

三、实 验 器 材

1. 微生物菌种

细菌，放线菌，酵母菌，丝状真菌。

2. 培养基与试剂

肉汤斜面培养基，淀粉琼脂斜面培养基，麦芽汁斜面培养基。

P_2O_5 干燥剂，10% HCl，甘油，二甲基亚砜。

3. 仪器设备

冷冻真空干燥机，恒温培养箱，恒温干燥箱，冰箱，真空泵，真空干燥器，高压灭菌锅，超净工作台，冻结器，液态氮超低温冰箱。

4. 其他材料

脱脂牛奶，液体石蜡，河沙，黄土，样品筛，安瓿管，小试管，滤纸，长颈滴管，酒精喷灯，常用玻璃器皿。

四、实验内容及操作步骤

（一）传代培养冰箱保藏法

1. 斜面接种

（1）在无菌试管斜面的正上方（距试管口 2~3 cm 处）贴上签标，注明菌株名称和接种日期。

（2）将待保藏的菌种用接种环以无菌操作法，移接至相应的试管斜面培养基上（细菌接入肉汤培养基斜面，放线菌接入淀粉培养基斜面，酵母菌和丝状真菌接入麦芽汁培养基斜面）。

2. 适温培养

（1）将接种细菌的斜面置于 32~37℃恒温箱中培养 18~24 h。

（2）将接种酵母菌的斜面置于 30~32℃下培养 24~48 h。

（3）将接种放线菌和丝状真菌的斜面置于 28~30℃下培养 4~7 天。

3. 冰箱保藏

（1）斜面上的菌长好后，用油纸将管口棉塞部分包扎好，或换上无菌胶塞或螺旋帽。也可用熔化的固体石蜡熔封管口棉塞。

（2）将斜面菌种装入盒中，置于 4℃冰箱保藏。

保藏时间依微生物种类而异，霉菌、放线菌及有芽孢的细菌一般可保存 2~4 个月，需移种 1 次，酵母菌可间隔 2 个月移种 1 次，而不产芽孢的普通细菌最好每月移种 1 次。

（二）液体石蜡保藏法

1. 液体石蜡灭菌

（1）在 250 mL 三角烧瓶中装入 100 mL 液体石蜡，塞上棉塞。

（2）用牛皮纸包扎，于 1 kgf/cm^2 压力下蒸汽灭菌 30 min。

（3）置于 105~110℃干燥箱中烘干 1~2 h，除去石蜡中的水分，备用。

2. 加液体石蜡

（1）待保藏的菌种用上述斜面法接种培养，至斜面上的菌种长好。

（2）用无菌滴管吸取液体石蜡，以无菌操作加到菌种斜面上（加入量以高出斜面顶端约 1 cm 为宜，图 4-23）。

3. 置于冰箱保藏

用油纸将管口棉塞部分包扎好，将试管直立放置于 4℃冰箱中保藏。

4. 恢复培养

用接种环从液体石蜡下挑取少量菌落，轻碰试管壁使油滴净，接种于新鲜培养基中培养，必要时再转接 1 次。

（三）沙土管保藏法

1. 沙土处理

（1）河沙经 40 目的筛子过筛，取细沙加入 10%盐酸，加热煮沸 30 min 除去有机质。

(2) 用自来水冲洗至中性，最后再用蒸馏水冲洗一次，烘干或晒干。

(3) 取非耕作层黄土，用自来水浸泡洗涤直至中性，烘干后碾碎，用 100 目的筛子过筛去除粗粒。

2. 装管灭菌

(1) 将沙与土按 3∶1 的比例混合均匀。

(2) 装入 10 mm×100 mm 的小试管或安瓿管中，装量 3～4 cm，加棉塞并包扎。

(3) 于 1 kgf/cm² 加压蒸汽灭菌 30 min，然后烘干。

3. 无菌试验

(1) 从每 10 支沙土管中随机抽一支，取少许沙土放入肉汤培养液中。

图 4-23 液体石蜡封存菌种

(2) 在 32～37℃下培养 2～4 天，以确定无杂菌生长。

4. 加入菌液

(1) 用无菌吸管吸取 2～3 mL 无菌水，注入待保藏的菌种斜面上。

(2) 用接种环轻轻将菌苔洗下，制成菌悬液。

(3) 沙土管注明标记后，每支加入 0.2～0.5 mL 菌悬液，用接种环拌匀。

5. 干燥封口

(1) 将含菌沙土管放入真空干燥器中，干燥器底部用培养皿盛 P_2O_5 干燥剂。

(2) 用真空泵连续抽气 3～4 h，干燥后用喷灯抽真空封口（也可用橡皮塞或石蜡封管口）。

6. 保藏

置于 4℃冰箱或室温下在干燥器中保存，每隔一定时间抽检一次。

（四）滤纸片保藏法

1. 滤纸条的准备

(1) 将滤纸剪成 0.5 cm×1.2 cm 的小条，装入 0.6 cm×8 cm 的安瓿管中，每管装 1 或 2 片。

(2) 塞上小棉塞，于 1 kgf/cm² 压力下蒸汽灭菌 30 min，备用。

2. 制备保护剂

(1) 配制少量 20％脱脂奶，于 0.5 kgf/cm² 压力下蒸汽灭菌 30 min。

(2) 待冷却后存放冰箱，取样进行无菌检查，确认无菌后方可使用。

3. 菌悬液的制备

(1) 将待保存的菌种接入斜面培养基上，适温培养至生长丰满。

(2) 取无菌脱脂奶 2～3 mL，加入待保存的菌种斜面试管内。

(3) 用接种环轻轻刮下菌苔，制成菌悬液。

4. 制含菌滤纸片

(1) 用无菌吸管吸取菌悬液，滴在安瓿管中的滤纸条上，每片滤纸条滴上约 0.3 mL，塞上棉塞。

(2) 将安瓿管放入有吸水剂的干燥器中,用真空泵抽干。

5. 熔封保存

干燥后抽真空用喷灯熔封安瓿管口,置于4℃冰箱或室温下的干燥器中保存。

(五) 冷冻真空干燥法

1. 安瓿管的准备

(1) 选用市售优质安瓿管(内径约50 mm,长10~15 cm),用10% HCl浸泡8~10 h。

(2) 用自来水冲洗,再用去离子水洗,烘干后加上棉塞。

(3) 将印有菌名和接种日期的标签条放入安瓿管内。于120℃湿热灭菌30 min,烘干备用。

2. 配制脱脂牛奶

(1) 配制适量20%脱脂牛奶,于 0.5 kgf/cm^2 压力下蒸汽灭菌30 min。

(2) 冷却后存放于冰箱中,取样进行无菌检查,确认无菌后方可使用。

3. 菌液制备及分装

(1) 将要保藏的菌种接入斜面培养基,适温培养一定时间(依菌种不同而异)。

(2) 吸取2~3 mL无菌脱脂奶,直接加入含有新鲜菌种的斜面试管中。

(3) 用接种环轻轻将菌苔或孢子洗下,振摇均匀,制成悬液。

(4) 用无菌长颈滴管吸取菌悬液,分装于安瓿管底部,每管约装0.2 mL。

4. 分级降温预冻

(1) 将分装好的安瓿管先放入4℃冰箱中约30 min。

(2) 移入冰箱上格冷冻室(−18℃)约30 min,再置于−30℃低温冰箱20 min。

(3) 最后快速转入−70℃的超低温冰箱中20~30 min,使菌悬液充分冻结。

5. 冷冻真空干燥 (图4-24)

(1) 启动冷冻真空干燥机的制冷系统。

(2) 当温度下降到−50℃以下时,将冻结好的样品迅速放入冻干机钟罩内。

(3) 启动真空泵抽气直至样品干燥。

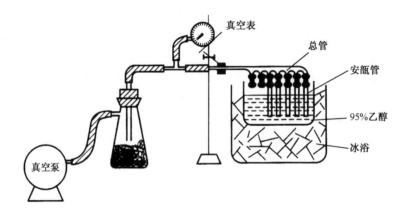

图4-24 冷冻真空干燥装置

（4）干燥完毕，先关真空泵，再关制冷机，打开进气阀，使钟罩内真空度逐渐下降至常压。

（5）打开钟罩，取出冻干管，检查干燥程度（用指轻弹，样品即与内壁脱离表明样品完全干燥）。

6. 抽真空熔封

（1）将已干燥的冻干安瓿管分别安装在歧形管上，启动真空泵抽气干燥。

（2）待管内真空度达到要求时（用高频电火花真空检测仪检测），将冻干管在酒精喷灯火焰上灼烧，拉成细颈并熔封（图4-25）。

（3）安瓿管冷却后装盒，置于4℃冰箱内保藏。

7. 恢复培养

（1）用75％乙醇消毒安瓿管外壁后，在火焰上烧热安瓿管上部。

（2）将无菌水滴在烧热处，使管壁出现裂缝，用镊子将裂口端敲开。

（3）加入合适的培养液，使干菌粉溶解。

（4）用无菌长颈滴管吸取菌液至培养基中，适温培养。

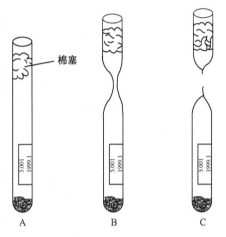

图4-25 安瓿管的熔封
A. 棉塞位置；B. 拉成细颈；C. 熔封

（六）液氮保藏法

1. 制备安瓿管

(1) 选用硼硅玻璃制的安瓿管，大小通常为 75 mm×10 mm。

(2) 将选好的安瓿管洗刷干净后，烘干，塞上棉塞，贴好菌株编号。

(3) 于 9.8×10^4 Pa 压力下灭菌 30 min，烘干后备用。

2. 制备保护剂

(1) 用蒸馏水配制20％脱脂乳（或20％甘油，或10％二甲基亚砜）作为保护剂。

(2) 将保护剂分装入无菌的小锥形瓶或大试管中，塞上棉塞。

(3) 于 9.8×10^4 Pa 压力下蒸汽灭菌 15 min，备用。

3. 制备菌悬液

(1) 待保藏的菌种，用其最适宜的培养基斜面培养（或振荡培养）。

(2) 待菌种良好地生长后，刮取斜面上的菌体，或离心收集并洗涤菌体，制成菌悬液。

(3) 将菌体悬液与保护剂按1∶1比例混合，备用。

4. 冻结和保藏

(1) 将菌体悬浮液通过无菌操作分装入安瓿管中，每管约 1 mL。

(2) 去掉棉塞，用火焰将安瓿管上部熔封（在气相中保藏可不必熔封）。

(3) 将已封口的安瓿管置于冻结器内。

(4) 按每分钟下降 1℃ 控制冻结速度，使样品冻结到 −35℃。

(5) 再用干冰和乙二醇冷冻剂冷冻至 −78℃。

(6) 立即转移到液态氮冰箱中保存（液态氮温度为－196℃，气相中温度为－150℃）。

5. 恢复培养

(1) 如欲用菌种，可将安瓿管由冰箱中取出，立即置于38~40℃水浴中摇动，至内部结冰全部融化。

(2) 以无菌操作开启安瓿管，将菌种移到适宜的培养基上培养。

五、实验注意事项

(1) 用传代培养冰箱保藏法大量保存菌种时，每次传代移植培养后，应将新制备的菌种与原先保藏的菌株和菌种的编号及名录细心核对，检查确实无误再进行保藏。

(2) 在保藏期间，应保持存放菌种的冰箱勿断电，并定期检查冰箱的温度、湿度、各试管的棉塞有无脱落发霉等情况。

(3) 液体石蜡易燃，需要移植用石蜡油封藏的菌体时必须注意防火。

(4) 有些细菌和丝状真菌，不适合用液体石蜡保藏法保存，例如，固氮菌、乳杆菌、明串珠菌等。

(5) 沙土管保藏法不适于病原性真菌的保藏，特别是不适于以菌丝发育为主的真菌的保存，大多数酵母菌也不适宜采用此法保存。

(6) 液氮保藏法用的安瓿管，需能经受温度的突然变化而不破裂。安瓿管熔封要严密，避免保藏期间液氮渗入管内。

(7) 处理液氮时，若皮肤与液氮接触极易被"冷烧"，故应小心操作。

(8) 取用液氮保藏安瓿管时，取出至放回的时间要尽量短，一般不能超过1 min，防止剩余安瓿管的升温。

(9) 冷冻真空干燥时，为了尽量避免菌体受损伤或死亡，在操作过程中，应根据菌种的不同，对保护剂的浓度、冷冻速度以及真空度等条件进行优化。

六、实验报告与思考题

1. 实验结果

(1) 用简图表示本实验中介绍的最常用的4种菌种保藏法的操作流程，并用文字加以说明。

(2) 将冷冻真空干燥保藏法的装置用简图表示，并将其操作流程写成报告。

2. 思考题

(1) 本实验中介绍的最常用的6种菌种保藏法各是依据的什么保藏原理？各有什么优缺点？

(2) 除上述6种菌种保藏法外，甘油低温保藏法也是目前最常用的菌种保藏法，该法的操作流程怎样？

(3) 采用液氮保藏法时，在安全性方面应注意些什么问题？

(4) 液氮保藏法和冷冻真空干燥保藏法，都要用到保护剂，为什么？你认为哪些保护剂的效果最好？能否用复合型的保护剂？

第五章　工业微生物的检测技术

在科研工作和生产实践中，最常用的微生物检测项目是细胞数或生长量的测定。例如，酒精、啤酒和白酒等的成熟酒母在镜检时，除了要求菌体细胞饱满肥大、细胞质均匀、空泡小、出芽率高外，还要求酵母细胞数每毫升达到1亿个以上，以此作为酵母菌繁殖能力和培养成熟度的指标；又如，在谷氨酸发酵生产中，每间隔2~4 h，就要取样用光电比浊法测定发酵液的光密度（OD），以此作为短杆菌增殖数量的指标，以助于指导发酵过程的工艺控制。

个体细胞的生长难以测定，而且细胞的生长与繁殖是交替进行的，因此，微生物的生长繁殖一般不是依据个体细胞的大小，而是以群体细胞数目的增加作为指标的。测定微生物细胞数量的方法很多，主要有显微镜直接计数法、平板菌落计数法、光电比浊计数法、多管发酵法、膜过滤法等。

测定酵母细胞数或霉菌孢子数常采用在显微镜下直接进行计数的方法，该计数方法被广泛应用于酒精、啤酒和白酒等的工业化生产中。

平板菌落计数法被广泛应用于食品、饮品、水和活菌制剂等的含菌指数或污染程度的检测。该计数方法又称平板活菌计数法，其最大优点是可以获得活菌数的信息。但是，该计数法操作过程较繁，需要将待测样品培养一定时间才有结果，且测定结果易受多种因素的影响。

光电比浊计数法采用光电比色计或分光光度计，测定菌悬液的光密度或透光度，其优点是简便迅速，可以连续测定，适合于自动控制。但该法除了受菌体浓度影响外，还受细胞形态、大小、培养液成分及所采用光波长等因素的影响。

进行水和食品的微生物学检测是十分重要的。检测水和食品中的微生物数量时主要考虑的是细菌特别是病原菌的数量。这些细菌主要来源于土壤、垃圾、生活污水、工业废水、人与动物的粪便等，尤其是后者。若饮用水、酿造水、食品中细菌菌落总数和大肠菌群数超标，就有可能存在肠道病原菌，便可以认为食用这种水和食品是不安全的，可能会危害人们的健康。

噬菌体是发酵工业的大敌，常常给发酵生产带来严重的威胁并造成重大的经济损失。为了有效地防治噬菌体的侵染，在发酵生产中必须经常进行噬菌体检查。

本章的主要内容包括：①微生物生长繁殖的测定；②食品卫生微生物学检测；③噬菌体的检测技术。本章共设置下列六个基础性实验。

第一节　微生物生长繁殖的测定

微生物的生长（growth）是指微生物通过新陈代谢把营养物质转变成自身的细胞物质，使菌体质量增加的过程。随着菌体质量的增加，菌体数量也同时增多，这就表明微生物进入了繁殖阶段。

微生物的繁殖（reproduction）是指微生物的细胞生长到一定程度后进行分裂产生同亲代相似的子代细胞的过程。繁殖导致微生物个体数量的增加。从生长与繁殖的关系来看，生长是繁殖的基础，繁殖是生长的结果。

但是，结构简单的微生物，生长繁殖的速度很快，而且两者始终是交替进行的，个体生长与繁殖的界限难以划清，因此实际上常以群体生长作为衡量微生物生长的指标。既然微生物的生长意味着细胞物质的增加，那么测定生长的方法也都直接或间接的以此为基础，而测定微生物的繁殖则以计量微生物的数目为基础。因此，测定微生物的生长繁殖，可通过测定细胞物质总量或测定微生物的细胞数两种方法来进行。

测定细胞物质总量的方法适用于所有微生物，具体方法有直接测定法和生理指标法，前者包括粗放的体积测定法和比较精确的干重称量法；后者常用的如含氮量测定法，含碳量、含磷量测定法，还有DNA、RNA和ATP含量测定法，以及对微生物生长过程中的产酸、产气、耗氧、黏度和产热等生理指标进行测定的方法。

测定微生物细胞数的方法包括：显微直接计数法、平板菌落计数法和比色（比浊）计数法三种最常用的方法，此外还有细菌DNA含量测定法（由DNA含量推算出细菌的总数）等方法。其中，应用平板菌落计数法（又称平板活菌计数法）测定微生物细胞数的实验，放在本章第二节（食品卫生微生物学检测）中的实验二十（水和食品中细菌菌落总数的测定）中进行介绍。本节的实验内容包括：用显微镜直接测定微生物细胞数；用显微镜直接测定微生物细胞大小；用比浊计数法测定微生物群体的生长。

一、用显微镜直接测定微生物细胞数

在酒精、白酒和啤酒等的实际生产过程中，在对优良健壮的成熟酒母中的酵母菌镜检时，除了要求菌体细胞饱满肥大、细胞质均匀、空泡小之外，还要求达到下述质量指标。

(1) 酵母细胞数一般为1亿个/mL左右（是反映酵母繁殖能力和培养成熟度的指标）。

(2) 出芽率要求在15%～30%（是衡量繁殖是否旺盛的指标）。

(3) 死亡率应在1%以下（正常培养的酵母不应有死亡现象）。

这些质量指标可以通过在显微镜下对酵母培养液进行直接计数而获得。

显微镜直接计数法适用于对在液体中能均匀分散的微生物细胞或孢子的数量进行直接计数。该法是指将少量待测样品的细胞悬浮液，置于计菌器上，在显微镜下观察计菌器上的细胞并进行直接计数。计菌器实际上是一种特制的具有确定容积的载玻片，常用的计菌器有：血细胞计数板（又称血球计数器）、Peteroff-Hauser计菌器、Hawksley计菌器等。这些计菌器可用于各种微生物分散单细胞悬浮液的计数，原理基本相同。其中，Peteroff-Hauser和Hawksley两种计菌器较薄，可用油镜对较小的细胞，如细菌等进行观察和计数，实验室中较少使用；通常使用的血细胞计数板较厚，不适合用于油镜，常用于相对较大的细胞，如酵母细胞和霉菌孢子等的直接计数。

显微镜直接计数法的优点是直观、快速、操作简单，缺点是所测得的结果通常是死细胞和活细胞两者之总和，且对运动性很强的活菌也难以进行计数，但采用某些方法，如结合活菌染色、微室培养、加入细胞分裂抑制剂等，可以克服这些缺点。

为使学生能较快地掌握显微镜直接计数法的原理和具体操作技术，保证实验的观察效果，本节的实验拟采用细胞个体较大的酵母菌和霉菌孢子作为实验材料，以最常用的血细胞计数板为计菌器，将酵母菌或霉菌孢子悬液，放在血细胞计数板与盖玻片之间的计数室中，在显微镜下直接进行计数。这是一种常用的微生物细胞计数方法。

二、用显微镜直接测定微生物细胞大小

微生物细胞的大小，是微生物形态的基本特征之一，也是分类鉴定的依据之一。微生物细胞形态不同，对其细胞大小的测量要求也有所不同，如球菌一般是以细胞直径来表示其大小，杆菌是以细胞的直径和长度来表示其大小，而螺菌则是以菌体两端的距离而非细胞实际长度来表示其大小的。一般来说，同一菌种不同个体的细菌细胞直径的变化范围较小，而长度相对来说变化范围较大。

微生物细胞大小的测定，需借助于特殊的测量工具——显微测微尺，它包括目镜测微尺和镜台测微尺两个互相配合使用的部件，其工作原理、构造和使用方法详见实验部分的介绍。

本节的实验分别选用了细胞个体较大的酵母菌、细胞较小的球状和杆状细菌为测量对象，使学生通过实验，学习显微镜测微尺的工作原理和使用方法，了解对各种不同形态微生物细胞的大小进行显微测量的具体要求，并进一步对微生物细胞的大小和形态特征获得直接的感性认识。

三、用比浊计数法测定微生物群体的生长

微生物群体生长的规律，依据培养方式、微生物种类等的不同而变化，在分批培养、连续培养及同步分裂培养时其生长规律有明显差别。若将少量细菌培养物接种到一定的恒容积液体培养基中进行分批培养，由于培养过程中没有新鲜培养基的加入，因而营养物质的浓度逐步下降，代谢废物的浓度不断增加，微生物的生长速度随时间发生有规律性的变化。

根据细菌生长速率常数的不同，一般可把细菌的典型生长过程粗分为延迟期、对数期、稳定期和衰亡期四个时期。

（1）延迟期。又称停滞期、调整期或适应期。这是微生物接种后开始的一个适应期。当微生物从一种环境进入到新的培养环境时，必须重新调整其体内的分子组成，包括酶和细胞结构成分，因而又称调整期。

（2）对数期。又称指数期。对数期是指细菌经过对新环境的适应阶段后，细胞数以几何级数快速增加的阶段，因为这时养分充足，而排出的代谢废物还不足以影响生长繁殖。

（3）稳定期。又称平衡期或恒定期。由于营养物质的逐渐消耗和有生理毒性的代谢物质在培养基中的积累，到对数期的末期，细菌分裂速度降低，繁殖率和死亡率逐渐趋于平衡，活菌数基本保持稳定。

（4）衰亡期。是在稳定期后期，由于营养缺乏、代谢废物堆积会使细菌死亡速度超过繁殖速度，活菌数明显下降，从而进入衰亡期。

用光电比色计或分光光度计进行光电比浊，可测定不同培养时间细菌悬浮液的OD值或活菌数，也可用于绘制细菌生长曲线。

实验十七　酵母菌细胞数、出芽率及死亡率测定

一、目 的 要 求

(1) 学会用血细胞计数板在显微镜下直接计算酵母菌细胞数和出芽率。
(2) 学习并掌握区分酵母死活细胞的方法。
(3) 学会用血细胞计数板在显微镜下直接测定霉菌孢子数。

二、基 本 原 理

在实验室或生产中，通常使用血细胞计数板（如 Thoma），直接测定相对较大的微生物的细胞数，如酵母细胞和霉菌孢子等的计数。

Thoma 血细胞计数板是一块特制的厚载玻片，玻片的中间部分刻有四条沟槽，形成三个平台。中间的平台较宽且比两边的平台略低，其中央刻有一个小方格网计数区，计数区的面积为 1 mm^2。另一种计数器中间平台的中间又被一条短的横沟槽分为两半，成为两个小平台，每个小平台上面各刻有一个计数区，共有两个计数区。当盖上特定的盖玻片时，盖玻片与计数室之间的空间厚度正好是 0.1 mm，这样计数室的体积为 0.1 mm^3，即 0.0001 mL（图 5-1）。

计数室有两种刻度形式，一种是全区分 16 个中方格，每个中方格再分 25 个小方格，一共 400 个小方格。另一种是全区分 25 个中方格，每个中方格再分 16 个小方格，也是 400 个小方格（图 5-1）。

计数时，可将酵母菌液（或孢子悬液）充满计数室，在显微镜下按规定数 4 或 5 个中方格的总细胞数，再求得每小方格内平均的细胞数，即可计算出每毫升培养液中的细胞总数。

酵母活细胞新陈代谢旺盛，活力强，还原力也强。若无毒的染料进入细胞，即被还原脱色。但死细胞及代谢作用缓慢的老弱细胞无此还原力。美蓝是无毒染料，且能被活细胞还原成无色，故可用来区别细胞的死活。染色时应注意美蓝的浓度及作用时间。

本实验拟采用细胞个体较大的酵母菌和霉菌孢子作为实验材料，以最常用的血细胞计数板为计菌器，在显微镜下直接测定酵母菌细胞数和霉菌孢子数，同时测定酵母菌的出芽细胞数，并计算其出芽率。本实验还采用无毒染料美蓝来区别细胞的死活，并通过计算深着色的细胞的数量来计算其死亡率。

三、实 验 器 材

1. 微生物菌种

酿酒酵母（*Saccharomyces cerevisiae*），米曲霉（*Aspergillus oryzae*）。

2. 培养基与试剂

麦芽汁培养基，0.1% 美蓝染色液，10% 稀硫酸（稀释菌液之用）。

3. 仪器设备

恒温培养箱，血细胞计数板，普通光学显微镜。

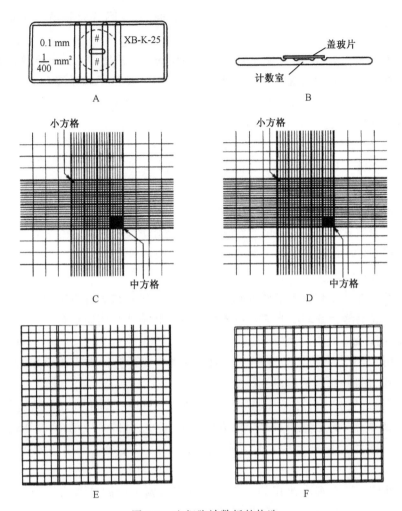

图 5-1 血细胞计数板的构造

A. 血细胞计数板正面图；B. 血细胞计数板侧面图；C. 16×25 型计数板的计数室、中方格和小方格；D. 25×16 型计数板的计数室、中方格和小方格；E. 16×25 型计数板的计数室放大；F. 25×16 型计数板的计数室放大

4. 其他材料

盖玻片，载玻片，毛细滴管，擦镜纸，软布，接种环，酒精灯，玻璃小漏斗，小玻璃珠，试管，脱脂棉，小三角瓶，胶头吸管等。

四、实验内容及操作步骤

（一）酵母菌细胞数及出芽率的测定

1. 制备菌悬液

（1）用麦芽汁培养基，接种酿酒酵母，于 30℃ 培养 15～20 h，得到新鲜酵母菌液。

（2）准确吸取 1 mL 待测酿酒酵母菌液，加入装有 9 mL 10% 稀硫酸的小三角瓶中（稀释 10 倍，要求每小格内有 4～8 个细胞为宜），置于旋涡振荡器上振荡使细胞分散。

(3) 将 5 mL 无菌生理盐水加入米曲霉培养物斜面上，用无菌接种环在斜面上轻轻来回刮取。

(4) 将菌液倒入盛有 5 mL 生理盐水和玻璃珠的小三角瓶中，充分振荡使孢子分散。

(5) 用玻璃小漏斗加无菌脱脂棉过滤，去除菌丝，得孢子悬浮液。

(6) 根据孢子悬液的浓度，使用前可适当稀释至一定倍数。

2. 镜检血球计数室

(1) 将清洁干燥的血细胞计数板盖上专用盖玻片。

(2) 在显微镜下用低倍镜先找到计数室的位置，取出计数板。

3. 加入菌悬液

(1) 将菌悬液摇匀，用无菌的毛细滴管取一小滴菌悬液。

(2) 放于盖玻片边缘，使菌液自行渗入并充满计数室（注意室内不得有气泡）。

(3) 用镊子轻压盖玻片，静置约 5 min，使细胞自然沉降。

4. 调节显微镜

(1) 将血细胞计数板置于显微镜载物台上，用低倍镜找到计数室的小方格。

(2) 将聚光器降低并缩小光圈，使光线较弱，转换成高倍镜进行计数。

5. 显微镜计数

(1) 若用 16 个中方格×25 个小方格的计数器，要计算计数室 4 个角所在 4 个中方格（即 100 小方格）里面的酵母细胞数。

(2) 若用 25 个中方格×16 个小方格的计数器，则除计算上述 4 个中方格中的酵母细胞数外，还须计算计数室中央那个中方格（即 80 小方格）里面的酵母细胞数。

(3) 位于格线上的酵母菌，只计此格的上方及右方线（或下方及左方线）上的细胞。

(4) 当芽体大于母细胞体积的一半时，可作为两个细胞计数（一个样品中的细胞数，要从两个计数室中测得的平均数值来计算）。

6. 计算酵母细胞（或孢子）数

按下式计算出 1 mL 菌液所含酵母细胞（或孢子）数。

酵母菌细胞（或孢子）数 = 每个小方格中的平均细胞数 × 400 × 10 000 × 稀释倍数

7. 计算酵母出芽率

按下式计算酵母出芽率。

酵母出芽率（%） = 出芽细胞总数/酵母细胞总数 × 100%

8. 清洗与干燥

使用完毕后，将血细胞计数板及盖玻片按要求进行清洗、干燥，放回盒中备下次使用。

（二）酵母菌死亡率的测定

1. 制备菌悬液

(1) 用麦芽汁培养基，接种酿酒酵母，于 30℃培养 12～16 h，得幼龄酵母菌液。

(2) 加入少量培养 36～48 h 的老龄酵母菌液，备测定死亡率用。

2. 制备染色标本片

(1) 取一块载玻片，在灯焰上烧干净并冷却至室温。
(2) 用胶头吸管吸取 0.1% 美蓝液，放一滴于载玻片中央。
(3) 用接种环取 1 环待测菌液，与美蓝液轻轻混匀，加上盖玻片（避免产生气泡），染色 3~5 min。

3. 死活细胞计数

(1) 将制好的标本片用高倍镜观察，根据是否被染上颜色来区别死活细胞，观察三个视野并记录。
(2) 按下式计算出酵母细胞的死亡率。

$$酵母死亡率（\%）= 染色细胞总数/酵母细胞总数 \times 100\%$$

五、实验注意事项

(1) 用接种环刮取酵母菌或霉菌培养物斜面菌体时，动作要轻，避免将培养基一起刮下来。
(2) 清洗血细胞计数板时，切勿使用刷子等硬物，也不可用酒精灯火焰烘干计数板，以免损坏计数室的刻度。
(3) 血细胞计数板在使用前，应先对计数室进行镜检。若有污物，可用清水冲洗，用酒精棉球轻轻擦洗，再用电吹风吹干。
(4) 取样时要先将菌悬液摇匀，滴注菌悬液时计数室不可有气泡产生。
(5) 显微观察时，若发现细胞（或孢子）悬液太浓或太稀，需重新调节稀释度后再计数。一般样品稀释度要求每小格内有 4~8 个菌体为宜。
(6) 因活细胞是透明的，故在进行显微计数时，应适当减低视野亮度，以增大反差。
(7) 进行显微计数时，应先在低倍镜下寻找计数室的位置。并将计数室移至视野中央，再换用高倍镜观察和计数。

六、实验报告与思考题

1. 实验结果

(1) 将测定酵母菌液的细胞数、出芽率、死亡率的简单操作过程写成实验报告。
(2) 将在显微镜下测定酵母菌细胞数、霉菌孢子数和酵母菌出芽细胞数的结果记录于表 5-1 中。

表 5-1 酵母菌细胞数、出芽细胞数和霉菌孢子数测定结果

		4 个或 5 个中方格细胞数					细胞总数	出芽细胞数	两室平均	细胞数/(个/mL)
		1	2	3	4	5				
酿酒酵母	第1室									
	第2室									
米曲霉	第1室									
	第2室									

注：表中细胞总数是指 4 个或 5 个中方格细胞数总数。

(3) 将观察的染色标本片上三个视野的酵母细胞数和染色细胞数填入表 5-2 中。

表 5-2　三个视野酵母细胞数和染色细胞数

项目	视野 1	视野 2	视野 3	合计
酵母细胞数				
染色细胞数				

2. 思考题

(1) 你认为用血细胞计数板计算酵母菌细胞（或孢子）数时，其误差与哪几方面的操作有关？应如何避免？

(2) 为什么要用 10% 稀硫酸稀释培养好的新鲜酵母菌液？

(3) 请解释下列计算 1mL 菌液所含酵母细胞（或孢子）数公式的由来。

酵母菌细胞（或孢子）数 = 每小格平均细胞数 × 400 × 10 000 × 稀释倍数

(4) 是否凡是染上美蓝液颜色的酵母细胞都是死亡细胞？酵母细胞死亡率的准确测定与哪些因素相关？

(5) 要测定活性干酵母粉中的活菌率应如何进行，请设计 2 种可行的检测方法。

实验十八　微生物细胞大小的测定

一、目 的 要 求

(1) 学习在显微镜的各种放大倍数下，用镜台测微尺标定目镜测微尺的方法。

(2) 学习并掌握使用测微尺在显微镜下测定微生物细胞大小的方法。

(3) 掌握对不同形态微生物细胞大小测定的分类学基本要求，增强对微生物细胞大小的感性认识。

二、基 本 原 理

测量微生物细胞的大小，一般是在显微镜下应用目镜测微尺进行操作的。目镜测微尺是一个可放入目镜内的特制圆形小玻片，玻片的中央是一根细长的带刻度的尺，等分成 50 小格或 100 小格。测量时，需将其放在接目镜中的隔板上，用以测量经显微镜放大后的细胞物像的大小。目镜测微尺中每小格代表的实际长度是不固定的，它是随所使用目镜和物镜的放大率的不同而改变的，故在测量前必须先用镜台测微尺进行标定校正，以得出在显微镜的特定放大倍数下，目镜测微尺每小格所代表的相对长度。这样，根据微生物细胞大小在显微镜中相当于目镜测微尺的格数，即可计算出细胞的实际大小。

镜台测微尺是一块特制的载玻片，中央粗线圆圈内有一根封固的标准刻度尺。该尺总长为 1 mm，精确等分为 10 个大格，每个大格又等分为 10 个小格，共 100 个小格，每一小格长度为 0.01 mm，即 10 μm。镜台测微尺并不直接用来测量细胞的大小，而是用于标定校正目镜测微尺每格的相对长度。所谓标定，即是求出在某一放大倍数时，目镜测微尺每小格代表的实际长度，然后用标定好的目镜测微尺来测量细胞的大小(图 5-2)。

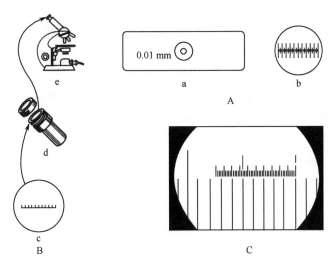

图 5-2 测微尺及其安装和标定

A. 镜台测微尺（a）及其中央部分的放大（b）；B. 目镜测微尺（c）及其安装在目镜上（d）再装在显微镜上（e）的方法；C. 镜台测微尺标定目镜测微尺时的情况

三、实验器材

1. 微生物菌种

酿酒酵母（*Saccharomyces cerevisiae*），枯草芽孢杆菌（*Bacillus subtilis*），金黄色葡萄球菌（*Staphylococcus aureus*）。

2. 培养基与试剂

麦芽汁培养基，0.1%美蓝染液，香柏油，二甲苯，生理盐水。

3. 仪器设备

普通光学显微镜，目镜测微尺，镜台测微尺。

4. 其他材料

载玻片，盖玻片，擦镜纸，接种环，酒精灯，毛细滴管，试管等。

四、实验内容及操作步骤

（一）酵母菌细胞大小的测定

1. 目镜测微尺的安装

(1) 取出接目镜（10×），将上面的透镜旋下。

(2) 将目镜测微尺放入目镜中的隔板上，刻度朝下。

(3) 旋上透镜，再将目镜插回镜筒内。

2. 目镜测微尺的标定

(1) 将镜台测微尺置于显微镜台上，刻度朝上。

(2) 先用低倍镜找到镜台测微尺的刻度，移至视野中心，调节焦距至能清晰看到镜台测微尺的刻度。

(3) 再转换高倍镜观察并调好焦距，至看清镜台测微尺刻度。

(4) 转动目镜，使目镜测微尺的刻度与镜台测微尺的刻度相平行。

(5) 转动标本移动器，使镜台测微尺的一条刻度线与目镜测微尺的左边第一条刻度线相重合。

(6) 向右寻找两测微尺完全重合的另一刻度线。

(7) 分别数出两重合线之间镜台测微尺和目镜测微尺所占的格数。

(8) 记下目镜测微尺_____格＝镜台测微尺_____格＝_____μm，并计算：
目镜测微尺每小格＝_____μm。

3. 测量酵母菌细胞的大小

(1) 目镜测微尺校正完毕后，取下镜台测微尺。

(2) 用制备好的酵母菌水浸标本片替换镜台测微尺。

(3) 测量5个酵母细胞的长与宽各等于目镜测微尺几格，取其平均值，换算为实际长度（μm）。

(4) 将测得的结果记录如下。

酵母菌细胞平均长＝目镜测微尺_____格＝_____μm。

酵母菌细胞平均宽＝目镜测微尺_____格＝_____μm。

（二）细菌细胞大小的测定

1. 目镜测微尺的再标定

(1) 将镜台测微尺置于显微镜台上，刻度朝上，于中央粗线圆圈内加上一滴香柏油。

(2) 先用低倍镜找到镜台测微尺的刻度，移至视野中心，调节焦距至能清晰看到镜台测微尺的刻度。

(3) 再转换油镜观察并调好焦距，至看清镜台测微尺刻度。

(4) 以下的标定方法与上述初次标定方法同。

2. 测量细菌细胞的大小

(1) 目镜测微尺校正完毕后，取下镜台测微尺。

(2) 用制备好的细菌染色标本片替换镜台测微尺。

(3) 测量5个金黄色葡萄球菌的直径各等于目镜测微尺几格，取其平均值，换算为实际长度（μm）。

(4) 将测得的结果记录如下。

金黄色葡萄球菌的平均直径＝目镜测微尺_____格＝_____μm。

(5) 测量5个枯草芽孢杆菌的长与宽各等于目镜测微尺几格，取其平均值，换算为实际长度（μm）。

(6) 将测得的结果记录如下。

枯草芽孢杆菌细胞平均长＝目镜测微尺_____格＝_____μm。

枯草芽孢杆菌细胞平均宽＝目镜测微尺_____格＝_____μm。

(7) 测量完毕，取出目镜测微尺，将目镜放回镜筒内，再将目镜测微尺和镜台测微尺分别用擦镜纸擦拭干净，放回盒内保存。

五、实验注意事项

（1）目镜测微尺很轻薄，在取放时应特别注意防止因跌落而损坏。

（2）使用双目显微镜时目镜测微尺一般都要安装在右目镜中，因左目镜通常配有屈光度调节环，不能被取下。

（3）使用镜台测微尺进行标定时，可先对刻度尺外的粗圆圈线进行调焦，再通过移动标本推进器向圆圈中心寻找测微尺刻度。

（4）注意在观察测量时，光线不宜过强，否则难以找到镜台测微尺的刻度。

（5）换用高倍镜和油镜标定时，要防止接物镜压坏镜台测微尺。

（6）因同一种微生物不同细胞之间存在个体差异，故在确定每一种微生物细胞的大小时，应随机选择多个细胞进行测量，然后取其平均值。

（7）细菌在不同的生长时期细胞大小会有较大变化，进行细菌细胞大小测定时，应注意选择处于对数生长期的菌体细胞。

六、实验报告与思考题

1. 实验结果

（1）将目镜测微尺标定结果填入表 5-3 中。

表 5-3　目镜测微尺标定结果

接物镜	物镜倍数	目镜测微尺格数	镜台测微尺格数	目镜测微尺每格长/μm
高倍镜				
油　镜				

注：目镜放大倍数：10×。

（2）将 3 种微生物细胞大小的测定结果填入表 5-4 中。

表 5-4　各菌细胞大小测定结果　　　　　　　　　（单位：μm）

菌　种	测定指标	细胞1	细胞2	细胞3	细胞4	细胞5	平均值
酵母菌	宽度						
	长度						
枯草杆菌	宽度						
	长度						
葡萄球菌	直径						

注：酵母菌和杆菌用宽度×长度表示细胞大小，球菌用直径表示细胞大小。

2. 思考题

（1）更换不同放大倍数的目镜或物镜时，为什么必须用镜台测微尺重新对目镜测微尺进行标定？

（2）在不改变目镜和目镜测微尺，而改用不同放大倍数的物镜来测定同一种微生物细胞的大小时，其测定结果是否相同？为什么？

实验十九 光电比浊计数法测定细菌生长曲线

一、目的要求

(1) 了解光电比浊计数法测定微生物菌数的基本原理。
(2) 掌握光电比浊计数法的基本操作方法。
(3) 学会用光电比浊计数法测定并绘制细菌生长曲线。

二、基本原理

光电比浊计数法的原理是当光线透过菌悬液时，由于菌体的散射及吸收作用使光线的透过量降低。在一定范围内，其透光率与微生物细胞浓度成反比，而光密度（OD值）与细胞浓度成正比。透光率或光密度可以由光电池精确测出（光波通常选择在400～700 nm），因此，可用一系列已知菌数的某种菌悬液测定其光密度，作出光密度与菌数相关性的标准曲线。这样，由样品液（采用与制作标准曲线时相同菌种的菌株和相同的培养条件）所测得的光密度，即可从标准曲线中查出对应的菌数。光电比浊计数法的优点是简便迅速，可以连续测定，适合于自动控制（图 5-3）。

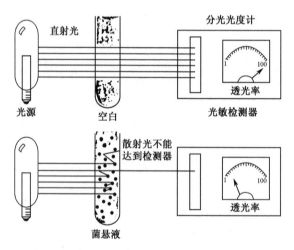

图 5-3 光电比浊计数法测定细胞浓度的原理

将少量细菌培养物接种到一定容积的新鲜培养液中，在适宜的培养条件下进行培养，在培养过程中定时取样测定细菌数目，以培养时间为横坐标，以细菌数目的对数或生长速率为纵坐标所绘制的曲线，称为该细菌的生长曲线。

由于培养过程中没有新鲜培养基的加入，因而营养物质的浓度逐步下降，代谢废物的浓度不断增加，微生物的生长速度随时间发生有规律性的变化。根据细菌生长速率常数的不同，一般可把细菌的典型生长曲线粗分为延迟期、对数期、稳定期和衰亡期四个阶段（图 5-4）。不同的细菌在相同的培养条件下其生长曲线不同，同样的细菌在不同的培养条件下所得到的生长曲线也不相同。测定细菌的生长曲线，了解其生长繁殖的规律，对于人们根据不同的需要，有效地利用和控制细菌的生长具有重要意义。

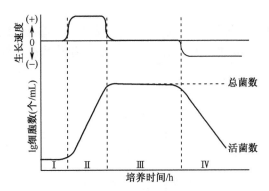

图 5-4 细菌的群体生长曲线
Ⅰ. 延迟期；Ⅱ. 对数期；Ⅲ. 稳定期；Ⅳ. 衰亡期

本实验拟用分光光度计或光电比色计进行光电比浊，测定不同培养时间细菌悬浮液的 OD 值，绘制细菌生长曲线。

三、实 验 器 材

1. 微生物菌种

谷氨酸短杆菌（*Brevibacterium glutamicus*）培养 10～12 h 的菌悬液，嗜酸乳杆菌（*Lactobacillus acidophilus*）的菌悬液。

2. 培养基与试剂

MRS 培养基，无菌生理盐水。

3. 仪器设备

超净工作台，高压灭菌锅，光电比色计，分光光度计，电子天平，旋涡振荡器，恒温培养箱，水浴振荡摇床，冰箱，电炉。

4. 器具及其他材料

三角瓶，无菌试管，无菌吸管，酒精灯，试管架，记号笔。

四、实验内容及操作步骤

（一）光电比浊计数法

以光电比浊计数法测定谷氨酸菌菌悬液为例，其操作过程如下。

1. 制作标准曲线

（1）调整菌液浓度。①将培养 12 h 的谷氨酸菌菌悬液用无菌生理盐水稀释，摇匀。② 用光电比色计于 650 nm 波长、在 1 cm 比色皿中测定稀释后的菌悬液的光密度（OD 值），分别调整 OD 为 0.9、0.8、0.7、0.6、0.5、0.4、0.3、0.2（用无菌生理盐水作空白对照），装入无菌试管。

（2）平板菌落计数。按平板菌落计数的方法，将不同 OD 值的菌悬液经适当倍数稀释，分别测定其菌落数或菌落形成单位（cfu）。

（3）绘制标准曲线。以每毫升稀释菌悬液所含的菌数为纵坐标，以光密度（OD）值为横坐标，绘制出标准曲线。

2. 样品测定

① 将待测样品用无菌生理盐水适当稀释,摇均匀。② 以无菌生理盐水作空白对照,用 650 nm 波长、1 cm 比色皿测定光密度(注意各种操作条件必须与制作标准曲线时相同)。

3. 查标准曲线

根据所测得的光密度值,从标准曲线查得每毫升样品的含菌数。

注:在生产实践中,并不一定要查对标准曲线得出其含菌数,而是以 OD 值的高低直接作为谷氨酸菌增殖数量的指标。

(二) 光电比浊计数法测定细菌生长曲线

以用光电比浊计数法测定嗜酸乳杆菌生长曲线为例,其操作过程如下。

1. 配制 MRS 培养基

(1) 分别称取蛋白胨 1 g,牛肉膏 1 g,酵母膏 0.5 g,葡萄糖 2 g,K_2HPO_4 0.2 g,乙酸钠 0.5 g,$MgSO_4$ 0.02 g,$MnSO_4$ 0.005 g,吐温 80 0.1 g,柠檬酸三铵 0.2 g,加水至 100 mL,调 pH 5.5~6.0。

(2) 装入 250 mL 三角瓶中,包扎,灭菌备用。

2. 接种乳酸杆菌

(1) 菌种培养。①取 1 mL 嗜酸乳杆菌菌液(冰箱保存),接入盛有 10 mL MRS 培养基的试管内。②静置厌氧培养约 12 h,备用。

(2) 标记培养时间。用记号笔分别标记培养时间:0、2 h、4 h、6 h、8 h、10 h、12 h、14 h、16 h、18 h、20 h、24 h。

(3) 接种乳酸菌。①取上述嗜酸乳杆菌培养液 5 mL,接入盛有 100 mL MRS 培养基的三角瓶内,混合均匀。②分别取此混合液各 8 mL,放入上述已标记的 12 支无菌试管中。

3. 保温培养

(1) 将已接种的 12 支试管直立移入干燥器中,点燃蜡烛,加盖密封。

(2) 置于 37℃ 恒温培养箱中,分别静置培养 0、2 h、4 h、6 h、8 h、10 h、12 h、14 h、16 h、18 h、20 h、24 h。

(3) 将标有相应时间的试管按时取出,暂置于冰箱中储存。

(4) 待最后一起测定光密度(OD 值)。

4. 光电比浊测定

以未接种的 MRS 培养基作空白对照,选用 650 nm 波长,按培养时间先后依次进行光电比浊测定(测定前将待测培养菌液振荡,使菌体分布均匀)。

5. 绘制生长曲线

以培养时间为横坐标,以测得的光密度(OD 值)为纵坐标,绘制成嗜酸乳杆菌生长曲线。(若已制作标准曲线,则可根据所测得的光密度值,从标准曲线查得每毫升样品中的活菌数,再绘制其生长曲线)。

五、实验注意事项

(1) 试验所用试管要完全一致,所装培养基的量和接种量也都要准确一致。

（2）测定 OD 值时，比色杯或比色管的洁净程度一致。

（3）测定 OD 值前，将待测定的培养液振荡，使细胞分布均匀。

（4）测定时，需将分光光度计指针调"0"。调零使用的溶液应与待测菌液中所含的溶液一致。

（5）注意光密度或透光度除了受菌体浓度影响之外，还受培养液成分与颜色以及所采用的光波长等因素的影响。

（6）颜色太深的样品或在样品中含有其他的干扰物质的菌悬液样品不适合用此法进行测定。

六、实验报告与思考题

1. 实验结果

（1）将所测得的乳酸菌不同培养时间的 OD 值填入表 5-5。

表 5-5　不同培养时间乳酸菌 OD 值增长

培养时间/h	对照	0	2	4	6	8	10	12	14	16	18	20	24
光密度值 OD_{650}													

（2）以培养时间为横坐标，细菌悬液的 OD 值为纵坐标，绘制出嗜酸乳杆菌的生长曲线。

2. 思考题

（1）用光电比浊计数法测定细菌生长量有何优缺点？它在实际生产中有何应用价值？

（2）若要测定需氧细菌的生长曲线，振荡培养除用三角瓶外，能否采用大试管进行？

（3）用分光光度法测定吸光值，如何选择测定所用的波长？哪些样品不适合用比浊计数法测定生长量？

（4）采用光电比浊计数法测定细菌细胞量，与采用平板菌落计数法测定活菌数，这两种方法绘制出的细菌生长曲线有什么不同？两者各有什么优缺点？

（5）测定和绘制细菌的生长曲线对科学研究和发酵生产有何指导意义？

第二节　食品卫生微生物学检测

随着人民生活水平和健康水平的不断提高，进一步加强食品卫生的微生物学检测，显得更加重要。检测水和食品中的微生物数量时主要考虑的是细菌的数量，特别是病原菌的数量。这些细菌主要来源于土壤、垃圾、粪便等，尤其是后者。若水源、饮用水和食品中发现有超量的细菌和大肠菌群，则证明已为粪便所污染，就有可能存在肠道病原菌，可以认为食用这种水和食品是不安全的，可能会危害人们的健康。

在一般情况下，进行食品卫生的微生物学检测，主要是测定水和食品中细菌菌落总数和大肠菌群数。如我国饮用水卫生标准（GB5749—85）规定：1 mL 自来水中细菌菌落总数不得超过100个（37℃培养24 h，<100 cfu/mL），1 L自来水中大肠菌群数（37℃培养48 h）不得超过3个。每升饮用水的水源中，大肠菌群数不得超过1000个。我国卫生部于2001年还规定大肠菌群数每100 mL生活饮用水样中不得检出。

水和食品中细菌总数的多少，可说明被有机物污染的程度，细菌数越多，就表明水和食品中的有机物质含量越大。细菌总数是指1 mL水或食品样品，在普通营养琼脂培养基中，于37℃培养24 h后，所形成的菌落数，称之为菌落形成单位。

现在一般是使用营养丰富，适合于大多数细菌生长的肉汁营养琼脂培养基（牛肉膏蛋白胨琼脂培养基）以及应用平板菌落计数法来测定水和食品中细菌总数。由于不可能找到一种在某种条件下，能够使样品中所有的细菌都生长繁殖的培养基，故计算出来的细菌总数仅是近似值。除可采用平板菌落计数测定细菌总数外，还有多种微生物检测仪或试剂盒等，可用于简便快速地测定样品中的细菌总数。

许多病原菌常常存在于水和食品中，人们饮用后会引发疾病，因而测定水和食品中的病原菌是必须的。大肠菌群是肠道中最普遍存在的数量最多的一群细菌，常将其作为人畜粪便污染的标志和病原菌的指示菌。若水和食品被大肠菌群污染，就有可能存在病原菌污染，故以此作为粪便污染指标来评价水和食品的卫生质量，具有广泛的卫生学意义。

大肠菌群（coliform group）是指一群将样品在37℃培养24 h后得到的，能发酵乳糖、产酸产气，需氧或兼性厌氧，革兰氏阴性、无芽孢的杆状细菌。主要包括大肠杆菌（*E. coli*）、产气杆菌和一些中间类型的杆菌。检测水和食品中大肠菌群的方法常用的有多管发酵法与滤膜法两种。

实验二十　水和食品中细菌菌落总数的测定

一、目　的　要　求

（1）了解食品卫生微生物学检验的重要性及其原理。
（2）了解平板菌落计数法的原理及其应用。
（3）学会水和食品中细菌菌落总数的检测和报告方法。

二、基　本　原　理

本实验中细菌菌落总数是指水或食品检样经处理后，在肉汁营养琼脂培养基中，于37℃经24 h培养后，1 mL或1 g检样中所生长的嗜中温需氧性细菌菌落总数。它主要被作为判定水和食品被污染程度的标志，也可应用测定细菌菌落总数的方法观察细菌在食品中繁殖的动态，以便在对被检样品进行卫生学评价时提供依据。在检测水和食品中的微生物时，细菌菌落总数一般都采用平板菌落计数法进行测定。

平板菌落计数法的基本原理是，将待测含菌样品经适当稀释，使其中的微生物充分分散成单个细胞，然后取一定量的样品稀释液，接种到平板上。经过一定时间的培养后，由每个单细胞经生长繁殖而形成肉眼可见的单菌落，即一个单菌落应代表原样品中的一个活菌。最后统计菌落数，根据其稀释倍数和取样量，换算出单位样品中所含的活菌数。

平板菌落计数法的操作过程包括：① 无菌生理盐水的准备；② 待测样品稀释；③ 取样及倒平板；④ 培养及计数；⑤ 菌落总数报告。

实际上，由于待测样品不易被完全分散成单个细胞，故所形成的菌落并非都是单菌落，有一部分是由2个以上的细胞长成的，因此平板菌落计数的结果会比实际偏低。现在已采用菌落形成单位（cfu）来表示样品中的活菌含量。

水和食品中细菌菌落总数的测定与平板菌落计数法测定活菌数，在原理和方法上基本是相同的。本实验以自来水、水源水和粉状或液态食品中细菌菌落总数的测定为例。

三、实验器材

1. 待检样品
自来水样，水源（河、湖）水样，食品检样（粉状食品或液态食品）。

2. 培养基与试剂
肉汁营养琼脂培养基，无菌生理盐水。

3. 仪器设备
超净工作台，恒温培养箱，高压灭菌锅，水浴锅，电炉，电子天平。

4. 其他材料
常用玻璃器皿，酒精灯，试管架。

四、实验内容及操作步骤

（一）培养基的制备

1. 配制肉汁营养琼脂培养基
按下列配方配制培养基：蛋白胨 1 g，牛肉膏 0.5 g，氯化钠 0.5 g，琼脂 1.5 g，蒸馏水 100 mL，pH 7.2～7.4。分装于试管，每支约 15 mL。于 121℃ 灭菌 15 min，备用。

2. 配制无菌生理盐水
（1）称取 2.6 g 氯化钠，加入 300 mL 蒸馏水溶解。
（2）量取 225 ml 上述氯化钠溶液装入 500 mL 三角瓶中，并加入适量玻璃珠。
（3）其余分装于大试管（每支 9 mL）。包扎后于 121℃ 灭菌 15 min，备用。

（二）水样的采取

1. 采取自来水样
（1）先用火焰灼烧自来水龙头灭菌约 2 min，再开水龙头放水约 3 min。
（2）在火焰旁打开瓶塞，用无菌三角瓶接取适量水样，备用。

2. 采取水源水样
（1）将灭菌的带塞空瓶，瓶口向下浸入距水面 10～15 cm 的深层水中。
（2）翻转空瓶，拔开瓶塞使水流入，盛满后盖好瓶塞，取出暂放冰箱中保存。

（三）检样的稀释

1. 稀释水源水样

（1）取 1 mL 水源水样注入装有 9 mL 无菌生理盐水的试管中，混匀，稀释度为 10^{-1}。

（2）吸取稀释度为 10^{-1} 的水样 1 mL 至下一管无菌生理盐水中，混匀，稀释度为 10^{-2}。

（3）如此稀释到第三管，稀释度为 10^{-3}（稀释倍数根据水样污浊程度而定，以培养后平板上的菌落数在 30~300 的稀释度最为合适）。

2. 稀释食品检样（图 5-5）

（1）以无菌操作称取粉状食品 25 g（或量取液态食品 25 mL），放于装有 225 mL 无菌生理盐水和玻璃珠的 500 mL 三角瓶内，经充分振荡成稀释度为 10^{-1} 的均匀稀释检液。

（2）用 1 mL 无菌吸管吸取此稀释检液 1 mL，注入装有 9 mL 无菌生理盐水的试管内，振荡混合均匀，即为稀释度为 10^{-2} 的稀释液。同法再稀释至 10^{-3}。

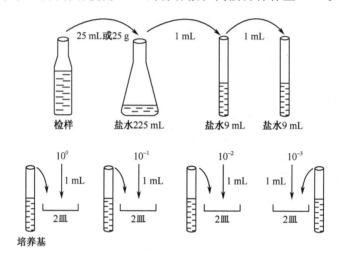

图 5-5 食品检样稀释及倾注平板方法示意图

（四）菌落总数的检测

1. 检测自来水样

（1）用无菌吸管吸取自来水样各 1 mL，分别注入两个无菌培养皿中。

（2）分别向盛有水样的培养皿中倾入约 15 mL 已熔化并冷却到约 45℃ 的肉汁营养琼脂培养基，立即作水平旋摇，使水样与培养基充分混匀。

（3）另取一个空的无菌培养皿，不加水样，倾入肉汁营养琼脂培养基 15 mL，作为空白对照。

（4）待培养基凝固后，倒置于 37℃ 温箱中，培养 24 h 后，进行菌落计数。

2. 检测水源水样

（1）用无菌吸管分别吸取 1 mL 稀释度为 10^{-1}、10^{-2} 与 10^{-3} 的水源水样，每个稀释度的水样各取 2 份，分别注入 6 个无菌培养皿中。

（2）向上述 6 个培养皿中各倾入约 15 mL 已熔化并冷却到约 45℃的肉汁营养琼脂培养基，立即作水平旋摇，使水样与培养基充分混匀。

（3）另取一个空的无菌培养皿，不加水样，倾入肉汁营养琼脂培养基 15 mL，作为空白对照。

（4）待培养基凝固后，全部倒置于 37℃温箱中，培养 24 h 后，进行菌落计数。

3. 检测食品样品

（1）用无菌吸管吸取 10^{-1}、10^{-2} 与 10^{-3} 的稀释食品检样各 1 mL × 2，分别注入 6 个无菌培养皿中。

（2）以下检测方法与水源水样的检测方法同。

（五）菌落总数计算与报告

1. 菌落总数的计算

（1）取出平板，选取菌落数在 30～300 的平板。

（2）用肉眼观察或用放大镜计算平板上的菌落数并记录。

（3）求出同一稀释度的样品的两个平板的平均菌落数，乘以稀释倍数，即得每毫升（或每克）样品所含菌落总数。

2. 菌落总数的报告

（1）参照表 5-6 实例，选择合适稀释度，按规定方式报告所测检样的细菌菌落总数：① 应选择两皿平均菌落数在 30～300 的稀释度报告（例次 1）；② 若两稀释度菌落总数之比小于 2，应报告其平均数（例次 2）；③ 若两稀释度菌落总数之比大于 2，则报告较小的数字（例次 3）；④ 若平均菌落数均大于 300，则按稀释度最大的报告（例次 4）；⑤ 若平均菌落数均小于 30，则按稀释度最小的报告（例次 5）；⑥ 若菌落数全部为 0，则按小于 1 乘最低倍数报告（例次 6）；⑦ 若菌落数均不在 30～300，则以最接近 30 或 300 之数报告（例次 7）。

（2）报告：自来水样的菌落总数为（　　）个/mL；水源水样的菌落总数为（　　）个/mL；食品样品的菌落总数为（　　）个/mL 或个/g。

表 5-6 稀释度选择及菌落总数报告方式

例次	各稀释度下菌落数(两皿平均)			两稀释度菌落总数之比	菌落总数/[个/mL(或个/g)]	报告方式/[个/mL(或个/g)]
	10^{-1}	10^{-2}	10^{-3}			
1	多不可计	164	20	—	16 400	1 600 或 $1.6×10^4$
2	多不可计	295	46	1.6*	37 750	38 000 或 $3.8×10^4$
3	多不可计	271	60	2.2*	27 100	27 000 或 $2.7×10^4$
4	多不可计	多不可计	313	—	313 000	31 000 或 $3.1×10^4$
5	27	11	5	—	270	270 或 $2.7×10^2$
6	0	0	0	—	$<1×10$	<10
7	多不可计	305	12	—	30 500	31 000 或 $3.1×10^4$

* 将两组数据换算成同一稀释度下的菌落数时得出的比值。

五、实验注意事项

(1) 采取自来水样要用无菌三角瓶,打开瓶塞接取水样要在火焰旁进行无菌操作。

(2) 应取距水面 10~15 cm 的深层水源水样,最好立即检测,否则需放入冰箱中保存。

(3) 若水源水样在 3 个稀释度下的样品的菌数均多到无法计数或少到无法计数,则需继续稀释或减小稀释倍数。

(4) 计算相同稀释度样品的平均菌落数时,应以计算不含有连在一起成片的菌落的平板上的菌落数作为该稀释度的菌落数。

六、实验报告与思考题

1. 实验结果

(1) 将测定检样中细菌菌落总数的操作步骤用简图表示。

(2) 将所测得结果填入表 5-7、表 5-8、表 5-9,并写成实验报告。

表 5-7 自来水样检测结果

平板	菌落数	细菌菌落总数/(cfu/mL)
1		
2		

空白对照平板结果:

表 5-8 水源水样检测结果

稀释度	10^{-1}		10^{-2}		10^{-3}	
平板	1	2	1	2	1	2
菌落数						
平均菌落数						
稀释度菌落数之比						
菌落总数/(cfu/mL)						

空白对照平板结果:

表 5-9 食品样品检测结果

稀释度	10^{-1}		10^{-2}		10^{-3}	
平板	1	2	1	2	1	2
菌落数						
平均菌落数						
稀释度菌落数之比						
菌落总数/(cfu/mL)						

空白对照平板结果:

2. 思考题

(1) 为了较准确地测出某检样中的细菌菌落总数,在实验操作中应注意哪些问题?

(2) 表 5-6 所列报告检样细菌菌落总数的实例中，哪些实例的测定结果较准确？哪些实例的测定结果误差较大？

(3) 检测样品的细菌总数时，为什么要做空白对照试验？

(4) 若空白对照的平板上有菌落长出说明存在什么问题？

(5) 能否自行设计培养温度、培养时间等来测定水样的细菌总数？为什么？

(6) 所检测的自来水样和食品样品，细菌总数是否合乎规定的卫生标准？

实验二十一　水和食品中大肠菌群数的测定

一、目 的 要 求

(1) 了解对水和食品中大肠菌群数进行测定的重要性及其原理。

(2) 学会对水和食品中大肠菌群数进行测定的方法。

二、基 本 原 理

大肠菌群数高，表示水源被粪便污染，有可能也被肠道病原菌污染。测定检样中大肠菌群数的方法有：多管发酵法、滤膜法，以及用微生物检测仪、微生物检测试剂纸（卡或盒）进行检测等方法。

（一）多管发酵法

多管发酵法是检测水中大肠菌群数的标准分析方法，大多数卫生单位与水厂普遍采用此法。该法也普遍用于检测食品中的大肠菌群数，检测结果以每 100 mL（g）检样中大肠菌群最可能数（MPN）表示。多管发酵法的检测步骤包括：初发酵试验、平板分离、革兰氏染色和镜检、复发酵试验。

1. 初发酵试验

使用乳糖胆盐发酵管（内有倒置杜氏小管），其中，乳糖起着选择性作用，因为很多细菌不能发酵乳糖，而大肠菌群能发酵乳糖并产酸产气（图 5-6）。培养基内加有溴甲酚紫，作为 pH 指示剂，细菌产酸后，培养基由原来的紫色变为黄色。将检样接种于发酵管内，于 37℃ 发酵 24 h，若小管中有气体形成，培养基变浑浊且颜色改变，说明检样中很可能存在大肠菌群，结果为阳性（＋）。

2. 平板分离

产酸产气的初发酵管中的发酵液，均需在伊红美蓝琼脂培养基（或远藤氏培养基）平板上划线分离。该培养基含有伊红与美蓝染料，可作为指示剂，因为大肠菌群发酵乳糖产酸，培养基呈酸性时，两种染料结合形成复合物，使大肠菌群在培养基上产生有金属光泽的深紫色菌落。

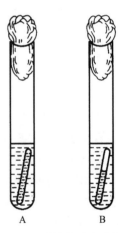

图 5-6 乳糖胆盐发酵管
（内有倒置杜氏小管）
A. 不产气（－）；
B. 发酵乳糖产气（＋）

3. 革兰氏染色和镜检

挑取在伊红美蓝琼脂平板上形成的可疑大肠菌群菌落（深紫黑色，有金属光泽；紫黑色，不带或略带金属光泽；淡紫红色，中心颜色较深的菌落），从每支初发酵管中得到的可疑菌落中挑选 2 或 3 个进行涂片、革兰氏染色和镜检。

4. 复发酵试验

将以上两次试验中已证实为大肠菌群阳性的菌落，接种于乳糖复发酵管中（勿加胆盐）进行复发酵试验（其原理与初发酵试验相同），于 37℃ 发酵 24 h，产酸又产气的菌落，可最后确定为大肠菌群阳性结果。根据确定有大肠菌群存在的初发酵管（瓶）的数目，查阅专用检索表，得出总大肠菌群数或大肠菌群最可能数。

（二）滤 膜 法

滤膜法多用于检测水中大肠菌群数，是一种快速的测定方法，其结果重复性较好，又能测定较大体积的水样，目前已有很多供水公司采用此法。该法的原理为：采用多孔硝化纤维滤膜或醋酸纤维滤膜（孔径约 0.45 μm）过滤水样，其中的细菌被截留在滤膜上，然后将滤膜放在合适的培养基上进行培养，使大肠菌群直接在膜上生长，从而可直接计算水中的大肠菌群数和细菌总数。不同孔径滤膜还能检测不同的菌群，如酵母菌和霉菌。

（三）试剂纸片法

现已有不少检测微生物的试剂纸、试剂盒或试剂卡。这些检测试剂纸（盒或卡），大多是将鉴别培养基或试剂，吸附在小块纸片或其他载体上，上面盖一层塑料膜，经脱水干燥，包封铝箔，再经灭菌，包装而成。检测不同菌群（如细菌总数、总大肠菌群、沙门氏菌、金黄色葡萄球菌、霉菌和酵母菌等），可分别选择不同的试剂纸片。检测样品时，先将铝箔打开，揭开上层塑料膜，再滴加待检样品，盖回上层塑料膜，然后置于适温培养一定时间，即可进行计数。试剂纸片法不仅能定性，而且能定量。

三、实 验 器 材

1. 待检样品

自来水样，水源（河）水样，食品检样（粉状食品或液态食品）。

2. 培养基与试剂

乳糖胆盐发酵培养基，三倍料乳糖胆盐发酵培养基，乳糖复发酵培养基，伊红美蓝琼脂培养基，革兰氏染色液，无菌生理盐水。

3. 仪器设备

超净工作台，恒温培养箱，高压灭菌锅，真空泵，滤膜过滤器，电子天平，电炉，显微镜。

4. 其他材料

三角烧瓶，带塞空瓶，培养皿，吸管，试管，过滤器，镊子，夹钳，滤膜，烧杯，载玻片等。

四、实验内容及操作步骤

（一）水中总大肠菌群数的测定

Ⅰ 多管发酵法检测水中总大肠菌群数

1. 培养基的制备

（1）配制乳糖胆盐发酵培养基（三倍料）。① 分别称取蛋白胨 13.5 g，猪胆盐 2.25 g，乳糖 4.5 g，蒸馏水 150 mL，调 pH 7.4，再加入 0.04% 溴甲酚紫溶液 11 mL。② 分装入 2 个 250 mL 三角瓶中，每个 50 mL，放入倒置的杜氏小管，加棉塞。③ 再分装入 10 支试管，每支 5 mL，并放入一个倒置的杜氏小管，加棉塞。④ 包扎，于 115℃ 灭菌 15 min，备用。

（2）乳糖复发酵培养基。① 分别称取乳糖 1 g，蛋白胨 3 g，蒸馏水 100 mL，调 pH 7.4，再加入 0.04% 溴甲酚紫溶液 2.5 mL。② 分装于 10 支试管，每支 10 mL，并放入一个倒置的杜氏小管，加棉塞。③ 包扎，于 115℃ 灭菌 15 min，备用。

（3）配制伊红美蓝琼脂培养基。① 分别称取蛋白胨 1 g，K_2HPO_4 0.2 g，溶解于 100 mL 蒸馏水中，调 pH 至 7.1，装于三角瓶内，加入琼脂 1.7 g，于 121℃ 灭菌 15 min，备用。② 临用前加入乳糖 1 g，加热熔化琼脂，冷至 50～55℃，加入 2% 伊红 Y 溶液 2 mL，0.65% 美蓝溶液 1 mL，摇匀倒平板，备用。

2. 水样的采取

同实验二十中测定细菌菌落总数时所用采样方法。

3. 自来水的检测

（1）初发酵试验。① 向 2 个各装有 50 mL 三倍料的乳糖胆盐培养基的发酵瓶中，各加入 100 mL 水样。② 向 10 支各装有 5 mL 三倍料的乳糖胆盐发酵管中，各加入 10 mL 水样。③ 混匀后置于 37℃ 培养 24 h，将 24 h 后未产气的样品继续培养至 48 h。

（2）平板分离培养。① 将产酸产气的发酵瓶和发酵管中的样品，分别划线接种于伊红美蓝琼脂平板上。② 置于 37℃ 培养 18～24 h，取出观察菌落形态。

（3）革兰氏染色和镜检。① 识别平板上长出的可疑大肠菌群菌落（深紫黑色，有金属光泽；紫黑色，不带或略带金属光泽；淡紫红色，中心颜色较深的菌落）。② 从每个平板（管）中挑取 2 或 3 个可疑菌落进行涂片、革兰氏染色和镜检。

（4）复发酵试验。① 若可疑菌落经检测为革兰氏阴性无芽孢杆菌，则挑取同一发酵管中的典型菌落 1～3 个，接种于含有正常浓度的乳糖复发酵培养基的管中（勿加胆盐）。② 置于 37℃ 培养 24 h。若培养物产酸又产气，则证实有大肠菌群存在。

（5）查表报告结果。对于初发酵试验中结果呈阳性（＋）的管（瓶），查表 5-12 报告其数量并计算每升水样的总大肠菌群数。

4. 水源水的检测

（1）水样稀释。用无菌生理盐水将水源水样稀释至 10^{-1} 和 10^{-2}。

（2）初发酵试验。① 吸取原水样及稀释度为 10^{-1} 和 10^{-2} 的水样各 1 mL，分别注入装有 10 mL 正常浓度的乳糖胆盐发酵培养基的管中。② 另各取 10 mL 和 100 mL 原水样，分别注入装有 5 mL 和 50 mL 三倍料的乳糖胆盐发酵培养基的管和发酵瓶中。③ 混匀后置于37℃培养24 h，将24 h后未产气的样品继续培养至48 h。

(3) 平板分离和复发酵。同上述自来水样品的平板分离和复发酵试验。

(4) 查表报告结果。① 将水样量为100 mL、10 mL、1 mL、0.1 mL的发酵管（瓶）结果查检数表5-13。② 报告每升水样中的总大肠菌群数。

注： 检测水中大肠菌群时的初发酵，也可采用15管发酵法，即加入原水样量为10 mL、1 mL、0.1 mL各5管，或1 mL、0.1 mL、0.01 mL各5管（依待测水样污染情况而定）。

Ⅱ 滤膜法检测水中总大肠菌群数

1. 滤膜洗涤灭菌

(1) 将滤膜放入装有蒸馏水的烧杯中，加热煮沸15 min，换水洗涤2或3次，再煮15 min。

(2) 换水洗2或3次，最后再煮沸15 min，备用。

2. 滤膜过滤器安装

(1) 用无菌镊子将一片无菌滤膜置于已灭菌的过滤器基座当中。

(2) 将滤杯（漏斗）装于滤膜基座上，旋紧密封。

(3) 将过滤器下部的抽滤瓶与真空泵连接（图5-7）。

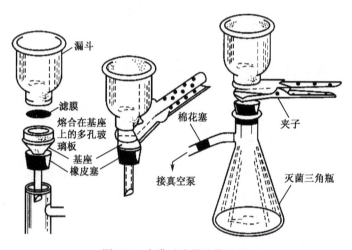

图5-7 滤膜过滤器的装配图

3. 加水样抽滤

(1) 加水样100 mL（可适当增减，以培养后长出的菌落数在50个以下为宜）于滤杯中，加盖。

(2) 启动真空泵，使水通过滤膜流入抽滤瓶，水中的细菌细胞被截留在滤膜上。

(3) 抽完后加入等量的无菌水继续抽滤，滤毕关上真空泵。

4. 转移滤膜贴于培养基上

(1) 用无菌镊子以无菌操作将截留有细菌的滤膜取出。

(2) 把没有细菌的一面平移紧贴（避免产生气泡）于伊红美蓝琼脂（或复红亚硫酸钠琼脂）培养基上（图5-8）。

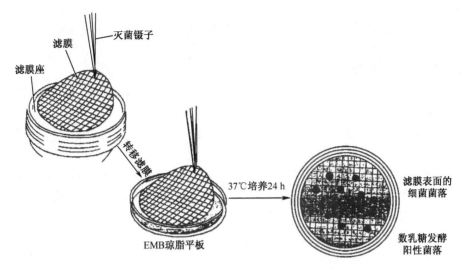

图 5-8 滤膜移贴于培养基上与培养的结果

5. 培养与计数

(1) 将平板倒置于 37℃ 培养 18～24 h，挑选出符合大肠菌群菌落特征的菌落。

(2) 进行涂片和革兰氏染色观察（必要时可进行乳糖复发酵试验证实）。

(3) 进行计数：1L 水样中的总大肠菌群数 ＝ 滤膜上的大肠菌群菌落数 × 10。

（二）食品中大肠菌群数的测定

1. 培养基的制备

(1) 配制乳糖胆盐发酵培养基。① 分别称取蛋白胨 3 g，猪胆盐（或牛、羊胆盐）0.5 g，乳糖 1 g，蒸馏水 100 mL，调 pH 7.4，再加入 0.04% 溴甲酚紫溶液 2.5 mL。② 分装于 10 支试管，每支 10 mL，并放入一个倒置的杜氏小管，加棉塞。③ 包扎，于 115℃ 灭菌 15 min，备用。

(2) 配制伊红美蓝琼脂培养基。同多管发酵法检测水中总大肠菌群数。

2. 食品检样稀释

(1) 以无菌操作称取固态食品检样 25 g 或量取液态食品检样 25 mL。

(2) 放于装有 225 mL 无菌生理盐水和玻璃珠的 500 mL 三角瓶内，充分振荡成稀释度为 10^{-1} 的均匀稀释检液。

(3) 同法再制成稀释度为 10^{-2} 和 10^{-3} 稀释检液。

3. 乳糖初发酵试验

(1) 用无菌吸管分别吸取每个稀释度的检液各 1 mL，注入 1 支含有乳糖胆盐发酵培养基的管内，每个稀释度的检液接种 3 支管（共 9 支管）。

(2) 另取一管接入 1 mL 已知的大肠杆菌菌液作为对照。

(3) 将上述发酵管置于 37℃ 温箱内，培养 24 h，观察结果。

(4) 如所有发酵管中的样品都不产气，则可报告为大肠菌群阴性，如有产气的样品，则按下列程序进行进一步分析。

4. 平板分离培养

(1) 将产气的发酵管中的样品用接种环以划线法转接于伊红美蓝琼脂平板上(编号)。

(2) 置于 37℃温箱内,培养 18~24 h,取出观察菌落形态。

5. 革兰氏染色和镜检

(1) 识别平板上长出的可疑大肠菌群菌落(深紫黑色,有金属光泽;紫黑色,不带或略带金属光泽;淡紫红色,中心颜色较深的菌落)。

(2) 从每个平板(管)挑取 2 或 3 个可疑菌落进行涂片、革兰氏染色和镜检。

6. 证实试验

(1) 同时将挑选出的可疑菌落接种于含有乳糖发酵培养基的管中(培养基的配方除勿加入胆盐外,其余成分同前),置于 37℃培养 24 h 进行复发酵试验,观察样品的产气情况。

(2) 凡是能够检测到含有在发酵管中能产气且革兰氏染色为阴性的无芽孢杆菌的样品,即可报告为此样品呈大肠菌群阳性。

7. 报告 MPN

根据被证实为大肠菌群呈阳性的管数,查表 5-14 [(大肠菌群最可能数 MPN)检索表],报告 100 mL (g) 样品中所含大肠菌群的最可能数。

五、实验注意事项

(1) 乳糖胆盐发酵培养基中,胆盐可抑制革兰氏阳性细菌,而溴甲酚紫也可抑制其他细菌,如芽孢杆菌的生长。

(2) 进行乳糖初发酵试验时,有个别其他类型的细菌在此条件下可能产气,而它们不属于大肠菌群,因此,需继续进行平板分离培养和证实试验。

(3) 初发酵试验时产酸不产气的发酵管中的样品,也不一定不是大肠菌群,因大肠菌群在量少的情况下,也可能延迟至 48 h 后才产气,故也需继续进行平板分离培养和证实试验,才能确定被测样品是否为大肠菌群。

(4) 滤膜法不能用于测定悬浮物含量较高的水样(如含较多藻类的水样),水样中含有毒物也可能会影响测定。

六、实验报告与思考题

1. 实验结果

(1) 将测定水中大肠菌群数时的操作步骤用简图表示,将所测得结果填入表 5-10 中,并写成实验报告。

表 5-10 水中大肠菌群数检测结果

样品	初发酵 (+)	革兰氏染 色阴性	镜检 无芽孢	复发酵 (+)	大肠菌群 数/(个/L)
自来水	( )管( )瓶	( )管( )瓶	( )管( )瓶	( )管( )瓶	
水源水	( )管( )瓶	( )管( )瓶	( )管( )瓶	( )管( )瓶	

(2) 将测定食品中大肠菌群最可能数时的操作步骤用简图表示,将所测得结果填入表 5-11 中,并写成实验报告。

表 5-11 食品中大肠菌群数检测结果

样品	初发酵（+）	革兰氏染色阴性	镜检无芽孢	复发酵（+）	大肠菌群（MPN）
液态食品	（　）管	（　）管	（　）管	（　）管	
固态食品	（　）管	（　）管	（　）管	（　）管	

2. 思考题

（1）何谓大肠菌群？它主要包括哪些细菌属？

（2）大肠菌群中的细菌种类一般并非病原菌，为什么要选大肠菌群作为水和食品被污染的指标？

（3）测定自来水中的大肠菌群数时，为什么接种水样的总量要多达 300 mL？接入水样的量为什么不用 1 mL，而要用 10 mL 和 100 mL？

（4）测定水中大肠菌群数时，为什么要用三倍料乳糖胆盐发酵培养基？

（5）为什么伊红美蓝琼脂培养基能够作为检测大肠菌群的鉴别性培养基？

（6）比较用多管发酵法与滤膜法检测大肠菌群数的优缺点。

（7）通过大肠菌群数的测定，试评述你所检测的自来水，水源水，液态食品和固态食品的卫生状况。

表 5-12 自来水中总大肠菌群数检数表

10 mL 水量的阳性管数 \ 100 mL 水量的阳性管数	0	1	2
	每升水样中大肠菌群数	每升水样中大肠菌群数	每升水样中大肠菌群数
0	<3	4	11
1	3	8	18
2	7	13	27
3	11	18	38
4	14	24	52
5	18	30	70
6	22	36	92
7	27	43	120
8	31	51	161
9	36	60	230
10	40	69	>230

注：接种水总量 300 mL，其中，100 mL 2 份，10 mL 10 份。

表 5-13 水源水中总大肠菌群数检数表

接种水样量/mL				每升水样中总大肠菌群
100	10	1	0.1	
－	－	－	－	<9
－	－	－	＋	9

续表

接种水样量/mL				每升水样中
100	10	1	0.1	总大肠菌群
−	−	+	−	9
−	+	−	−	9.5
−	−	+	+	18
−	+	−	+	19
−	+	+	−	22
+	−	−	−	23
−	+	+	+	28
+	−	−	+	92
+	−	+	−	94
+	−	+	+	180
+	+	−	−	230
+	+	−	+	960
+	+	+	−	2380
+	+	+	+	>2380

注：接种水样总量 111.1 mL，其中 100 mL、10 mL、1 mL、0.1 mL 各 1 份。"+"表示大肠菌群发酵阳性，"−"表示大肠菌群发酵阴性。

表 5-14 大肠菌群最可能数(MPN)检索表

阳性管数			MPN	95%可信限	
1 mL(g)×3	0.1 mL(g)×3	0.01 mL(g)×3	100 mL(g)	下限	上限
0	0	0	<30	<50	90
0	0	1	30		
0	0	2	60		
0	0	3	90		
0	1	0	30		
0	1	1	60		
0	1	2	90		
0	1	3	120		
0	2	0	60	<5	130
0	2	1	90		
0	2	2	120		
0	2	3	160		
0	3	0	90		
0	3	1	130		
0	3	2	160		
0	3	3	190		

续表

阳性管数			MPN	95%可信限	
1 mL(g)×3	0.1 mL(g)×3	0.01 mL(g)×3	100 mL(g)	下限	上限
1	0	0	<40		
1	0	1	70	<5	200
1	0	2	110	10	210
1	0	3	150		
1	1	0	70		
1	1	1	110	10	230
1	1	2	150	30	360
1	1	3	190		
1	2	0	110		
1	2	1	150	30	360
1	2	2	200		
1	2	3	240		
1	3	0	160		
1	3	1	200	10	360
1	3	2	240	30	370
1	3	3	290		
2	0	0	90		
2	0	1	140	30	440
2	0	2	200	70	890
2	0	3	260		
2	1	0	150		
2	1	1	200	40	470
2	1	2	270	100	1500
2	1	3	340		
2	2	0	210		
2	2	1	280		
2	2	2	350		
2	2	3	420		
2	3	0	290		
2	3	1	360		
2	3	2	440		
2	3	3	530		
3	0	0	230	40	1200
3	0	1	390	70	1300
3	0	2	640	150	3800
3	0	3	950		
3	1	0	430	70	2100
3	1	1	750	140	2300
3	1	2	120	300	380
3	1	3	160		

续表

阳性管数			MPN	95%可信限	
1mL(g)×3	0.1mL(g)×3	0.01mL(g)×3	100mL(g)	下限	上限
3	2	0	930	150	3 800
3	2	1	1 500	150	3 800
3	2	2	2 100	300	4 400
3	2	3	2 900	350	4 700
3	3	0	2 400	360	1 300
3	3	1	4 600	360	1 300
3	3	2	11 000	710	24 000
3	3	3	24 000	1 500	48 000

注：(1)本表采用3个稀释度 1 mL(g)、0.1 mL(g)、0.01 mL(g)，每个稀释度3倍；

(2)表内所列验样量如改用 10 mL(g)、1mL(g)、0.1 mL(g)时，表内数字应降低 10 倍；如改用 0.1 mL(g)、0.01 mL(g)和 0.001 mL(g)时，则表内数字相应增加 10 倍。其余类推。

第三节　噬菌体的检测技术

在以细菌和放线菌为菌种的工业微生物发酵生产中，有时会出现噬菌体的感染（图 5-9）。在短短的几个小时内，发酵液中的菌体全部被破坏，不能再继续发酵积累产物。轻则减产，重则倒罐，给发酵工业带来了严重的威胁并造成重大的经济损失。

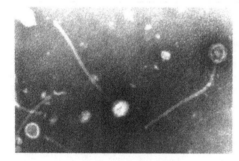

图 5-9　谷氨酸发酵感染的噬菌体

噬菌体的来源主要有三方面：①生产菌种本身携带有噬菌体，必须进行分离纯化。也有可能所使用的菌种是溶源性菌，必须进行检测确证；②生产环境存在有噬菌体，尤其是长期使用某种菌种的工厂，又不注意环境的净化，使周围空气中含有较多噬菌体，容易造成污染；③相近类型的噬菌体发生自然变异，使其对生产菌敏感而侵染。

噬菌体侵染发酵过程的主要途径有：①种子带噬菌体进入发酵罐；②无菌空气中含有噬菌体，通气时带入发酵罐；③生产设备（主要是种子罐和发酵罐）有"死角"（无法彻底灭菌之处）或渗漏（如冷却排管渗漏）；④灭菌不彻底、操作不严等。

当噬菌体与敏感宿主菌混合于琼脂培养基中培养时，噬菌体便侵染宿主细胞，释放出子代噬菌体并通过琼脂再扩散到周围的细胞中，继续侵染引起更多的细胞裂解，从而在平板的菌苔上形成一个个肉眼可见的无菌、透亮、近圆形的空斑，称为噬菌斑（图 5-10）。噬菌斑是由一个噬菌体粒子在菌苔上逐步形成的噬菌体群体所造成的。每种

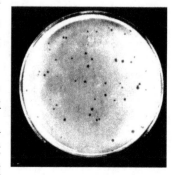

图 5-10　噬菌斑

噬菌体的噬菌斑都具有一定的形状、大小、透明度和边缘特征，故可用于噬菌体的鉴定、计数和纯种分离。

在利用细菌和放线菌为菌种的发酵工业生产中，为了有效地防治噬菌体的危害，常常需要通过测定噬菌斑来检查噬菌体的存在与否或数量的多少。在科学实验中也常常需要测定某种噬菌体的效价（titer）。所谓效价，是指每毫升试样中所含有的侵染性噬菌体粒子数，又称噬菌斑形成单位，简称成斑单位（plaque forming unit，用 pfu 表示）。

实验二十二　噬菌体的检查及其效价测定

一、目 的 要 求

（1）了解噬菌体检查及其效价测定的基本原理。
（2）学会噬菌体的检查及其效价测定的基本操作方法。
（3）学会观察识别噬菌斑。

二、基 本 原 理

噬菌体是一种超显微的没有细胞结构的专性活细胞寄生的大分子生物。必须在高倍电子显微镜下才能看清其个体。

噬菌斑是噬菌体存在的一种特征标志，由此检出噬菌体的存在。用于观察噬菌斑或测定效价用的宿主菌称为指示菌（indicator）。

在利用细菌和放线菌为菌种的发酵工业生产中，为了有效地防治噬菌体的危害，常常需要通过测定噬菌斑来检查噬菌体的存在与否或数量的多少。

噬菌体效价测定就是测定 1 mL 样品液中含有的活性噬菌体颗粒的数量。效价测定的方法，一般采用双层琼脂平板法。理论上一个噬菌体应形成一个噬菌斑，但由于有少数活噬菌体可能未引起感染，故噬菌斑计数的结果一般比实际活噬菌体数偏低。为了准确地表达待检噬菌体悬液的浓度（效价），一般不用噬菌体粒子的绝对数量，而是用噬菌斑形成单位（pfu）表示。

进行噬菌体检查或效价测定必须先准备下列四种材料。

（1）待检含噬菌体样品液：如种子液、发酵液或其他待检液，一般需经离心后取上清液，并进行适当倍数的稀释。

（2）指示菌液（即敏感宿主菌菌液）：一般采用培养至对数生长期的菌液或由新培养好的斜面菌种制成的细胞悬浮液。

（3）pH 7.0 的 1%蛋白胨水：用于待检液的稀释。

（4）噬菌体检查用培养基：单层培养基（1.0%～1.5%琼脂）、底层固体培养基（2%琼脂）、上层半固体培养基（0.6%～0.8%琼脂）。

噬菌体检测的方法有多种，如载玻片快速法、平板点滴法、单层琼脂培养基法、双层琼脂培养基法、离心分离加热法等，其中双层琼脂培养基法和单层琼脂培养基法也可用于噬菌体的效价测定。

1. 平板点滴法

将指示菌液与50℃的单层培养基充分混匀并倾注平板（或直接将指示菌均匀涂布于培养基表面）待充分凝固后，用接种环取噬检液点滴于平板上（3或4点，勿弄破琼脂面）。培养6～10 h后，可见明显的由噬菌体群体共同裂解指示菌而形成的大型无菌斑。采用此法进行噬菌体检查的优点是快速、简便、清晰易见（图5-11A）。

2. 单层琼脂法

将指示菌液和经适当稀释的噬检液与单层培养基一起倾注平板。充分混匀并凝固后，置于适温下培养约12 h，观察计数。此法较简便，可用于噬菌体的效价测定。但若培养基较厚易产生上下两个噬菌斑重叠现象，影响计数的准确性（图5-11B）。

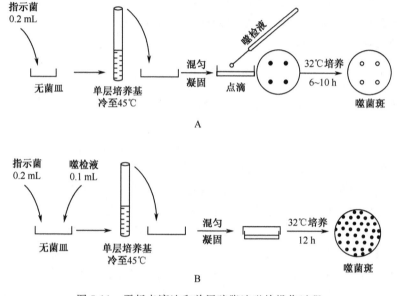

图5-11 平板点滴法和单层琼脂法噬检操作过程
A. 平板点滴法；B. 单层琼脂法

3. 双层琼脂法

先用含2%琼脂的固体培养基倾注底层平板，再在其上倾注一薄层半固体上层培养基，上层培养基事先已与指示菌液和噬检液混合均匀。经适温培养后，便可观察计数。此法的优点是所形成的全部噬菌斑基本处于同一平面上，因而各斑大小均匀，边缘清晰易见，不发生上下噬菌斑重叠现象。此外，因上层半固体培养基较稀，使形成的噬菌斑较大，也有利于计数。因此，该法是一种被普遍采用并能精确测定噬菌体效价的方法（图5-12）。

三、实 验 器 材

1. 微生物菌种

谷氨酸菌噬菌体，谷氨酸短杆菌（*Brevibacterium glutamicus*）。

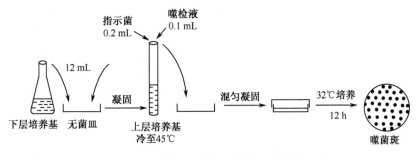

图 5-12 双层琼脂法测定噬菌体效价操作过程

2. 培养基与试剂

下层培养基，上层培养基，单层培养基，蛋白胨水。

3. 仪器设备

超净工作台，恒温培养箱，高压灭菌锅，水浴锅，电子天平，电炉。

4. 器具及其他材料

常用玻璃器皿，铜锅，酒精灯，试管架，接种环。

四、实验内容及操作步骤

（一）噬菌体的检查

1. 指示菌用培养基的配制

① 分别称取葡萄糖 2.5 g，尿素 0.5 g，玉米浆 2 g，K_2HPO_4 0.1 g，加水溶解并定容至 100 mL，调 pH 6.8~7.0，再加入 $MgSO_4$ 0.04 g。② 分装入 2 个 250 mL 三角瓶中（40 mL/瓶），瓶口包扎八层纱布，并覆盖牛皮纸防潮。③ 于 121℃灭菌 15 min。

2. 噬菌体检查用培养基的配制

（1）配制单层培养基。① 分别称取：葡萄糖 2 g，蛋白胨 1 g，尿素 0.4 g，玉米浆 2 g，K_2HPO_4 0.1 g。② 加水溶解并定容至 200 mL，调 pH 6.8~7.0。③ 再加入 $MgSO_4$ 0.04 g，$MnSO_4$ 0.04 g，琼脂 3 g，加热使琼脂熔化，补足水分。④ 分装于大试管（10 mL/支），包扎，灭菌备用。

（2）配制蛋白胨水。① 称取蛋白胨 1 g，加水 100 mL 溶解，调 pH 7.0。② 装入小锥形瓶，包扎，灭菌备用。

3. 噬菌体待检液的制备

（1）取谷氨酸短杆菌斜面菌种一环，接入装有 50 mL 种子培养液的 250 mL 锥形瓶中，置于 32℃振荡培养 2~3 h。

（2）加入少量噬菌体（置于安瓿管中冻干保存的噬菌体种），继续培养 10~12 h，镜检观察裂解情况。

（3）取该培养液约 10 mL 于离心管中，以 4000 r/min 离心 30 min。

（4）吸取上清液用蛋白胨水按 10 倍稀释法进行适当倍数的稀释，备用。

4. 指示菌液的制备

（1）在超净工作台上，用接种环以无菌操作，取一满环经活化的谷氨酸菌斜面菌苔，接入装有 40 mL 一级种子培养基的三角瓶中。

（2）加盖八层纱布（切勿盖纸），用线扎紧并打活结。

（3）置于往复式摇床上（冲程 8 cm，往复次数 100 次/min），于 32 ℃振荡培养 10～12 h，可暂存放冰箱，备作噬检指示菌。

5. 平板点滴法噬检（图 5-11 A）

（1）熔化培养基。① 将单层培养基放入沸水浴中加热，待充分熔化。② 再放入 45～48℃水浴锅中保温。

（2）加指示菌倒入培养基。① 用无菌吸管吸取指示菌液 0.2 mL 于一个无菌培养皿中。② 倒入冷却至 45～48℃的单层培养基，迅速振摇充分混匀。

（3）点滴噬检液于平板。待充分凝固后，用接种环取噬检液点滴于平板上（3 或 4 点，勿弄破琼脂面）。

（4）培养与观察。置于 32℃温箱中培养 8～10 h，观察所形成的无菌空斑。

6. 单层琼脂平板法噬检（图 5-11 B）

（1）熔化培养基。① 将单层培养基放入沸水浴中加热熔化。② 放入 45～48℃水浴中保温，备用。

（2）加指示菌及噬检液。于无菌培养皿中加入指示菌液 0.2 mL 和噬检液 0.1 mL。

（3）混入培养基。倒入冷却至 45～48℃的单层培养基，迅速振摇充分混匀。

（4）培养与观察。待凝固后，倒置于 32℃温箱中培养约 12 h，观察所形成的噬菌斑。

（二）噬菌体的效价测定

应用双层琼脂平板法测定噬菌体效价。

1. 配制下层培养基

（1）称取牛肉膏 1 g，蛋白胨 2 g，NaCl 1 g，加水 200 mL 溶解，调 pH 7.0～7.2。

（2）装入 500 mL 锥形瓶中，再加入 4 g 琼脂，包扎灭菌备用。

2. 配制上层培养基（半固体）

（1）分别称取：葡萄糖 1 g，蛋白胨 0.5 g，尿素 0.2 g，玉米浆 1 g，K_2HPO_4 0.05 g，加水溶解并定容至 100 mL，调 pH 6.8～7.0。

（2）再加入 $MgSO_4$ 0.02 g、$MnSO_4$ 0.02 g、琼脂 0.8 g，加热使琼脂熔化，补足水分。

（3）分装于小试管（5 mL/支），包扎，灭菌备用。

3. 配制蛋白胨水

同噬菌体检查用培养基的配制。

4. 噬检液的稀释

（1）用 10 mL 无菌吸管吸取 4.5 mL 蛋白胨水于一支无菌试管中。

（2）加入 0.5 mL 噬检液，充分振荡混合均匀，即为经十倍稀释的噬检液（10^{-1}）。

（3）如法依次稀释至 10^{-10}（视噬检液浓度而异）。

5. 噬菌体效价测定（图 5-12）

（1）倒下层培养基。① 熔化下层培养基，冷却至约 50℃（减少冷凝水）。② 倒入无菌培养皿（10~15 mL/皿），制成底层平板，凝固备用。

（2）准备上层培养基。① 熔化上层培养基 10 支，冷却至不烫手。② 置于 45℃水浴中保温。

（3）加入指示菌和噬检液。① 向每支上层培养基试管中加入指示菌液 0.2 mL。② 分别顺次加入稀释度为 10^{-6}~10^{-10} 的噬检液 0.1 mL（每个稀释度平行做 2 支）。③ 稍加摇动混匀（避免生气泡）。

（4）铺双层平板。① 迅速倒入原先已凝固的下层平板上铺平。② 待凝固后正置于 32℃温箱中培养约 12 h。③ 同时做不加噬检液的双层平板作为对照。

（5）计算噬菌体效价。① 计算同一稀释度的 2 个平板上的平均噬菌斑数。② 按下式计算效价：

噬菌体效价（pfu/mL）= 同一稀释度的平板上的平均噬菌斑数×稀释倍数 /0.1（噬检液量）。

五、实验注意事项

（1）在用平板点滴法噬检时，倒入的单层培养基需冷却至 45~48℃，以免烫死指示菌。

（2）在应用单层琼脂平板法噬检或用双层琼脂平板法测定噬菌体效价时，为避免烫死噬菌体和指示菌，倒入的单层培养基或上层培养基也必须冷却至 45~48℃。

（3）由于平板上形成的一个噬菌斑，不一定是只由单一噬菌体感染宿主细胞后产生的，所以样品中噬菌体的浓度（效价），一般不用噬菌体颗粒的绝对数量表示，而是用噬菌斑形成单位（pfu）表示。

（4）检测噬菌斑所采用的双层平板法中，若上层半固体培养基的琼脂浓度过低，上层培养基易滑动。

（5）用双层琼脂法测定噬菌体效价宜采用低感染复数（multiplicity of infection，MOI）。所谓感染复数，是指感染时噬菌体与细菌细胞的数量比值。

（6）指示菌密度是在平板上获得清晰噬菌斑效果的重要因素之一，其细胞密度不宜过高或过低，一般控制在 $1×10^7$~$5×10^7$ 个细胞/mL 为宜。

（7）由于从噬菌体感染宿主细胞，到最后形成噬菌斑整个过程中，所涉及的因素很多，故噬菌斑计数的实际效率不可能达到 100%。

六、实验报告与思考题

1. 实验结果

（1）用自行设计的图示法表示三种噬检法的过程及结果，并加以说明。

（2）统计并记录同一稀释度平板上出现的噬菌斑数，并计算噬菌体待检液的效价（没得到结果者需加讨论，查找原因）。

2. 思考题

（1）能不能直接用培养基来培养噬菌体？为什么？

（2）何谓指示菌？检查谷氨酸菌噬菌体能否用大肠杆菌作为指示菌？为什么？

（3）进行噬菌体效价测定时，在操作上应注意哪些问题？

（4）如何证实获得的裂解液中确有噬菌体存在呢？

（5）如何由噬菌体冻干粉（于安瓿管中保存），获得高效价的噬菌体裂解液呢？

（6）某抗生素生产厂在发酵生产林可霉素（lincomycin）时发现生产情况不正常，若是感染了噬菌体，其主要表现是什么？如何证实你的判断是否正确？

第六章　工业微生物生理与发酵试验技术

不同的微生物具有不同的酶系（含胞内酶和胞外酶），因而在其生命活动过程中，表现出不同的生理特性，在代谢类型上表现出很大的差异，例如，对大分子糖类（碳源）和蛋白质（氮源）的分解能力，以及分解代谢的最终产物等有很大的不同。微生物对环境中的温度、pH、氧气、渗透压等理化因素的要求及敏感性等也有很大的差异，这些因素都能影响微生物的生长。

在微生物生活细胞中产生的全部生物化学反应称为代谢，代谢过程实际上是酶促反应过程。可将微生物酶系分为胞内酶和胞外酶两大类，胞内酶是存在于细胞内的具有催化功能的蛋白质，胞外酶则是从细胞中释放出来的，催化细胞外化学反应的蛋白质。

我们必须了解不同工业微生物的生理特性，并熟悉其生理与发酵试验技术。将这些不同的生理特性，作为微生物分类鉴定和菌种选育的依据；利用它们的多种发酵类型和代谢产物，更有效地为发酵工业作贡献。

本章的主要内容包括：①工业微生物生理生化试验技术；②工业微生物发酵试验技术。本章共设置十个实验，其中实验二十三～二十六为基础性实验，实验二十七～三十二为大型综合性实验。

第一节　工业微生物生理生化试验技术

本节中，将通过各种微生物对碳源的利用试验、对氮源的利用试验、环境因素对微生物生长影响的试验等三个系列实验，来证明不同微生物生理生化功能的多样性。

1. 微生物对碳源的利用

凡可被微生物利用作为组成细胞物质和代谢产物中碳素来源或能源的营养物质，称为碳源。碳源是微生物需要量最大的、最基本的营养要素，能作为微生物碳源的物质，种类很多，常见的有糖类、醇类和脂类，而其中最主要的是各种糖类。

微生物的种类不同，对各种碳源的利用能力也不同，对于异养的工业微生物而言，糖类是最好的碳源。糖发酵试验是常用的生理生化试验，在肠道细菌的鉴定中尤为重要。绝大多数微生物都能利用糖类作为碳源和能源，但是各种微生物在分解糖类的能力上有很大差别。

可供糖发酵试验用的各种糖类有：戊糖、己糖、双糖类、三糖类、多糖类、糖苷类等。

微生物不能直接利用大分子碳源物质，如淀粉和脂肪，必须依靠微生物产生的胞外酶将大分子物质分解后，才能吸收利用。胞外酶主要为水解酶，通过加水裂解大分子物质为小分子化合物，使这些小分子化合物能被运输至细胞内。如淀粉酶能把淀粉水解为小分子的糊精、双糖和单糖，脂肪酶能把脂肪水解为甘油和脂肪酸等。这些水解过程和结果，都可通过观察微生物菌落周围的物质变化来证实。

2. 微生物对氮源的利用

凡能被微生物用于构成细胞物质和代谢产物中氮素来源的营养物质，都称为氮源。氮素是构成微生物细胞中的蛋白质和核酸的主要元素。氮的来源可分为无机氮和有机氮。就微生物的总体而言，从分子态氮到复杂的含氮化合物，包括硝酸盐、铵盐、尿素、胺、酰胺、嘌呤碱、嘧啶碱、氨基酸、肽、蛋白质和氰化物等都可利用。微生物除了可以利用各种蛋白质和氨基酸作为氮源外，当缺乏糖类物质时，也可用它们作为碳源和能源。

某些微生物能利用复杂的有机含氮化合物，它们能分泌胞外蛋白酶，将蛋白质分解为小分子肽、氨基酸，然后再吸收。不同微生物对不同的含氮化合物的分解利用情况仍有很大差别，故对氮素的需要就成为微生物分类的依据之一，且对发酵培养基组成的设计也可作为一种依据。工业微生物对于氮源的利用，主要是看其对蛋白质、蛋白胨、氨基酸、铵盐和硝酸盐的利用能力。

3. 环境因素对微生物生长的影响

微生物的一切生命活动都离不开环境。同样的微生物在不同环境中会有不同的表现，因此研究微生物不能脱离环境条件。环境条件对微生物生长繁殖的影响大致可分为三类：第一类是适宜的环境，微生物能正常地进行生命活动；第二类是不适宜的环境，微生物正常的生命活动受到抑制或被迫暂时改变原有的一些特性；第三类是恶劣的环境，微生物死亡或发生遗传变异。

微生物的生长繁殖受到各种环境条件的影响，可分为物理因素和化学因素的影响。对微生物生长繁殖有影响的物理因素主要包括温度、水分、表面张力和辐射等。对微生物生长和生存有影响的化学因素，除了营养物质外，主要还包括氢离子浓度（pH）、氧化还原电位（溶解氧）等。

不同的微生物对各种环境因素的敏感性不同，这与它们的生理特性密切相关。掌握环境因素对特定微生物的影响情况，有利于采取各种适当方法，促进或抑制微生物的生长，有助于为其提供良好的环境条件，促使特定的微生物大量繁殖或产生大量有益的代谢产物。

本节仅以营养、温度、pH和溶解氧等环境因素为代表，试验其对微生物生长的影响。微生物的生长繁殖需要适宜的营养，包括碳源、氮源、无机盐、微量元素、生长因子等，这些营养要素都是微生物生长所必需。在研究和生产中，都需要了解微生物对各种营养物质的需求及其对微生物生长代谢的影响。

温度是通过影响酶和蛋白质的合成和活性，影响核酸等生物大分子的结构与功能，影响细胞结构（细胞膜的液晶结构、流动性及完整性），从而影响微生物的生长繁殖和新陈代谢的。过高的环境温度会导致蛋白质或核酸的变性失活，而过低的温度会使酶活力受到抑制，使细胞的新陈代谢活动减弱。

pH（氢离子浓度）与微生物的生命活动有着密切的联系，pH对微生物生命活动的影响表现为pH的变化使蛋白质、核酸等生物大分子所带电荷发生变化，从而影响其生物活性；pH的变化引起细胞膜电荷变化，导致微生物细胞吸收营养物质的能力改变；pH的变化改变环境中营养物质的性质及有害物质的毒性。pH对微生物的影响，主要是指培养基或环境中的pH的影响。

不同微生物生长时对氧的要求不同，可分为需氧、微需氧、兼性厌氧与厌氧四类。对于需氧微生物，将空气或氧气通入培养基，是获得高氧化还原电位最常用的办法，但分子氧难溶于水，实际上影响微生物生长的是溶于水中的分子氧，即溶解氧。

实验二十三　微生物对碳源的利用试验

一、目的要求

（1）了解微生物糖类发酵试验的原理和在微生物鉴定中的重要作用。
（2）学习掌握淀粉水解和脂肪水解试验的基本原理和具体操作技术。
（3）证明由于不同微生物有着不同的酶系，故对大分子有机物质的水解能力不同。

二、基本原理

碳源是微生物需要量最大的最基本的营养要素，能作为微生物碳源的最主要的物质是各种糖类和脂类。

所谓糖类，包括复杂的多糖类（纤维素、淀粉）、低聚糖类（棉籽糖、水苏糖等）、双糖类（麦芽糖、蔗糖、蜜二糖、乳糖等）、单糖类（葡萄糖、果糖、半乳糖、戊糖等）、醇类（乙醇、甘油、甘露醇）和糖苷类等，范围十分广泛。

绝大多数细菌和酵母菌都能利用糖类作为碳源和能源，但它们在分解糖类物质的能力上有很大差异，例如，有些细菌能分解某种糖产生有机酸（乳酸、乙酸、甲酸、丙酸、琥珀酸等）和气体（二氧化碳、氢气、甲烷等），有些细菌则只产酸不产气。

进行糖类发酵试验主要是研究多种糖类能否被微生物利用作为碳源或能源，是常用的鉴别微生物的生理生化反应，在肠道细菌的鉴定上尤为重要。发酵培养基中分别含有不同的糖类，当微生物发酵产酸时，培养液中的溴甲酚紫指示剂可由紫色（pH 6.8）变为黄色（pH 5.2）；而微生物发酵产气时，培养液中倒置的杜氏小管中会充有气泡，从而得以定性。

微生物对大分子的淀粉不能直接利用，必须依靠其产生的胞外酶（水解酶），将淀粉分解成较小的化合物，才能被运输至细胞内为微生物所吸收利用。淀粉酶能水解淀粉成为小分子的糊精、双糖和单糖，此过程可通过观察细菌菌落周围的物质变化来证实。

淀粉遇碘液会产生蓝色反应产物，但细菌水解淀粉后的区域，用碘测定不再显示蓝色，平板上的菌落周围出现透明圈，表明该细菌能产生淀粉酶，以此鉴别不同细菌。

脂肪也是碳源之一，微生物对大分子的脂肪不能直接利用，必须依赖其产生的胞外脂肪酶，将脂肪分解成小分子的甘油和脂肪酸，才能被微生物所吸收利用。

脂肪被脂肪酶水解后产生的脂肪酸，可改变培养基的 pH，使 pH 降低。加入培养基中的中性红指示剂，会使培养基从淡红色变为深红色，说明微生物能产生胞外脂肪酶。

三、实验器材

1. 微生物菌种

细菌（大肠杆菌、谷氨酸短杆菌、枯草杆菌、乳酸杆菌），酵母菌（酿酒酵母、热带假丝酵母）。

2. 培养基与试剂

蛋白胨水培养基，淀粉琼脂培养基，油脂琼脂培养基，12%豆芽汁。

待测糖液（戊糖、葡萄糖、蔗糖、麦芽糖、半乳糖、乳糖、棉籽糖），卢哥氏（Lugol's）碘液。

3. 仪器设备

超净工作台，恒温培养箱，冰箱，高压灭菌锅。

4. 其他材料

试管，杜氏小管，常用玻璃器皿，酒精棉球，酒精灯，接种环，恒温箱等。

四、实验内容及操作步骤

1. 细菌的糖类发酵试验（图 6-1）

（1）配制蛋白胨水培养基：蛋白胨 0.5 g，K_2HPO_4 0.2 g，蒸馏水 100 mL，1.6%溴甲酚紫乙醇溶液 1.5 mL，pH 7.6，分装 10 mL/管（内放倒置杜氏小管）。121℃灭菌 15 min。

（2）另配浓度为 20%的各种糖溶液（每种 10 mL），112℃灭菌 30 min。

（3）向每管蛋白胨水培养基中加入待测糖液 0.5 mL，用记号笔在各试管上分别标明培养基名称和待测菌种名。

（4）向每种糖类发酵培养基中分别接入各待测菌，留 1 支不接种的培养基作为对照。

（5）接种后，轻轻摇动混匀，将全部试验管置于 37℃温箱中培养 24～48 h。

（6）取出观察各试管中培养基的颜色是否变为黄色及杜氏小管中有无气泡生成。

2. 酵母菌的糖类发酵试验（图 6-1，图 6-2）

（1）配制 12%的豆芽汁（无糖基础液）：取黄豆芽 12 g，加水 100 mL，煮沸 20 min，过滤取汁，补足水至 100 mL。

（2）分装于含杜氏小管的试管中（10 mL/管），于 0.1 MPa 灭菌 15 min（若用艾氏管，则应先将艾氏管和豆芽汁分别灭菌后，再用无菌移液管分装）。

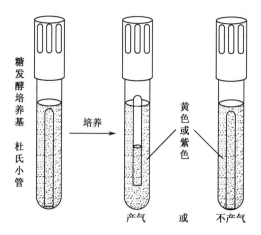

图 6-1 细菌糖类发酵试验（杜氏管）

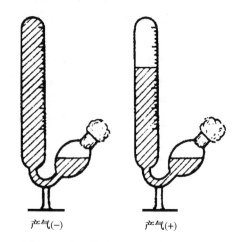

图 6-2 酵母菌糖类发酵试验（艾氏管）

(3) 将待测试的糖类分别用无菌水配制成10%的溶液,煮沸15 min,冷却备用。

(4) 用记号笔在各试管(或艾氏管)上分别标明培养基(糖类)名称和待测菌种名。

(5) 用无菌移液管各吸取2 mL的糖液,分装于对应试管(或艾氏管)内的豆芽汁无糖基础液中,使糖浓度达到2%。

(6) 将新鲜的待测酵母菌(酿酒酵母、热带假丝酵母)菌种接于发酵管中,留1支不接种的发酵管作为对照。

(7) 接种后,轻轻摇动混匀,将全部发酵管置于25～28℃温箱中培养2～3天。

(8) 取出观察,若小管顶部有CO_2气体时,说明该菌能发酵被测的这种糖(用艾氏管时,气体集中于封闭一端的顶部)。

3. 淀粉水解试验

(1) 预先配制好淀粉琼脂培养基:蛋白胨1 g,NaCl 0.5 g,牛肉膏0.5 g,可溶性淀粉0.2 g,蒸馏水100 mL,琼脂2 g,pH 7.2～7.4,121℃灭菌20 min。

(2) 使用时,将凝固的淀粉琼脂培养基放入沸水浴中熔化,冷却至约50℃,以无菌操作倒制成平板。

(3) 用接种环分别取少量待测菌,分别轻轻点种在三个平板上(每个平板分开各点4点),贴上菌名标签。

(4) 将接好种的平板倒置在34℃恒温箱中培养1～2天。

(5) 观察各种细菌的生长情况,打开平皿盖子,滴入少量卢哥氏碘液于琼脂平板上,轻轻旋转平板,使碘液均匀铺满整个平板。

(6) 观察菌苔周围是否出现无色透明圈(图6-3),若有,说明淀粉已被淀粉酶水解,测试结果为阳性,反之为阴性。透明圈的大小可初步判断该菌水解淀粉能力的强弱,即产生胞外淀粉酶活力的高低。

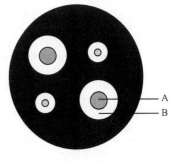

图6-3 淀粉水解试验示意图
A. 菌苔;B. 透明圈

4. 脂肪水解试验

(1) 预先配制好油脂琼脂培养基:蛋白胨1 g,牛肉膏0.5 g,NaCl 0.5 g,香油或花生油1 g,1.6%中性红水溶液0.1 mL,琼脂2 g,蒸馏水100 mL,pH 7.2,121℃灭菌20 min。

(2) 将油脂琼脂培养基熔化,待冷却至50℃左右时,充分摇荡,使油脂均匀分布。以无菌操作倾注平板,凝固后备用。

(3) 用记号笔在平板底部划分成3或4部分,分别标上待接种的菌名。

(4) 用接种环取少量待测菌的菌苔,分别以无菌操作点涂于平板对应部分的中心位置。

(5) 将已接种的平板倒置,于37℃温箱中培养约24 h。

(6) 取出平板,观察菌苔颜色。如出现深红色斑点,说明脂肪能被水解,为阳性反应,反之则为阴性反应。

五、实验注意事项

(1) 在糖类发酵试验中,灭菌后杜氏小管中的空气应彻底排除,才可用于接种及试验。

（2）在接种后，应轻缓摇动试管使培养物均匀，防止倒置的小管内进入气泡。

（3）在糖类发酵试验中，分别向含糖培养液中接入各待测菌时应同时留 1 支不接种的培养液作为对照。

（4）消毒用的 75%乙醇易着火燃烧，在使用时要远离酒精灯明火。

六、实验报告与思考题

1. 实验结果

（1）分别用简图表示糖类发酵试验、淀粉水解试验和脂肪水解试验的操作过程。

（2）将糖类发酵试验的结果填入表 6-1 中。

表 6-1　细菌和酵母糖类发酵试验结果

试验菌		戊糖	葡萄糖	蔗糖	麦芽糖	半乳糖	乳糖	棉籽糖
细菌	大肠杆菌							
	谷氨酸菌							
	枯草杆菌							
	乳酸杆菌							
酵母	酿酒酵母							
	假丝酵母							

注："+""++""+++"表示产酸或产气，"-"表示不产酸或不产气。

（3）将淀粉水解试验和脂肪水解试验的结果填入表 6-2 中。

表 6-2　细菌和酵母淀粉和脂肪水解试验结果

试验菌	细菌				酵母菌	
	大肠杆菌	谷氨酸菌	枯草杆菌	乳酸杆菌	酿酒酵母	假丝酵母
淀粉水解						
脂肪水解						

注："+"表示阳性，"-"表示阴性。

2. 思考题

（1）微生物的糖类发酵试验、淀粉水解试验和脂肪水解试验各依据的是什么原理？

（2）如何解释淀粉酶和脂肪酶是胞外酶而不是胞内酶？

（3）若不利用碘液显色，能否证明微生物酶水解淀粉的发生？

实验二十四　微生物对氮源的利用试验

一、目 的 要 求

（1）了解微生物对氮源利用试验的基本原理。

（2）学习微生物对几种氮源利用试验的具体操作技术。

（3）学习明胶液化、酪蛋白分解、石蕊牛奶、尿素分解和硝酸盐还原五个试验的原理及具体操作技术。

二、基本原理

所谓氮源就是能被微生物利用来构成细胞物质和代谢产物中氮素来源的营养物质，而氮素是构成微生物细胞蛋白质和核酸的主要元素。由于不同微生物对不同氮素的分解利用情况有很大差别，故对氮素的需要和利用的差异，就成了微生物分类鉴别上的重要依据之一，同时也是设计发酵培养基组成的依据之一。

1. 氮源利用试验

对于较简单的含氮化合物，酵母菌的利用程度不一致，因种属而异。是否有生长素存在，也影响酵母菌对含氮化合物的利用能力，生长素存在时，酵母菌对铵盐、尿素及蛋白水解物都能利用，但对硝酸盐的利用仍有差别。

2. 明胶液化试验

明胶是由胶原蛋白经水解产生的蛋白质，在 25℃以下可维持凝胶状态，以固体状态存在，而在 25℃以上明胶就会液化。有些细菌可分泌一种被称为明胶酶的胞外蛋白酶来水解这种蛋白质，使培养这类细菌的明胶培养基由原来的固体状态变成液体状态（明胶液化），甚至在 4℃仍能保持液化状态，表明该细菌能产生蛋白酶。

3. 酪蛋白分解试验

微生物一般对大分子蛋白质都不能吸收利用，因蛋白质不能直接进入细胞。某些微生物具有酪蛋白分解酶，分泌酪蛋白酶于胞外，而有的微生物则不具有酪蛋白酶。具有酪蛋白分解酶的细菌，在酪蛋白琼脂平板上可以分解酪蛋白，使菌落周围形成透明圈，通过透明圈的大小可初步判定酶活力的高低。

4. 石蕊牛奶试验

牛奶中主要含有乳糖和酪蛋白（酪素），有些微生物能发酵乳糖，有些微生物能水解牛奶中的酪素，都可用石蕊牛奶培养基（脱脂牛奶加石蕊）来检测。在牛奶中加入的石蕊是作为酸碱指示剂和氧化还原指示剂，因石蕊在中性时呈淡蓝色，酸性时呈粉红色，碱性时呈紫色；还原时，则自下而上使牛奶褪色，还原成白色。某些细菌能发酵乳糖产酸，使石蕊变成粉红色，当酸度很高时，可使牛奶凝固，形成酸凝乳。某些微生物能产生凝乳酶，使牛奶中的酪蛋白凝结成块，称为凝固作用。

如试验菌能产生蛋白酶，可使酪蛋白水解成氨基酸和肽，则牛奶变得较澄清略透明，表明牛奶已被陈化。若氨基酸被分解，则会引起碱性反应，使石蕊变为紫色。此外，某些细菌能还原石蕊，使试管底部培养液变为白色。

5. 尿素分解试验

有些微生物可以产生尿素酶（脲酶），分解尿素产生氨，但它们利用尿素为氮源的速度有较大差别。酚红指示剂在 pH 6.8 时为黄色，产生尿素酶的细菌分解尿素产生氨，使培养基的 pH 升高，在 pH 升至 8.4 时，酚红指示剂就转变为深粉红色。将试验菌先制成菌悬液，再加入尿素，在几分钟内若酚红指示剂由黄色变为红色，则表示试验菌分解尿素生成氨，脲酶为阳性，如仍为黄色则为阴性反应。此法可免去制备尿素培养基的麻烦，尤其是测定菌的数量少时，试验更为方便。

6. 硝酸盐还原试验

某些细菌能把培养基中的硝酸盐还原为亚硝酸盐、氨和氮等。当向培养液中加入格里斯氏试剂时，若溶液呈现粉红色、玫瑰红色等，为硝酸盐还原阳性反应。若亚硝酸盐继续分解生成氨和氮，则培养基中既没有硝酸盐也没有亚硝酸盐存在，表面上呈阴性反应，当向溶液中加入二苯胺试剂时，如不呈蓝色反应，表示仍为阳性反应；反之，如呈蓝色反应，表示细菌不能还原硝酸盐，培养液中有硝酸盐存在（无亚硝酸盐），为阴性反应。

三、实 验 器 材

1. 微生物菌种

蜡样芽孢杆菌（*Bacillus cereus*），产氨短杆菌（*Brevibacterium ammoniagenes*），枯草芽孢杆菌（*Bacillus subtilis*），嗜酸乳杆菌（*Lactobacillus acidophilus*），酿酒酵母（*Saccharomyces cerevisiae*），卡尔斯伯酵母（*Saccharomyces carlsbergensis*），热带假丝酵母（*Candida tropicalis*）。

2. 培养基与试剂

无氮合成培养基，明胶培养基，酪蛋白培养基，石蕊牛奶培养基，硝酸盐液体培养基。

蛋白胨，尿素，硫酸铵，硝酸钾，酚红指示剂，格里斯氏试剂，二苯胺试剂。

3. 仪器设备

超净工作台，恒温培养箱，冰箱，高压灭菌锅，电炉。

4. 其他材料

常用玻璃器皿，接种针，接种环，酒精棉球，酒精灯等。

四、实验内容及操作步骤

1. 酵母对氮源利用试验

(1) 在试管上标明菌名、氮源（如蛋白胨、尿素、硫酸铵、硝酸钾等）及空白。

(2) 配制无氮合成培养基：葡萄糖 2 g，KH_2PO_4 0.1 g，$MgSO_4$ 0.05 g，豆芽汁 0.5 mL，水洗琼脂 2 g，水 100 mL，pH 6.5，加热熔解。

(3) 分装培养基 10 mL 于试管中，向每管中添加一种氮源 0.05 g，空白对照中不加。121℃灭菌 20 min。

(4) 制成斜面，依次接种待测酵母菌，置于 28～30℃下培养。

(5) 一周后观察并记录，生长情况与空白对照一样者，说明酵母菌不能利用培养基中所添加的那种氮源。

2. 明胶液化试验

(1) 配制明胶培养基：牛肉膏 0.3 g，蛋白胨 1 g，NaCl 0.5 g，水 100 mL，明胶 15 g，pH 7.2～7.4，于 121℃灭菌 30 min 后分装于试管中。

(2) 取几支盛有明胶培养基的试管，用记号笔标明各管中拟接种的菌种的名称。

(3) 用接种针以穿刺法分别接种各待测菌（每个实验小组可选接 2 或 3 种细菌）。

(4) 将接种后的明胶培养基试管置于 20～22℃温箱中，培养 2～4 天。

(5) 观察明胶有无被液化及液化后的形状（若室温较高，可放入冰箱稍冷后再观察）。

3. 酪蛋白分解试验

(1) 配制酪蛋白琼脂培养基：酪素 0.4%，KH_2PO_4 0.036%，$MgSO_4 \cdot 7H_2O$ 0.05%，$ZnCl_2$ 0.0014%，$Na_2HPO_4 \cdot 7H_2O$ 0.107%，NaCl 0.016%，$CaCl_2$ 0.0002%，琼脂 2%，pH 6.5～7.0。配制时，酪素用 0.1% 氢氧化钠溶液水浴加热溶解，然后再加微量元素，调节 pH，加琼脂。121℃灭菌 20 min。

(2) 倒制酪蛋白琼脂培养基平板，冷却凝固备用。

(3) 用记号笔标明各平板中拟接种的菌种的名称。

(4) 用接种针以点种法将试验菌接种于酪蛋白琼脂培养基上。

(5) 置于 37℃恒温箱培养 1～2 天后，观察结果。

(6) 平板中菌苔周围有透明圈者，为酪蛋白分解试验阳性，反之为阴性（图 6-4）。

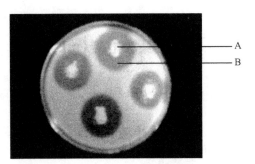

图 6-4 酪蛋白分解试验
A. 菌苔；B. 透明圈

4. 石蕊牛奶试验

(1) 配制石蕊牛奶培养基：脱脂牛奶粉 10 g，石蕊 7.5 mg，水 100 mL，pH 6.8，于 121℃灭菌 15 min 后分装于试管中。

(2) 取数支盛有石蕊牛奶培养基的试管，用记号笔标明各管中欲接种的菌种的名称。

(3) 分别接种各待测菌（每实验小组可选接 2 或 3 种细菌或酵母菌），将接种后的试管置于 35℃下，培养 1～4 天。

(4) 观察石蕊牛奶培养基的颜色变化、凝固反应和胨化结果。

5. 尿素分解试验

(1) 将试验菌接种至其适宜生长的营养培养基斜面上，适温培养 2～3 天。

(2) 取营养培养基斜面上的菌苔，在空试管中制成 2 mL 的浓菌悬液。

(3) 加入 1 滴酚红指示剂，调 pH 至 7.0（黄色）。

(4) 分成两管，向其中一管加入少许（0.05～0.1 g）结晶尿素，另一管不加尿素作为对照。

(5) 观察颜色变化：呈现红色表示脲酶检测结果为阳性，仍为黄色则检测结果为阴性。

6. 硝酸盐还原试验

(1) 配制硝酸盐液体培养基：牛肉膏 0.3 g，蛋白胨 1 g，NaCl 0.5 g，KNO_3 0.1 g，水 100 mL，pH 7.2～7.6，于 121℃灭菌 20 min 后分装于试管中。

(2) 取数支盛有硝酸盐液体培养基的试管，注明待测菌的菌名，分别接入待测菌，每菌株接 2 支，另留 2 支不接种的培养基作对照。置于 37℃培养 1、3、5 天。

(3) 取 6 支干净的空试管，分别倒入少许培养了 1、3、5 天的培养液（各做 2 支），再各滴入一滴格里斯氏试剂 A 液及 B 液。在对照管中同样加入格里斯氏试剂 A、B 液各一滴。

(4) 观察结果：当培养液中滴入格里斯氏试剂 A、B 液后，如溶液变为粉红色、玫瑰红色、橙色、棕色等表示有亚硝酸盐存在，为硝酸盐还原阳性反应；如无红色呈现，则可加入 1 或 2 滴二苯胺试剂，此时如呈蓝色反应，则为阴性反应。如不呈蓝色反应，则仍为阳性反应。

五、实验注意事项

(1) 明胶液化试验中，将试验管从温箱中取出后，注意不要摇动，静置于冰箱中 30 min，取出后立即倾斜试管，观察试管中明胶培养基是否被液化。

(2) 石蕊在牛奶中由于牛奶（pH 近中性）的影响，不呈蓝色而近于紫色，且随时间的延长而下沉，使用前要摇匀。

(3) 石蕊牛奶试验中，接种细菌产酸时，因石蕊被还原，一般不呈红色。

(4) 石蕊牛奶试验中，往往在清楚地看到某种现象时，另一现象已经消失，故连续观察很重要，因为产酸、凝固、胨化各现象是连续出现的。

六、实验报告与思考题

1. 实验结果

(1) 将酵母菌对氮源利用试验的结果填入表 6-3 中，说明酵母菌不能利用哪种氮源。

表 6-3　酵母菌对氮源利用试验结果

试验菌	蛋白胨	尿素	硫酸铵	硝酸钾	空白
酿酒酵母					
啤酒酵母					
假丝酵母					

注："＋"、"＋＋"表示能利用的氮源，"－"表示不能利用的氮源。

(2) 分别用简图表示明胶液化试验、酪蛋白分解试验和石蕊牛奶试验的操作过程。

(3) 将明胶液化试验、酪蛋白分解试验、石蕊牛奶试验、尿素分解试验和硝酸盐还原试验的结果分别填入表 6-4 中（本组未应用的试验菌，可参照其他组的结果）。

表 6-4　细菌对氮源利用试验结果

试验菌	明胶液化	酪蛋白分解	石蕊牛奶	尿素分解	硝酸盐还原
枯草杆菌					
产氨短杆菌					
蜡样芽孢杆菌					
乳酸杆菌					

注："＋"、"＋＋"表示阳性，"－"表示阴性。

2. 思考题

(1) 微生物对氮源利用试验、明胶液化试验、酪蛋白分解试验、石蕊牛奶试验、尿素分解试验和硝酸盐还原试验各依据的是什么原理？

(2) 上述六种试验有何实际用途？请举例说明之。
(3) 接种后的明胶培养基可以在 35℃下培养，在培养后应如何处理才能证明水解的发生？
(4) 石蕊牛奶培养基中的石蕊，为什么能起到氧化还原指示剂的作用？

实验二十五　环境因素对微生物生长的影响试验

一、目的要求

(1) 学习并掌握测定微生物营养需要的基本原理和方法。
(2) 了解温度对不同类型微生物生长的影响并掌握其试验方法。
(3) 学会区别微生物的最适生长温度与最适代谢温度。
(4) 了解 pH 对微生物生长的影响并掌握其试验方法。
(5) 学习确定微生物生长所需最适 pH 条件的方法。
(6) 了解溶解氧对微生物生长的影响并掌握其试验方法。

二、基本原理

微生物在生长代谢过程中，容易受到环境理化因素的影响，如环境中的营养、温度、pH、氧气等。不同的微生物对各种环境因素的敏感性不同，这与它们的生理特性密切相关。

1. 营养因素对微生物生长的影响

微生物的生长繁殖需要适宜的营养。碳源、氮源、无机盐、微量元素、生长因子等都是微生物生长所必需的营养要素，缺少其中一种，微生物便不能正常生长繁殖。由于不同类型微生物利用不同营养物质的能力不同，因此可以通过配制一种缺乏某种营养物质（如碳源）的琼脂培养基，与试验菌混合均匀后倒平板，再将吸附有所缺乏营养物质（各种碳源）的滤纸片粘贴在平板上，在适宜的条件下培养。如果该试验菌能够利用某种碳源，就会在吸附有该种碳源物质的滤纸片周围生长繁殖，形成由许多小菌落组成的菌落圈，而该试验菌不能利用的碳源周围就不会有菌落生长。应用该生长谱法可以测定微生物对各种营养物质的需求。

2. 温度对微生物生长的影响

不同的微生物生长繁殖要求的最适温度不同。根据微生物生长的最适温度范围不同，可将其分为高温菌、中温菌和低温菌，自然界中绝大部分微生物属中温菌。最适生长温度是指微生物群体生长、繁殖最快时的温度，但它并不等于微生物发酵的最适温度，也不等于积累某一代谢产物的最适温度。本实验通过在不同温度条件下培养不同类型微生物，表明不同微生物生长繁殖要求的最适温度不同，并使学生了解微生物的最适生长温度与最适发酵温度的差别。

3. pH 对微生物生长的影响

不同微生物对 pH 条件的要求各不相同，特定微生物只能在一定的 pH 范围内生长，例如，细菌一般在 pH 4~9 生长，酵母菌和霉菌一般在偏酸（pH 3~7）环境中生长。而微生物生长的最适 pH 常限于一个较窄的范围，例如，细菌生长最适 pH 一般为 6.5～7.5，酵母菌和霉菌生长最适 pH 一般为 4～6。微生物对 pH 条件的不同要求，在一定程度上反映出微生物对环境的生理适应能力。微生物在生长过程中，常由于糖降解产酸及蛋白质降解产碱而使环境 pH 发生变化，从而会影响微生物生长，因此可在配制的培养基中加入磷酸盐或碳酸钙作为缓冲剂。大多数培养基富含氨基酸、肽及蛋白质，这些物质可作为天然缓冲剂。本实验通过将不同微生物接种于不同 pH 的培养基中，适温培养后分别测其生长量，从而表明不同微生物对 pH 的不同要求。

4. 溶解氧对微生物生长的影响

实际上影响微生物生长的是溶于水中的分子氧，即溶解氧。根据微生物生长对溶解氧的需求，可将微生物分为四种类型：专性需氧、微需氧、兼性厌氧与专性厌氧。专性需氧菌是通过氧化磷酸化产生能量，以分子氧作为最终氢受体。微需氧菌需要氧，但只能在较低的氧分压下才能正常生长。兼性厌氧菌能够通过氧化磷酸化作用或通过发酵获得能量。专性厌氧菌不但不会利用氧，而且氧对它有毒害作用。若将这些微生物分别培养在含有软琼脂培养基的试管中，就会出现各种不同的生长状况，例如，专性需氧菌呈表面生长，专性厌氧菌在试管底部生长，而微需氧菌和兼性厌氧菌的生长状况则介于两专性菌之间。

三、实验器材

1. 微生物菌种

大肠杆菌（*Escherichia coli*），嗜热脂肪芽孢杆菌（*Bacillus stearothermophilus*），黏质沙雷氏菌（*Serratia marcescens*），嗜酸乳杆菌（*Lactobacillus acidophilus*），短双歧杆菌（*Bifidobacterium breve*），粪产碱杆菌（*Alcaligenes faecalis*），枯草芽孢杆菌（*Bacillus subtilis*）、酿酒酵母（*Saccharomyces cerevisiae*）。

2. 培养基与试剂

无碳合成培养基，无氮合成培养基，牛肉膏蛋白胨斜面培养基，牛肉膏蛋白胨液体培养基，麦芽汁培养基，改良的 TPY 培养基。

木糖，葡萄糖，半乳糖，蔗糖，硫酸铵，硝酸钾，尿素，消化蛋白，无菌生理盐水。

3. 仪器设备

722 型分光光度计，水浴锅，恒温培养箱，电冰箱。

4. 其他材料

接种环，酒精棉球，酒精灯，无菌试管，无菌吸管，无菌大试管，杜氏小管，1 cm 比色杯，直径为 5 mm 的无菌小滤纸片。

四、实验内容及操作步骤

1. 营养因素对微生物生长的影响试验

（1）配制无碳合成培养基（100 mL）：$(NH_4)_2SO_4$ 0.2%，$NaH_2PO_4 \cdot H_2O$ 0.05%，K_2HPO_4 0.05%，$MgSO_4 \cdot 7H_2O$ 0.02%，$CaCl_2 \cdot 2H_2O$ 0.01%。

（2）配制无氮合成培养基（100 mL）：KH_2PO_4 0.1%，$MgSO_4 \cdot 7H_2O$ 0.07%，

葡萄糖 2%。

(3) 将大肠杆菌接种于牛肉膏蛋白胨培养基斜面中，培养 24 h，用无菌生理盐水洗下菌苔，制成菌悬液。

(4) 将无碳合成培养基和无氮合成培养基分别熔化，冷却至 50℃ 左右。倒制无碳培养基和无氮培养基平板各 2 个，冷却凝固。

(5) 分别向其中一个无碳培养基平板及其中一个无氮培养基平板中加入上述大肠杆菌菌悬液并混匀。

(6) 取 1 个无碳培养基平板，用记号笔在皿底划分 4 个区域，并标明要粘贴的各种碳源的名称，另一个无碳培养基平板作为对照。

(7) 另取 1 个无氮培养基平板，如上划分 4 个区域，并标明要粘贴的各种氮源的名称，另一个无氮培养基平板作为对照。

(8) 制取 8 个无菌小圆滤纸片（直径 5 mm），分别蘸取 4 种碳源和 4 种氮源，对号粘贴于培养基平板上的 4 个区域中。

(9) 将平板倒置于 37℃ 温箱中，培养 18～24 h，观察各种碳源和氮源周围有否生长菌落圈，并做记录。

2. 温度对微生物生长的影响试验

(1) 配制牛肉膏蛋白胨培养基，分装于试管中（每管 5 mL），灭菌备用。

(2) 配制麦芽汁培养基，分装于试管中（每管 5 mL），放入杜氏小管，灭菌备用。

(3) 取 24 管牛肉膏蛋白胨液体培养基，分别标明 4℃、20℃、37℃ 和 60℃ 四种温度，每种温度 6 管。

(4) 于同一种温度的 2 支牛肉膏蛋白胨培养基试管上分别标明菌名（大肠杆菌、嗜热脂肪芽孢杆菌、黏质沙雷氏菌），每种菌标 2 支试管。

(5) 以无菌操作在上述试管中分别接入 1 环相应细菌，并分别置于对应温度的培养箱中保温培养 24～28 h。

(6) 观察各菌的生长情况及黏质沙雷氏菌产色素情况。

(7) 在 8 支装有麦芽汁培养基的试管中接入酿酒酵母，分别置于 4℃、20℃、37℃ 和 60℃ 四种温度的培养箱中（每种温度 2 支），培养 24～48 h。

(8) 观察酿酒酵母的生长状况以及发酵产 CO_2 的量，并做记录。

3. pH 对微生物生长的影响试验

(1) 配制牛肉膏蛋白胨液体培养基和 10°Bé 麦芽汁培养基，灭菌后以无菌操作用 1 mol/L NaOH 和 1 mol/L HCl 将两种培养基的 pH 分别调至 3、5、7、9，备用。

(2) 吸取适量无菌生理盐水注入粪产碱杆菌、大肠杆菌及酿酒酵母斜面试管中，用接种环刮下菌苔制成菌悬液，搅匀使细胞分散并调整菌悬液 OD_{600} 值约为 0.05。

(3) 吸取粪产碱杆菌、大肠杆菌菌悬液各 0.1 mL，分别接种于装有 5 mL 不同 pH 的牛肉膏蛋白胨液体培养基的大试管中（每种菌接 4 支）。

(4) 吸取酿酒酵母菌悬液 0.1 mL，分别接种于装有 5 mL 不同 pH 的 10°Bé 麦芽汁培养基的大试管中（共接 4 支）。

(5) 将接种大肠杆菌和粪产碱杆菌的 8 支试管置于 37℃ 温箱中培养 24～48 h，将接种有酿酒酵母的试管置于 28℃ 温箱中培养 48～72 h。

(6) 将上述试管取出,采用 722 型分光光度计测定培养物的 OD_{600} 值,并做记录。

4. 溶解氧对微生物生长的影响试验

(1) 配制改良的 TPY 软琼脂培养基 100 mL,配方如下:葡萄糖 2%,酵母浸出物 1%,胰蛋白胨 0.5%,牛肉膏 0.5%,生长因子 0.5%,K_2HPO_4 0.2%,NaCl 0.3%,L-半胱氨酸盐酸盐 0.1%,琼脂 0.5%,pH 7.5。

(2) 分装于试管中(装量约为试管高度的一半),于 121℃灭菌 15 min,灭菌备用。

(3) 配制麦芽汁软琼脂(0.5%)培养基,分装于试管中(装量约为试管高度的一半),灭菌备用。

(4) 取 1 管麦芽汁软琼脂培养基在水浴锅中熔化。

(5) 待冷却至 50℃,接入酵母菌液 1 mL,轻搅混匀,静置凝固。

(6) 另取 3 管改良的 TPY 软琼脂培养基,放入水浴锅中熔化。

(7) 待冷却至 50℃,取 1 管接入枯草芽孢杆菌菌液 1 mL,轻搅混匀,静置凝固。

(8) 待冷却至 45℃,取 2 管分别接入嗜酸乳杆菌菌液和双歧杆菌菌液各 1 mL,轻搅混匀,静置凝固。

(9) 酵母菌在 30℃下培养 24~48 h,枯草芽孢杆菌、嗜酸乳杆菌和双歧杆菌在 37℃下培养 24~48 h,观察其生长状况,并做记录。

五、实验注意事项

(1) 在测定营养因素对微生物生长的影响时,需用无菌镊子粘贴蘸有各种碳源和氮源的小圆滤纸片,粘贴后切勿再移动。

(2) pH 对微生物生长的影响试验中用的培养基,应于灭菌后以无菌操作将两种培养基的 pH 分别调至 3、5、7、9。若灭菌前先调 pH,则培养基经灭菌后 pH 可能会改变而使试验结果不够准确。

(3) 双歧杆菌为专性厌氧菌,氧对它有毒害作用,故 TPY 软琼脂培养基灭菌后切勿摇动,接种后用无菌玻璃棒轻搅混匀,也切勿摇动,以免混入空气影响其生长。

(4) 枯草芽孢杆菌一般应采用淀粉软琼脂培养基,本实验为了简化操作也一并采用 TPY 软琼脂培养基。

六、实验报告与思考题

1. 实验结果

(1) 将 4 种碳源和 4 种氮源对大肠杆菌生长的影响表示于下图,并说明蘸有各种碳源和氮源的滤纸片周围菌落生长情况以及对照平板的菌落生长情况。

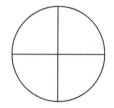 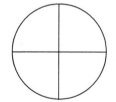

A.接种大肠杆菌的无碳培养基平板　　B.接种大肠杆菌的无氮培养基平板

（2）将四种微生物在不同温度条件下的生长状况、酿酒酵母产气量和黏质沙雷氏菌是否产色素等结果填入表6-5中，并对试验结果加以讨论。

表6-5　四种微生物在不同温度下的生长状况

温度/℃	酿酒酵母		黏质沙雷氏菌		嗜热脂肪芽孢杆菌	大肠杆菌
	生长状况	产气量	生长状况	产色素	生长状况	生长状况
4						
20						
37						
60						

注："−"不生长，"+"生长较差，"++"生长一般，"+++"生长良好。

（3）在pH对微生物生长的影响试验中，将测定培养物OD_{600}值的结果填入表6-6中，并说明三种微生物各自的生长pH范围及最适生长pH。

表6-6　pH对微生物生长的影响试验结果

试验菌	pH3	pH5	pH7	pH9
大肠杆菌				
粪产碱杆菌				
酿酒酵母				

（4）将观察到的溶解氧影响四种不同微生物生长状况，做记录并填入表6-7中：

表6-7　溶解氧对不同微生物生长的影响

试验菌	枯草芽孢杆菌	酵母菌	嗜酸乳杆菌	双歧杆菌
生长部位				
生长状况				

注："−"不生长，"+"生长较差，"++"生长一般，"+++"生长良好。

2. 思考题

（1）测定营养因素对微生物生长的影响试验（一），所使用的方法称为生长谱法。该法根据的是什么原理？在微生物育种及鉴定方面具有哪些用途？

（2）为什么要用大肠杆菌、嗜热脂肪芽孢杆菌、黏质沙雷氏菌和酿酒酵母这4个菌种来做温度对微生物生长的影响试验？

（3）经试验，你认为粪产碱杆菌、大肠杆菌和酿酒酵母生长的pH范围及最适生长pH有哪些不同，为什么会有这些不同？

（4）为什么要用枯草芽孢杆菌、酵母菌、嗜酸乳杆菌和双歧杆菌这4个菌种来做溶解氧对微生物生长的影响试验？

第二节　工业微生物发酵试验技术

现代工业微生物学技术正在向着更有效和可人为控制的方向发展，表现在采用新的育种方法，可定向选育优良菌种，以达到提高产品产量的目的；通过人工方法突破微生物自我调控机制，使微生物能按照人们的要求大量积累某些代谢终产物或中间代谢产物，从而达到大量生产各种各样有用的发酵产品的目的。例如，采用微生物发酵技术，可生产各种有机溶剂、有机酸、抗生素、氨基酸、核苷酸和酶制剂等重要产品。

本节的实验内容包括：酵母菌的乙醇发酵试验，短杆菌的谷氨酸发酵试验，枯草芽孢杆菌的α-淀粉酶发酵试验，乳酸细菌的乳酸发酵试验，固定化酵母细胞发酵生产啤酒，新型固定化酵母细胞发酵生产乙醇和正交试验法优化双歧杆菌发酵培养基7个大型综合性实验。

实验二十六　酵母菌的乙醇发酵试验

一、目的要求

（1）学习掌握酵母菌乙醇发酵试验的基本原理、控制条件和操作方法。
（2）学习发酵后醪液的乙醇蒸馏与测量的具体操作技术。

二、基本原理

在厌氧条件下，酵母菌通过EMP途径，分解己糖（如葡萄糖）生成丙酮酸，丙酮酸脱羧形成乙醛，乙醛还原为乙醇，这一过程称为乙醇发酵。乙醇发酵的类型有三种：通过EMP途径的酵母菌乙醇发酵、通过HMP途径的细菌乙醇发酵和通过ED途径的细菌乙醇发酵。在工业酒精和各种酒类的生产中，乙醇发酵主要是由酵母菌完成的。

酵母菌通过EMP途径分解己糖生成丙酮酸，在厌氧条件和微酸性条件下，丙酮酸继续分解为乙醇。但是，如果在碱性条件下或在培养基中加有亚硫酸盐时，产物就主要是甘油，这就是工业上的甘油发酵。因此，如果酵母菌要正常进行酒精发酵，就必须控制发酵液在微酸性条件。

酵母菌由于其种类不同，乙醇发酵能力的强弱也不同，工业生产上必须采用计量乙醇发酵过程中所生成的二氧化碳和乙醇的量，以及计算其发酵度来测定不同酵母菌种的发酵力。

酵母菌在微酸性糖液中进行发酵作用时，糖会逐渐减少，乙醇及CO_2比例会逐渐增大。CO_2除溶解于醪液中外，都排至容器外面。所以，可通过测定糖液相对密度的减小，或测残糖量的减少，或测乙醇的增加量来确定酵母菌的发酵力。也可通过称发酵瓶减轻的量以得知CO_2生成量（需用发酵栓内盛稀硫酸，吸收随CO_2逸出的水泡），或用NaOH吸收CO_2后再称量，从而确定酵母菌发酵力的强弱。

通过测定醪液的糖度（Brix，糖锤度，即°Bx），可以计算出视发酵度（AP）：

$$AP = [(E-M)/E] \times 100\%$$

式中，E表示未发酵前醪液的糖度，M表示发酵后摇动去除CO_2后醪液的糖度。

因发酵后的醪液含有乙醇，故糖度M不能代表糖的真实残留量，由此计算出的发酵度也称为视发酵度。真正发酵度的计算法，是取发酵后的醪液100 mL，蒸发至50 mL，将乙醇完全驱逐，再用蒸馏水冲兑回100 mL，然后测量其真实糖度（C），则可以计算出真发酵度（RP）：

$$RP = [(E-C)/E] \times 100\%$$

三、实验器材

1. 微生物菌种

酿酒酵母（*Saccharomyces cerevisiae*）AS. 2. 1189 或 AS. 2. 1190。

2. 培养基与试剂

糖蜜培养基，浓硫酸。

3. 仪器设备

超净工作台，恒温培养箱，高压灭菌锅，酒精蒸馏装置，电炉，电子天平。

4. 其他材料

糖度计，温度计，酒精计，发酵瓶，发酵栓，牛皮纸，石蜡，量筒。

四、实验内容及操作步骤

（一）酵母菌酒精发酵试验

1. 糖蜜培养基的配制

(1) 将原糖蜜加水稀释至 40°Bx，用 H_2SO_4 调 pH 4.0，煮沸静置。

(2) 取上清液再稀释至 25°Bx。

(3) 添加 $(NH_4)_2SO_4$ 0.1%，过磷酸钙 0.1%，调 pH 4.5~5.0。

2. 测发酵前糖度（E）

(1) 用糖锤度计和温度计同时测量糖蜜培养基的糖度（°Bx）和温度。

(2) 校正为 20℃ 的糖度（E）。

3. 装瓶、灭菌

(1) 装入 500 mL 发酵瓶中，每瓶 250 mL，加上棉塞，包扎；

(2) 用牛皮纸包扎发酵栓与培养基，一起以 121℃ 灭菌 20 min，备用。

4. 冷却、接种

(1) 待糖蜜培养基冷至约 35℃，贴上标签，注明菌种及接种时间。

(2) 将一管刚用稀糖蜜培养基培养好的酿酒酵母菌液摇匀，用无菌吸管移接 1 mL 入发酵瓶中。

5. 安装发酵栓（硫酸或氯化钙）

(1) 吸取 2.5 mol/L 浓硫酸装入发酵栓，装量以距离出气口管 0.5~1 cm 为度。

(2) 将发酵栓装上发酵瓶，并用石蜡密封瓶口使发酵瓶不漏气（图 6-5）。

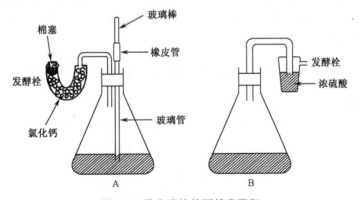

图 6-5 带发酵栓的酒精发酵瓶
A. 氯化钙发酵栓；B. 浓硫酸发酵栓

6. 称重、发酵

(1) 将发酵瓶置于天平上称量并记录总重，移置于 30～32℃ 温箱内静置发酵。

(2) 每天称量一次，至减轻量小于 0.2 g 为止。

（二）酒精蒸馏与测量

1. 测视发酵度（AP）

(1) 摇动发酵瓶，使 CO_2 尽量逸出。

(2) 倒出发酵醪，加水定容至 150 mL。

(3) 测量糖度和温度，并校正为 20℃ 的糖度（M）。

(4) 计算视发酵度（AP）：$AP=[(E-M)/E]\times 100\%$。

2. 蒸馏酒精

(1) 量取 100 mL 发酵液于蒸馏瓶中，并加入 100 mL 水。

(2) 装上冷凝管，加热蒸馏酒精。

3. 测酒精度

(1) 收集馏出液 100 mL，同时测其温度及酒精度。

(2) 查表校正为 20℃（或 15℃）的酒精度。

4. 测真发酵度（RP）

(1) 倒出残液，补足水至 100 mL，测其温度及糖度，并校正为 20℃ 的糖度（C）。

(2) 计算真发酵度（RP）：$RP=[(E-C)/E]\times 100\%$。

五、实验注意事项

(1) 安装硫酸发酵栓或将发酵瓶置于天平上称重时，要特别小心，防止发酵瓶倾倒或发酵栓打破溅出浓硫酸。

(2) 装上冷凝管时，蒸馏瓶与冷凝管的连接处要密闭，防止漏气；加热蒸馏酒精时，要注意安全并密切观察收集的馏出液的量。

(3) 由于酵母菌酒精发酵是厌氧发酵过程，故需静置培养发酵，使酵母菌处于厌氧条件下，能够在更大程度上进行发酵。

(4) 为使酵母菌酒精发酵正常进行，温度需控制在 35℃ 以下，温度过高或过低都会影响发酵的正常进行。

六、实验报告与思考题

1. 实验结果

(1) 将酵母菌酒精发酵试验的操作过程写成实验报告，并将测量结果填入表 6-8 中。

(2) 将酒精蒸馏的操作过程写成实验报告，并将所有测量结果填入表 6-8 中。

表 6-8　酒精发酵试验记录表

发酵前醪液糖度			发酵后醪液糖度			蒸酒后醪液糖度			测量的酒精度		
温度/℃	糖度	校正 E	温度/℃	糖度	校正 M	温度/℃	糖度	校正 C	温度/℃	酒精度	校正
计算发酵度			视发酵度 AP=		％	真发酵度 RP=		％	校正后酒精度=		

2. 思考题

（1）在进行酵母菌酒精发酵试验时，为什么要采用装有浓硫酸的发酵栓？

（2）测量发酵前后醪液糖度、蒸酒后醪液糖度和测量酒精度时，为什么要进行温度校正？

（3）视发酵度 AP 与真发酵度 RP 有什么区别？

实验二十七　短杆菌的谷氨酸发酵试验

一、目 的 要 求

（1）学习短杆菌谷氨酸发酵试验的基本原理和操作方法。

（2）学习谷氨酸发酵全过程的控制与检测技术。

二、基 本 原 理

谷氨酸是第一个利用微生物发酵方法进行大规模生产的氨基酸，也是发酵工业的重大革新。在谷氨酸短杆菌各种酶系的作用下，葡萄糖经己糖酵解、单磷酸己糖、三羧酸循环和乙醛酸循环等途径生物合成谷氨酸，因此，谷氨酸发酵是好氧性发酵。谷氨酸短杆菌是生物素营养缺陷型，当培养基中含有充足的生物素时，菌体大量生长，但不积累谷氨酸产物，因此，发酵培养基中的生物素要控制在一个亚适量的水平（除非采用特殊的发酵工艺）。

生物素是谷氨酸发酵的主要控制因素，本试验拟对提供生物素来源的甘蔗糖蜜用量进行优化，同时也介绍谷氨酸发酵试验的基本过程。在本试验中，甘蔗糖蜜用量分别为 0.12%、0.16%、0.20%；作为氮源的尿素单独灭菌后采取分次流加的形式，以防止尿素经脲酶分解后，培养基 pH 过高影响菌体生长和产物的生成。

三、实 验 器 材

1. 微生物菌种

谷氨酸短杆菌（或谷氨酸棒状杆菌）。

2. 培养基与试剂

种子培养基斜面，一级种子培养基，摇瓶发酵培养基，40%尿素流加液，裴林氏液。

3. 仪器设备

超净工作台，往复式摇床，华勃氏检压仪，恒温培养箱，光电比色计，高压灭菌锅。

4. 其他材料

三角瓶，无菌吸管，纱布，牛皮纸，精密 pH 试纸。

四、实验内容及操作步骤

（一）斜面种子的活化

1. 培养基斜面的制备

（1）分别称取葡萄糖 0.2 g，牛肉膏 0.35 g，蛋白胨 1 g，酵母膏 0.5 g，NaCl 0.5 g，

琼脂 2 g，加水 100 mL，调 pH 7.2～7.4。

(2) 加热使琼脂熔化，补足水分，分装于试管（4～5 mL/支），包扎。

(3) 于 121℃ 灭菌 20 min，取出待冷却至约 50℃，摆成斜面。

2. 斜面接种与培养

(1) 取制备好的培养基斜面数支，在超净工作台上，以无菌操作接入保藏于 4℃ 冰箱中的谷氨酸短杆菌。

(2) 置于 30～32℃ 温箱中，培养 14～16 h 使其活化，备用。

（二）一级种子的培养

1. 一级种子培养基的制备

(1) 分别称取葡萄糖 2.5 g，尿素 0.5 g，玉米浆 2 g，K_2HPO_4 0.1 g，加水溶解并定容至 100 mL，调 pH 6.8～7.0，再加入 $MgSO_4$ 0.04 g。

(2) 分装入 2 个 250 mL 三角瓶中（40 mL/瓶），瓶口包扎八层纱布，并覆盖牛皮纸防潮。

(3) 于 121℃ 灭菌 15 min。

2. 接种与振荡培养

(1) 在超净工作台上，用接种环以无菌操作，取一满环经活化的斜面菌苔，接入装有 40 mL 一级种子培养基的三角瓶中。加盖八层纱布（切勿盖纸），用线扎紧并打活结。

(2) 置于往复式摇床上（冲程 8 cm，往复次数 100 次/min），于 32℃ 振荡培养 12 h。

（三）谷氨酸发酵

1. 摇瓶发酵培养基的制备

(1) 分别称取口服葡萄糖 14 g，K_2HPO_4 0.25 g，加水约 90 mL 溶解，加入 0.1% 的 $FeSO_4$ 和 0.1% 的 $MnSO_4$ 各 0.2 mL，调 pH 6.5。

(2) 再加入 $MgSO_4$ 0.06 g，定容至 100 mL。

(3) 分装入 4 个 500 mL 三角瓶中（25 mL/瓶）。

(4) 分别顺次添加 10% 的甘蔗糖蜜 0.3 mL（A）、0.4 mL（B）、0.5 mL（C）和 0.4 mL（O），pH 6.5。

(5) 瓶口包扎八层纱布，并覆盖牛皮纸防潮。

(6) 于 121℃ 灭菌 15 min。

2. 40%尿素流加液的制备

(1) 称取尿素 8 g，溶解于水并定容至 20 mL，装入 100 mL 小三角瓶中。

(2) 于 0.5 kgf/cm^2 压力下灭菌 5 min，即成。

3. 接种与摇瓶发酵

(1) 向上述每瓶发酵培养基中，加入 40% 尿素液 0.75 mL（即加入初尿 1.2%）。

(2) 于超净台上用无菌吸管接入 0.5 mL 刚培养好的一级种子菌液（接种量为 2%）。

(3) 将 A、B、C 三瓶置于上述往复式摇床上，于 32℃ 进行摇瓶发酵。

(4) 将剩下的瓶 O 摇匀后,用于测定零时的初糖、pH 和 OD,并记录。

4. 发酵过程中尿素的流加

(1) 待发酵至 12~14 h,取出于超净台上,用试纸测定各发酵瓶的 pH。
(2) 当 pH 降至 7.4~7.2 时,第一次流加尿素 1%(加入 40%尿素液 0.63 mL)。
(3) 将摇床室温度升高至 34℃。
(4) 继续摇瓶发酵 6~8 h,当 pH 降至 7.3~7.2 时,再第二次流加尿素 1%(即 40%尿素液 0.63 mL)。
(5) 最后一次尿素应视残糖和 pH 酌情流加 0.1%~0.3%或不必流加。
(6) 总发酵时间为 36~40 h。

5. 发酵结果分析

(1) 用精密 pH 试纸测定发酵液的终 pH。
(2) 用光电比色计于 650 nm 波长测定发酵液的终 OD。
(3) 用裴林氏法测发酵液的残还原糖(RG)。
(4) 用华勃氏检压仪测定发酵液中谷氨酸(GA)含量。
(5) 根据发酵结果分析,初步确定发酵培养基中糖蜜的较适用量(必要时再做正交设计试验进一步优化)。

五、实验注意事项

(1) 每次取出发酵瓶于超净台上流加尿素时,要注意无菌操作,防止染菌,时间要尽量缩短,以免影响正常发酵。
(2) 用接种环取发酵液在试纸上测定各瓶的 pH 时,光线要明亮,看试纸变色要眼快。
(3) 流加尿素要及时,尤其是第一、二次流加尿素更要及时,若 pH 降至 7.0 以下,就会对产酸率产生较大影响。

六、实验报告与思考题

1. 实验结果

(1) 将摇瓶发酵试验的全部操作过程写成实验报告,并将实验结果填入表 6-9 中。
(2) 根据谷氨酸发酵过程中测定的 pH 和 OD 值,试画出 pH 和 OD 随时间的变化曲线图并加以分析。

表 6-9 谷氨酸摇瓶发酵试验记录表

瓶号	A 瓶(糖蜜 0.12%)				B 瓶(糖蜜 0.16%)				C 瓶(糖蜜 0.2%)			
项目	时间	pH	U%	OD	时间	pH	U%	OD	时间	pH	U%	OD
初尿			1.2				1.2				1.2	
一次流加			1				1				1	
二次流加			1				1				1	
三次流加												
结果	残糖= %,GA= %				残糖= %,GA= %				残糖= %,GA= %			

2. 思考题

（1）在制备一级种子培养基和摇瓶发酵培养基时，为什么要在先调整 pH 后才能加入 $MgSO_4$？

（2）谷氨酸发酵过程中流加尿素时，为什么要分次流加 40％尿素液？流加时机（pH）应如何把握？

（3）如何确定发酵培养基中生物素（糖蜜或玉米浆）的量为亚适量？

（4）对于富含生物素的发酵培养基，在菌种选育或工艺控制方面，可采取哪些措施来保证谷氨酸发酵的正常进行？

实验二十八　枯草芽孢杆菌的 α-淀粉酶发酵试验

一、目　的　要　求

（1）学习掌握 α-淀粉酶发酵试验的基本原理、控制条件和操作方法。

（2）学习 α-淀粉酶酶活力测定的具体操作方法。

二、基　本　原　理

α-淀粉酶（α-amylase EC 3.2.1.1）能分解淀粉（天然底物通常是 α-1，4-糖苷键），能以随机的方式切割淀粉分子内部的 α-1，4-葡萄糖苷键，产物为糊精、低聚糖和单糖类，使淀粉的黏度迅速降低而还原力逐渐增加。α-淀粉酶具有：①在较高温度下具有最适酶活反应温度，节约冷却水；②降低淀粉醪黏度，减少输送时的动力消耗；③杂菌污染机会少；④热稳定性好等优点。

该酶作为安全高效的生物催化剂，广泛应用于食品、酿造、制药、纺织和石油开采等诸多领域。特别是广泛应用在食品与酿造的许多生产领域，如酶法生产葡萄糖及果葡糖浆、酒精及味精等生产中，是目前国内外应用最广、产量最大的酶制剂之一。α-淀粉酶的主要生产菌有：枯草芽孢杆菌、地衣芽孢杆菌和淀粉液化芽孢杆菌等。

目前，工业生产上主要是利用微生物的液体深层通风发酵法，进行大规模生产 α-淀粉酶。我国从 1965 年开始应用枯草芽孢杆菌（*Bacillus subtilis*）BF-7658 生产 α-淀粉酶，当时仅无锡酶制剂厂独家生产。现在国内生产酶制剂的厂家已发展到上千个，其中约有近一半的工厂生产 α-淀粉酶，总产量上万吨。目前工业化生产所使用的菌株大多是由野生菌株经多次诱变的突变株。

近几年来，耐高温 α-淀粉酶的研究相当活跃，国外生产耐高温 α-淀粉酶发展较快，已从嗜热真菌、高温放线菌，特别是从嗜热脂肪芽孢杆菌（*Bacillus stearothermophilust*）和地衣芽孢杆菌（*Bacillus licheniformus*）等中分离得到了耐高温的 α-淀粉酶菌种。国内虽已开展了耐高温 α-淀粉酶的研究工作，但目前仍以枯草杆菌菌株生产 α-淀粉酶为主。

本实验拟采用枯草芽孢杆菌，在淀粉液态培养基上产生 α-淀粉酶。

三、实　验　器　材

1. 微生物菌种

枯草芽孢杆菌（*Bacillus subtilis*）。

2. 培养基与试剂

(1) 马铃薯培养基（PDA），种子培养基，发酵培养基。

(2) 马铃薯，蔗糖，琼脂，可溶性淀粉，豆饼粉，玉米粉。

(3) Na_2HPO_4，$(NH_4)_2SO_4$，NH_4Cl，$CaCl_2$。

(4) 标准糊精液，标准碘液。

3. 仪器设备

超净工作台，电热恒温振荡培养箱，恒温培养箱，光电比色计，酸度计，高压灭菌锅，电炉。

4. 其他材料

三角瓶，无菌吸管，纱布，牛皮纸，精密pH试纸，小刀，比色用白瓷板。

四、实验内容及操作步骤

（一）培养基的制备

1. 制备马铃薯培养基斜面（简称PDA）

(1) 培养基组成：马铃薯20 g，蔗糖2 g，琼脂2 g，水100 mL，自然pH。

(2) 配制方法：马铃薯去皮，切成块煮沸30 min，然后用纱布过滤，再加糖及琼脂，熔化后补足水至100 mL，分装于试管，于121℃灭菌20 min，摆成斜面。

2. 制备种子培养基

(1) 按下列培养基配方配制种子培养基：豆饼粉3%，玉米粉2%，Na_2HPO_4 0.6%，$(NH_4)_2SO_4$ 0.3%，NH_4Cl 0.1%，pH 6.5。

(2) 分装入250 mL三角瓶中（50 mL/瓶），于121℃灭菌20 min，冷却后备用。

3. 制备发酵培养基

(1) 按下列培养基配方配制发酵培养基：可溶性淀粉8%，豆饼粉4%，玉米浆2%，Na_2HPO_4 0.4%，$(NH_4)_2SO_4$ 0.3%，NH_4Cl 0.1%，$CaCl_2$ 0.2%，pH 6.5。

(2) 分装入500 mL三角瓶中（50 mL/瓶），于121℃灭菌20 min，冷却后备用。

（二）液体种子的制备

1. 斜面菌种活化

(1) 取枯草芽孢杆菌菌苔1环，移接于马铃薯培养基斜面上。

(2) 置于37℃恒温箱中培养12~16 h，备用。

2. 制备液体种子

(1) 取经活化的枯草芽孢杆菌斜面菌种2环，移接于装有50 mL种子培养基的250 mL三角瓶中。

(2) 置于电热恒温振荡培养箱中于37℃振荡培养16 h，备用。

（三）α-淀粉酶的发酵

1. α-淀粉酶发酵

(1) 吸取液体种子培养物5 mL，移接于装有50 mL发酵培养基的500 mL三角瓶中。

(2) 置于电热恒温振荡培养箱中于 37℃ 振荡发酵培养 36 h。
(3) 每隔 4 h 取样，测定发酵培养液的 pH、OD 和酶活性，并做记录。

2. α-淀粉酶活性测定

(1) 吸取 1 mL 标准糊精液，转入装有 3 mL 标准碘液的试管中，以此作为比色的标准管（或者吸取 2 mL 转入比色用白瓷板的空穴内，作为比色标准）。

(2) 向 2.5 cm×20 cm 试管中加入 2% 可溶性淀粉液 20 mL，再加入 pH 5.0 的柠檬酸缓冲液 5 mL。

(3) 在 60℃ 水浴中平衡约 5 min，加入 0.5 mL 酶液，立即计时并充分混匀。

(4) 定时取出 1 mL 反应液于预先盛有比色稀碘液的试管内（或取出 0.5 mL，加至预先盛有比色稀碘液的白瓷板空穴内）。

(5) 当颜色反应由紫色逐渐变为棕橙色，与标准色相同时，即为反应终点，记录时间。

(6) 以未发酵的培养液作为测酶活性的空白对照。

五、实验注意事项

(1) α-淀粉酶酶活力测定方法：根据国家标准局发布的方法进行（国家标准局颁布的 GB8275—87，1988—0201）实施。

(2) 酶活力定义：1 mL 酶液于 60℃，pH 4.8 条件下，1 h 液化 1 g 可溶性淀粉为 1 个酶活力单位。

(3) 测定 α-淀粉酶活性的可溶性淀粉和标准糊精液，应做到当天使用当天配制，并注意防腐和冰箱低温保存。

六、实验报告与思考题

1. 实验结果

(1) 用简图表示出枯草芽孢杆菌发酵产生 α-淀粉酶的整个试验过程。

(2) 记录所测定的发酵液 α-淀粉酶活性，并根据测定结果阐述枯草芽孢杆菌的产酶特点。

(3) 将每隔 4 h 取样所测得的发酵培养液的 pH、OD 和酶活性结果，绘制其变化曲线。

2. 思考题

(1) 为什么枯草芽孢杆菌发酵培养基中，配用的碳源是可溶性淀粉而不是葡萄糖？

(2) 从发酵培养液中提取 α-淀粉酶，你认为可采用哪些方法？各有什么优缺点？

(3) 发酵生产 α-淀粉酶，除了采用枯草芽孢杆菌外，还有哪些菌种可采用？

(4) 若要发酵生产耐高温 α-淀粉酶，可采用哪些菌种？

(5) 你能否拟定出"耐高温 α-淀粉酶基因的克隆及在大肠杆菌或在枯草芽孢杆菌中的表达"实验方案呢？

实验二十九　乳酸细菌的乳酸发酵试验

一、目 的 要 求

(1) 了解乳酸菌的生理特性、乳酸发酵条件和产物。

(2) 学习并掌握乳酸发酵的基本原理和方法。
(3) 学习并掌握利用谷物制作乳酸菌饮料的基本原理和方法。
(4) 学习并掌握制作保健型酸奶的基本原理和方法。
(5) 了解开菲尔粒的微生物组成和形成过程。
(6) 了解开菲尔发酵乳的特点和制作工艺。

二、基 本 原 理

许多微生物在厌氧条件下，分解己糖产生乳酸的作用，称为乳酸发酵。能够引起乳酸发酵的微生物种类很多，其中主要是细菌。乳酸细菌（简称乳酸菌）是一类能以糖为原料，发酵产生大量乳酸的细菌的通称。乳酸细菌多是兼性厌氧菌，在厌氧条件下经EMP途径，发酵己糖进行乳酸发酵。乳酸菌有九个属，其中，最重要的有乳酸杆菌属（*Lactobacills*）、双歧杆菌属（*Bifidobacterium*）、链球菌属（*Streptococcus*）和明串珠菌属（*Leuconostoc*）等。

活性乳酸菌是人体肠道中重要的生理菌群，担负着人机体多种重要生理功能。一般认为，活性乳酸菌具有下列多种生理功能：维持肠道菌群的微生态平衡；增强机体免疫功能，预防和抑制肿瘤发生；提高营养利用率，促进营养吸收；控制内毒素；降低胆固醇；延缓机体衰老等。

乳酸细菌虽为兼性厌氧菌，但只在厌氧条件下才进行乳酸发酵，故在分离筛选乳酸菌或需要进行乳酸发酵的情况下，应保证提供厌氧条件。乳酸细菌生成的乳酸和厌氧生活的环境，能够抑制一些腐败细菌的活动，如可利用乳酸发酵腌制泡菜，利用乳酸发酵制造青贮饲料等。在发酵工业上，利用纯种乳酸细菌进行乳酸发酵生产乳酸；在食品发酵工业上，以天然谷物，果蔬和牛奶为原料，利用乳酸细菌进行乳酸发酵，制造乳酸饮料和酸奶饮品等。

经乳酸菌的发酵作用而制成的产品称为乳酸菌发酵食品。乳酸菌发酵食品的特点是：提高了食品的营养价值，改善了食品的风味，增强了食品的保健作用，延长了食品的保存期。乳酸菌发酵食品的主要品种有：发酵酸乳制品，发酵干酪制品，其他乳酸发酵乳制品，乳酸发酵肉制品，果蔬乳酸发酵制品，豆类乳酸发酵制品，乳酸发酵谷物制品等。

本实验拟制备黑米乳酸发酵饮料、保健型发酵酸牛乳和开菲尔发酵乳等三种乳酸发酵食品。

1. 黑米乳酸发酵饮料

黑米是我国古老而珍稀的大米品种，营养丰富且具有滋补健身作用。而黑优黏米是应用现代育种技术选育成功的新型黑黏米，营养成分完全，营养价值高，是发酵酿制乳酸健康饮品的理想天然原料。嗜酸乳杆菌对人体具有抑制肠道内各种病原菌和腐败菌的增殖，改善肠内菌群的作用。这是由于该菌能产生有机酸、过氧化氢、抗生物质等，降低人体肠道内的 pH，强烈抑制病原菌和腐败菌的增殖，阻碍其产生腐败产物及有害物质。

本实验拟制作的黑米乳酸发酵饮料，是以黑优黏米为原料，经粉碎、糖化而成为营养丰富的黑米汁，然后接种具有保健功效的特异性嗜酸乳杆菌，进行乳酸发酵酿制而成的一种新型乳酸发酵饮料。将发酵后的饮料原液稍加调制，便成为一种含有活性乳酸菌（10^9 个/mL 以上）而又别具风味的黑米活性乳酸菌饮品（A 型），具有保健作用，是一种较理想的健康饮品。若将发酵后的饮料原液经过滤、调制、巴氏灭菌，便成为一种外观清澈透明，风味独特、味道纯正爽口的黑米乳酸发酵饮料（B 型）。

2. 保健型发酵酸牛奶

发酵酸乳制品是以牛奶为原料，添加适量蔗糖，经巴氏杀菌后冷却，接种纯乳酸菌发酵剂，经保温发酵而制成的产品。是一种具有较高营养价值，含有大量多种活性乳酸菌，具有较好保健作用和特殊风味的发酵乳制品。其基本原理是：通过乳酸菌发酵牛奶中的乳糖产生乳酸，乳酸使牛奶中的酪蛋白变性凝固，而使整个奶液呈凝乳状态，并形成酸奶特有的香味和风味。

主要品种有：传统的凝固型酸牛乳、搅拌型酸牛乳、果味型酸牛乳、稀释型酸牛乳、浓缩或干燥型酸牛乳、发酵酸羊乳等。

近年来，由于微生态学的发展，对双歧杆菌等肠道有益菌的培养技术以及它们在消化道中的分布、内在关系和对人体健康的作用等已进行了深入研究，在生产上已使用直接由人体肠道分离的双歧杆菌、嗜酸乳杆菌和肠球菌等，再配合从自然界分离的能够使产品风味好的传统菌种进行发酵生产，产品被称为"21 世纪发酵奶"。本实验主要学习保健型发酵酸牛奶的制作方法。

3. 开菲尔发酵乳

开菲尔（Kefir）是一种古老而新型的自然发酵乳制品。发源于北高加索地区，主产地为前苏联、波兰、东欧、中东，已传播至西方的德国、瑞士、北欧等地，普及至乳业发达的国家，包括美国、英国、加拿大、日本等国。目前，中国国内尚未有规模化工业生产的开菲尔产品。

传统开菲尔奶的定义是，以牛乳为主要原料，添加开菲尔粒状发酵剂，经发酵而成的具有爽快酸味、香气的起泡性含醇保健饮品。人们对 Kefir 评价的妙句有："发酵乳制品中之香槟"，"奇异的发酵乳"，"大自然的惊异"。"Kefir"在高加索地区有"爽快美好口味"之意。

图 6-6 似花椰菜蕾状的开菲尔粒

开菲尔的发酵剂是开菲尔粒（Kefir grain 或 KG）。开菲尔粒起源于古时候，在北高加索地区山岳族村民长期装牛奶的羊皮口袋内，经自然发酵形成的不规则淡黄色颗粒状物，称为开菲尔粒。开菲尔粒呈白色或浅黄色，似花椰菜蕾状结构，是天然固定化微生物共存的生命体。开菲尔粒中的微生物主要有乳酸菌、酵母菌和乙酸菌。荚膜多糖，是开菲尔粒中各种微生物间的黏结剂，是微生物固定化的担体。荚膜多糖与奶中酪蛋白结合而形成黏质膜，再由这种黏质膜将各种微生物黏附，形成特异的粒状体，其形成过程是，片状构造→涡旋状→花椰菜蕾状→开菲尔粒（图 6-6）。

开菲尔粒中微生物的共生作用：乳酸菌首先分解乳糖，促使酵母生长并引起乙醇发酵，同时生成乳酸使奶酸化；酵母菌的繁殖，为乳酸菌和乙酸菌提供发育促进物质；乙酸菌合成的维生素对酵母菌和乳酸菌的生长起促进作用；乳酸杆菌利用乳糖分解产生的葡萄糖，形成荚膜多糖。

Kefir 粒中微生物菌相及组成较复杂，当来源不同或培养条件不同时，其中的微生物组成有较大的差异。Kefir 粒中存在的微生物菌种可以归结为下述类型。

乳酸菌：乳酸球菌、乳酸杆菌主要分布于 Kefir 粒的表层。

酵母菌：酵母菌有助于维持 Kefir 粒中各种微生物之间的共生关系，在发酵过程中产生 CO_2 和各种风味特殊的物质。

乙酸菌：乙酸菌有助于维持 Kefir 粒中各种微生物相的共生关系，当与链球菌共同培养时，其产酸能力被提高，乙酸菌还有助于增加 Kefir 的黏度。

本实验拟以牛乳为主要原料，加入开菲尔粒状发酵剂，发酵制作开菲尔发酵乳。

三、实 验 器 材

1. 微生物菌种

嗜酸乳杆菌（*Lactobacillus acidophilus*），嗜热链球菌（*Streptococcus thermophilus*），保加利亚乳杆菌（*Lactobacillus bulgaricus*），青春双歧杆菌（*Bifidobacterium adolescentis*），开菲尔粒（Kefir grain）。

2. 培养基与试剂

(1) 麦芽汁培养基、黑米汁培养基。

(2) 全脂乳种子培养基：8%～10%全脂乳液，自然 pH。

(3) 双歧杆菌种子培养基：8%～10%全脂乳液加入 2%酵母抽提液，2%低聚果糖。

(4) 全脂乳发酵培养基：8%～10%全脂乳液，加 8%白砂糖，自然 pH。

(5) 开菲尔发酵培养基：脱脂乳粉与水以 1∶10（m/V）的比例配成牛奶液，不加蔗糖。

(6) 脱脂乳粉、全脂乳粉或鲜牛奶、蔗糖。

3. 仪器设备

磨浆机，胶体磨，恒温水浴锅，高压蒸汽灭菌锅，超净工作台，培养箱，电炉，酸度计，显微镜。

4. 其他材料

无菌试管，无菌三角烧瓶，无菌带帽的螺旋试管，无菌吸管，试管架，无菌封口膜，酸奶瓶（200 mL），温度计，玻璃棒，酒精灯。

四、实验内容及操作步骤

（一）黑米乳酸发酵饮料的制作

1. 黑米汁的制备

(1) 称取黑优黏米（糙米）100 g，加入 40～50℃温水 100 mL，保温浸渍 2～3 h。

(2) 用磨浆机磨成黑米浆，再用胶体磨重复磨一次，磨得越细越好。
(3) 用水合饱和 Na_2CO_3 溶液，调节米浆浓度为 15°Bé 及 pH 6.0～6.2。
(4) 加入耐高温 α-淀粉酶（约 12 U/g 黑米），混匀，升温至 95℃使其充分液化。
(5) 煮沸 5 min，冷却至 60℃，用 10%柠檬酸液调 pH 5.0。
(6) 于 60℃按 120 U/g 黑米加入葡萄糖淀粉酶（糖化酶）。
(7) 保温于 55～60℃使米浆充分糖化，直至以无水乙醇检测无白色沉淀为止。
(8) 煮沸，冷却，调节 pH 6.0～6.5，过 120 目筛。
(9) 稀释至糖浓度为 10%～11%，即为黑米汁，备发酵用。

2. 黑米汁的乳酸发酵

(1) 吸取嗜酸乳杆菌原种（冰箱保藏种）1 mL，移接入 10 mL 无菌麦芽汁试管中，于 37℃静置培养 24～36 h。
(2) 将上述 10 mL 试管培养液，全部移接入含有 100 mL 无菌黑米汁的小三角瓶中，于 37℃静置培养 16～24 h，即为种子培养液。
(3) 量取黑米汁 200 mL，装入 250 mL 三角瓶中，121℃灭菌 20 min，冷却至约 40℃。
(4) 由小三角瓶中移接入种子培养液 10～20 mL，接种量一般为 5%～10%。
(5) 于 35～37℃发酵 16～20 h（A 型活菌饮料），或发酵 24～30 h（B 型饮料）。

3. 黑米乳酸饮料的调制

(1) 发酵原液（含糖 9%～10%、含大量活性乳酸菌），按原液∶水＝1∶1 加入净化无菌水稀释。
(2) 以无菌操作，向每 100 mL 稀释液中加入白糖 5～5.5 g（配成 50%无菌糖浆），蜜糖 0.5～1.0 g，不经过滤除菌和加热杀菌。
(3) 以无菌操作灌装小瓶，在 2～4℃低温下保存（A 型活性乳酸菌饮料）。
(4) 发酵原液过滤，分离除去乳酸菌体和蛋白质凝固物，得澄清透亮的饮料原液。
(5) 按原液∶水＝1∶1 加入净化无菌水稀释。
(6) 向每 100 mL 稀释液加入白糖 7～8 g（配成 50%无菌糖浆），蜜糖 1.5～2.0 g。
(7) 灌装小瓶，于 80℃巴氏灭菌 15～20 min 或瞬时高温灭菌（B 型无菌饮料）。

（二）保健型酸牛奶的制作

1. 培养基质的制备

(1) 将全脂乳粉（不含抗生素）和水以 1∶8～1∶10（m/V）的比例配成乳液，加入 7%～8%蔗糖，充分混合。
(2) 分装于大试管和三角瓶：18 mm×180 mm 试管装量为 10 mL/管（共 4 管，其中 2 管加入酵母抽提液 0.2 mL，低聚果糖 0.2 g，混匀）；500 mL 三角瓶装量为 400 mL/瓶。
(3) 于 85～90℃消毒 8～10 min，或置于高压灭菌锅内 115℃，灭菌 5～10 min。
(4) 迅速降温至 40℃以下，作为制作酸乳用的培养基质。

2. 酸乳发酵剂的制备

(1) 将纯种嗜热乳酸链球菌、保加利亚乳酸杆菌两种菌分别等量（各 1 mL）接入 2 支装有 10 mL 乳液的试管中。

(2) 置于 40℃恒温箱中培养 5~6 h，转入 4~5℃的冰箱中冷藏，备作为发酵剂用。

(3) 将纯种青春双歧杆菌、嗜酸乳杆菌两种菌按 2∶1 的接种比例，接入 2 支装有 10 mL 乳液（含酵母抽提液，低聚果糖）的试管中。

(4) 置于 38℃恒温箱中培养 12~16 h，备作为混合发酵剂用。

3. 保健型酸牛奶的制作

(1) 将 2 支青春双歧杆菌和嗜酸乳杆菌试管发酵剂（20 mL），接入装有 400 mL 灭菌乳液的 500 mL 三角瓶中，置于 38~40℃恒温箱中培养 6~8 h（未出现凝乳）。

(2) 再将 2 支嗜热乳酸链球菌和保加利亚乳酸杆菌试管发酵剂（20 mL），接入三角瓶中。

(3) 接种后摇匀，分装到已灭菌的 2 个酸乳瓶中，随后将瓶盖拧紧密封。

(4) 置于 40℃恒温箱中发酵 4~6 h，在出现凝乳后停止发酵。

(5) 转入 4~6℃的冰箱中冷藏 24 h 以上（后熟阶段），即得保健型酸牛乳成品（含 4 种活性乳酸菌）。

（三）开菲尔发酵乳的制作

1. 发酵基质的制备

(1) 将脱脂奶粉（不含抗生素）和水以 1∶10（m/V）的比例配成牛奶液，不加蔗糖。

(2) 分装于小三角瓶和大三角瓶：150 mL 三角瓶装量为 80 mL/瓶，250 mL 三角瓶装量为 150 mL/瓶。

(3) 于 85~90℃消毒 8~10 min，或置于高压灭菌锅内 115℃，灭菌 5~10 min。

(4) 迅速降温至 30℃以下，作为制作开菲尔发酵乳用的发酵基质。

2. 开菲尔母发酵剂的制备

(1) 在装有 80 mL 消毒牛奶的 150 mL 三角瓶中，按 5%~10%的比例接种经活化的 Kefir 粒。

(2) 在 20℃发酵培养 18~24 h，终止发酵，放置于 10~15℃冰箱中保持 6~8 h。

(3) 滤去 Kefir 粒，含菌培养液即为母发酵剂。

(4) 将滤出的 Kefir 粒再加入新鲜巴氏消毒奶中，进行新一轮母发酵剂培养。

3. 开菲尔发酵乳的制作

(1) 按 20%接种量将母发酵剂接入装有 150 mL 消毒牛奶的 250 mL 三角瓶中。

(2) 于 20~25℃发酵 16~20 h，终止发酵（pH 5.0~5.5）。

(3) 置于冰箱中冷藏（4~6℃）后熟 4~6 h，即得 Kefir 发酵乳（饮用时加入灭菌糖浆调味）。

五、实验注意事项

(1) 黑米汁乳酸发酵中，成熟种子培养液的质量要求为：pH 3.5~3.6，OD 净增 0.2 左右，细胞数 10^9 个/mL，镜检菌体大小均匀，革兰氏染色呈明显阳性，无杂菌。

(2) 黑米汁乳酸发酵的成熟发酵液感官为亮浅红色，浑浊，有少量白色絮状物沉淀，无异味，有芳香气味和令人愉快的乳酸酸味。

(3) 牛乳的消毒应掌握适宜温度和时间，防止因长时间采用过高温度消毒而破坏酸乳风味。

(4) 制作保健型酸牛奶，应选用优良的双歧杆菌和嗜酸乳杆菌，并采用嗜热链球菌和保加利亚乳杆菌等量混合发酵，使其具有独特风味和良好口感。

(5) 制作活性乳酸菌制品，必须做到所用器具洁净无菌，制作环境要保持清洁，制作过程严防污染。

(6) 培养时注意观察，在出现凝乳后停止培养。然后转入 4~5℃ 的低温下冷藏 24 h 以上。合格的酸奶应在 4℃ 条件下冷藏，可保存 6~7 天。

(7) 后熟阶段可使酸奶达到酸度适中（pH 4~4.5），凝块均匀致密，无乳清析出，无气泡，以获得较好的口感和特有风味。品尝时若出现异味，表明酸奶污染了杂菌。

(8) 应按卫生部规定进行理化和卫生指标检测。酸奶产品要求酸度（乳酸）为 0.75%~0.85%，含乳酸菌 $\geqslant 1.0 \times 10^6$ 个/mL，不得检出致病菌，含大肠杆菌 $\leqslant 40$ 个/100 mL。产品为凝块状态，表层光洁度好，具有发酵酸奶正常的风味和口感。

(9) 开菲尔发酵乳的发酵温度宜控制在 20~25℃，发酵时间控制在 16~20 h，温度过高或时间过长，会产生过多乙醇，影响风味。

(10) 发酵成熟的开菲尔乳应立即置冰箱冷藏（4~6℃）后熟 4~6 h，以获得较好的口感和特有风味。饮用时可加入灭菌糖浆调味。

六、实验报告与思考题

1. 实验结果

(1) 将黑米乳酸发酵饮料制作的全部过程用简图表示，并加以标注说明。

(2) 将保健型酸牛奶的制作的全部过程用简图表示，并加以标注说明。

(3) 品尝自己制作的酸奶，判断其感官品质是否达到要求，若达不到要求，分析其原因。

2. 思考题

(1) 黑米汁乳酸发酵为什么要采用嗜酸乳杆菌，而不采用嗜热链球菌和保加利亚乳杆菌作为发酵用的菌株？

(2) 嗜酸乳杆菌对人的机体有何生理功能？

(3) 由黑米乳酸发酵原液经调制而成的 A 型和 B 型乳酸饮料，各有何优缺点？

(4) 牛奶经过乳酸发酵为什么能产生凝乳？

(5) 为什么采用两种乳酸菌混合发酵的酸奶比单菌发酵的酸奶口感和风味更佳？

(6) 为什么制作保健型酸牛奶要添加双歧杆菌和嗜酸乳杆菌？双歧杆菌对人体有何生理功能？为什么？

(7) 制作保健型酸牛奶时，为什么要让双歧杆菌和嗜酸乳杆菌先培养数小时后，再接入嗜热链球菌和保加利亚乳杆菌混合发酵？

(8) 试设计一个从市售乳酸菌饮料中分离纯化乳酸菌和制作稀释型乳酸菌饮料的程序。

(9) 试以大豆为原料，设计制作一种或多种豆乳发酵食品或饮料。

(10) 为什么开菲尔发酵乳在发酵中一般不宜加入蔗糖？为什么开菲尔乳发酵

温度比普通酸乳要控制低得多?

实验三十 固定化酵母细胞发酵生产啤酒

一、目的要求

(1) 学习大麦芽、加酒花麦芽汁和固定化酵母的制备方法。
(2) 了解啤酒的主要生产过程和发酵工艺。
(3) 了解固定化酵母发酵生产啤酒的新型发酵工艺。

二、基本原理

固定化细胞技术是 20 世纪 60 年代兴起的一种生物技术。所谓固定化细胞技术是指用物理或化学的手段，将游离细胞定位于限定的空间区域，并使其保持活性和可反复使用的一种新型生物技术。固定化细胞技术与固定化酶技术相比，具有如下优势。

(1) 固定化细胞技术不需要把酶从细胞中提取出来，酶活力损失少，酶活回收率较高。

(2) 酶在完整的细胞中较稳定，特别是当反应需要辅助因子时，固定化活细胞就更优于固定化酶，因为活细胞能再生辅助因子。

(3) 固定化后细胞催化活性无明显的损失，操作和储存的稳定性均比固定化酶好。

(4) 细胞被固定化后细胞密度高、反应速率快、耐毒害能力强、产物分离容易、能实现连续操作，可以大大提高生产能力等。

固定化细胞因具有稳定的网状结构，在所使用的 pH 和温度下，不会被破坏；固定化细胞使底物、产物和其他代谢产物能够自由扩散；单位体积的固定化细胞应该含有尽可能多的细胞。

啤酒 (beer) 是全球产销量最大的饮料酒，不仅营养丰富均衡、风味独特，而且有改善消化机能、预防心血管疾病等保健功效，素有"液体面包"的雅称。啤酒是指以大麦芽为主要原料，以其他谷物（大米、玉米等）和酒花为辅料，经糖化、发酵等工序，获得的一种富含多种营养成分和 CO_2 的液体饮料，以具有"麦芽香味、细腻泡沫、酒花苦涩、透明酒质"等特色而为人们所喜爱。

啤酒的生产过程主要包括：大麦发芽、干燥、粉碎→加入辅料、糊化、糖化→过滤→煮沸（加酒花）→沉淀→冷却→麦芽汁→发酵→过滤→包装、灭菌→啤酒。现代啤酒生产多采用露天锥型大罐发酵，生产规模大，自动化程度高。啤酒发酵的原理为，酵母接种后，开始在麦汁充氧的条件下，恢复其生理活性，以麦汁中的氨基酸为主要氮源，可发酵的糖为主要碳源，进行呼吸作用，并从中获取能量而进行繁殖，同时产生一系列的代谢副产物，此后便在无氧的条件下进行啤酒发酵，啤酒发酵是一个复杂的生物化学反应过程，其主要变化是糖生成乙醇和二氧化碳。

固定化微生物技术可提高反应器单位体积的生物转化速率，延长发酵细胞的寿命，缩短发酵周期，同时固定化微生物可反复使用，为微生物发酵的连续化和管道化生产提供了可能。固定化酵母发酵生产啤酒，以其可重复使用、生产连续化、生产周期短、后处理简便等优点，成为一种备受关注的发酵生产啤酒新工艺。

本实验拟以海藻酸钠水凝胶为固定化载体，采用比较成熟的包埋法，将啤酒酵母细胞固定化。包埋法是将细胞用物理方法包埋在各种载体之中，如将细胞包埋在凝胶等物质内部的微孔中或由各种高分子聚合物制成的小球内。包埋法操作简单，条件温和，对细胞活性影响小，制作的固定化细胞球强度高，是目前研究应用最广泛的方法。

三、实验器材

1. 微生物菌种

啤酒酵母（嘉士伯酵母）。

2. 培养基与原料

麦芽汁培养基，麦芽汁琼脂培养基，大麦，大米，酒花（或酒花浸膏、颗粒酒花），耐高温 α-淀粉酶等。

3. 主要试剂

3％海藻酸钠，0.05 mol/L $CaCl_2$ 溶液，0.025 mol/L 碘液，乳酸或磷酸等，无菌生理盐水（0.85％NaCl）。

4. 仪器设备

磁力搅拌器，水浴锅，恒流泵，往复式摇床，培养箱，冰箱，糖度计等。

5. 其他材料

玻璃容器（或搪瓷盘），250 mL 三角烧瓶，烧杯，试管，比色用带孔穴白瓷板，细塑胶管，纱布，滤纸等。

四、实验内容及操作步骤

（一）麦芽汁的制备

1. 制备大麦芽

（1）称取优质大麦 100 g，放入玻璃容器内，用水洗净，加水浸泡 8～12 h，弃去浸泡水。

（2）在大麦上盖一块纱布，将容器放置于 15℃ 阴暗处发芽，每天淋水 3 或 4 次。

（3）待麦根伸长至约为麦粒长度的 2 倍时，停止发芽，摊开低温烘干成大麦芽，备用。

2. 制备米粉水解液

（1）称取 25 g 大米粉放入烧杯内，加入 250 mL 热水，混合均匀，用乳酸调 pH 至 6.5。

（2）加入耐高温 α-淀粉酶 250 U（约 10 U/g 大米粉），混匀，置于 50℃ 水浴保温 10 min。

（3）在缓慢搅拌下，以约 1℃/min 的速度升温至 95℃，保持此温度 20 min。

（4）迅速加热至沸腾，持续 20 min，补加水保持原体积。

（5）迅速降温至 60℃，即成为大米粉水解液，备用。

3. 制备麦芽汁

（1）将大麦芽磨碎制成麦芽粉，取 75 g 麦芽粉加入 200 mL 水中，混匀，加热至 50℃。

(2) 用乳酸调 pH 到 4.5，于 50℃水浴中保温 30 min。
(3) 升温至 60℃，加入备用的大米粉水解液，搅拌均匀，保温 30 min。
(4) 继续升温至 65℃，保持 40 min，补加水维持原体积。
(5) 再升温至 75℃，保持 15～30 min（至用碘液检验不呈蓝色）。
(6) 糖化液用 4～6 层纱布过滤，用糖度计测量其糖度，制成麦芽汁。

4. 制备加酒花麦芽汁
(1) 取 200 mL 麦芽汁煮沸，添加酒花 0.3 g（可分 3 次加入，每次 0.1 g）。
(2) 煮沸 70 min，补水至糖度约为 10°Bé。
(3) 趁热用滤纸过滤，滤液即为加酒花麦芽汁，备发酵用。

5. 制备麦芽汁培养基
(1) 将麦芽汁稀释到 5～6°Bé，pH 6.0～6.5，制成麦芽汁培养基。
(2) 向稀释麦芽汁中加入 2%琼脂，加热熔化，分装于试管，制成麦芽汁培养基斜面。
(3) 于 121℃灭菌 20 min，冷却备用。

（二）固定化酵母的制备

1. 制备酵母菌悬液
(1) 将啤酒酵母接种于麦芽汁培养基斜面上，于 28～30℃培养 24 h。
(2) 取 1 环斜面酵母菌，接种于装有 30 mL 麦芽汁的 250 mL 三角烧瓶中。
(3) 置 100 次/min 的往复式摇床上，于 28℃振荡培养 18 h。
(4) 酵母菌培养液于 4000 r/min 离心 20 min，弃去上清液。
(5) 向沉淀菌体中加入 10 mL 生理盐水，用玻棒搅匀，即为用于固定化的酵母菌悬液。

2. 制备固定化酵母
(1) 称取 3 g 海藻酸钠置于 100 mL 蒸馏水中，在水浴中加热使其溶解，即得 3% 海藻酸钠液。
(2) 将海藻酸钠溶液冷却至 30℃，加入 10 mL 酵母菌悬液，放在磁力搅拌器上，低速搅拌，充分混合均匀，即得菌体-海藻酸钠悬液。
(3) 用细塑胶管使菌体-海藻酸钠悬液与恒流泵连接，恒流泵出口再连接一支内径为 2 mm 的玻璃滴管。
(4) 在恒流泵的输送下，菌体-海藻酸钠悬液经玻璃滴管，滴加入 300 mL 的 0.05 mol/L 氯化钙溶液（温度保持在 20℃）中，形成直径约 2 mm 的胶珠。
(5) 放置 2～3 h，待固化成形（酵母细胞包埋在海藻酸钙凝胶中），转入 4℃冰箱中过夜。
(6) 取出用无菌生理盐水洗涤两次，即成为固定化酵母细胞。
(7) 将固定化酵母浸泡在无菌生理盐水中，储存于 4℃冰箱中，备用。

（三）固定化酵母发酵产啤酒

1. 啤酒的主发酵
(1) 取 40 g 固定化酵母胶珠，加入 250 mL 无菌三角烧瓶中，再加入 200 mL 糖度为 10°Bé 的加酒花麦芽汁。

（2）用 10 层无菌纱布包扎好瓶口，置于 16～14℃静止发酵 4 天。

（3）同时用 200 mL 糖度为 10 波美度的麦芽汁替换加酒花的麦芽汁，加到盛有 40 g 固定化酵母胶珠的 250 mL 无菌三角烧瓶中。

（4）用 10 层无菌纱布包扎好瓶口，主发酵条件与加酒花麦芽汁完全相同。

（5）倒出两瓶发酵液，分别移入两个 250 mL 无菌三角烧瓶中。

（6）装有固定化酵母胶珠的原发酵瓶中，可继续注入加酒花麦芽汁，进行连续多次的发酵。

2. 啤酒的后发酵

（1）主发酵完成后，将上述倒出的两瓶发酵液，移入 4～6℃冰箱中进行后发酵 3 天。

（2）将两瓶发酵液再移入 1～2℃冰箱中继续后发酵（储酒）3 天。

（3）将两瓶发酵液分别用滤纸过滤，得清酒液，即为经固定化酵母发酵所产的两种啤酒。

（4）品尝发酵试验所得的两种啤酒，注意色、香、方面的差异，并与市售纯生啤作比较。

（5）计算外观发酵度：外观发酵度(％)＝(原麦汁浓度－外观浓度)/原麦汁浓度×100％。

五、实验注意事项

（1）发酵度是指麦汁中浸出物被酵母消耗部分与原麦汁浸出物总量之比，用百分数表示，百分数越高，发酵度越高。发酵度可分为外观发酵度、真正发酵度和最终发酵度。

（2）影响啤酒发酵度的主要因素有：啤酒酵母菌种的特性、糖化工艺条件与控制、外加酶制剂。

（3）啤酒酵母菌种的生理特性对发酵度有很大的影响，不同酵母菌种由于其基因差异而有不同发酵特性，故应首选高发酵度的啤酒酵母。

（4）在影响啤酒发酵度的因素中，除酵母菌种外，麦汁的营养和组成是关键因素，故对糖化工艺条件的优化控制十分重要，包括：原料组成、原料粉碎、料水比、糖化 pH 值、糖化温度等条件的优化与控制。

（5）外加酶法是提高麦汁中可发酵性糖含量的有效途径，从而达到提高发酵度之目的。酶制剂加量应依麦芽酶活力、酶种类、辅料比、啤酒品种等加以确定，防止过于加大啤酒成本，影响啤酒风味及稳定性。

（6）辅料（如大米粉）的使用可减少麦芽用量，降低蛋白质比例，改善啤酒的风味和色泽，也可降低原料成本，但辅料的用量不宜过多，一般应控制在 20％～30％。

（7）在制作酵母悬液时，一定要使酵母沉淀物与生理盐水充分混合均匀；在制作固定化酵母时，一定要使酵母悬液与 3％海藻酸钠液充分混匀。将混合液滴加在 20℃氯化钙溶液中，不仅要迅速，而且要摇动氯化钙溶液，避免形成的胶珠粘连。

（8）本实验加热升温的操作次数多，应严格控制各实验阶段所要求的温度、时间和所要求的条件，要特别注意加热物溢出。

（9）在使用海藻酸钙包埋细胞时，应尽可能使培养基中不含有钙螯合剂（如磷酸根），因为钙螯合剂可导致钙的溶解释放而破坏凝胶。

（10）酒花含酒花树脂，是啤酒苦涩的主要来源，酒花油赋予啤酒香味，单宁等多酚物质促使蛋白质凝固，有利于澄清、防腐和啤酒的稳定，但酒花的用量不宜过多。

六、实验报告与思考题

1. 实验结果

（1）请报告下列实验结果。

①每克大麦可制成多少克干麦芽？25 g 大米粉和 75 g 麦芽粉最终能制成麦芽汁多少毫升？其糖度是多少？②制成的固定化酵母有多少克？其大多数胶珠的直径为多少毫米？形状如何？是否有粘连在一起的胶珠？③采用固定化酵母发酵产啤酒实验中，得到两种啤酒的量分别是多少毫升？品尝结果两种啤酒在色、香、味方面有何差异？与市售纯生啤作比较结果如何？为什么？

（2）请计算出外观发酵度：

外观发酵度(%)＝(原麦汁浓度－外观浓度)/原麦汁浓度×100%

2. 思考题

（1）制备麦芽汁时，糖化的温度和时间对啤酒的产量和质量有何影响？
（2）制备固定化细胞的操作中，重点应掌握哪几个技术环节？
（3）影响啤酒发酵度的因素主要有哪些？
（4）试述如何改进固定化酵母发酵产啤酒工艺。
（5）啤酒的传统发酵、露天大罐发酵、固定化酵母发酵 3 种生产工艺，主要不同之处在哪里？各有哪些优势和不足？

实验三十一　新型固定化酵母细胞发酵生产乙醇

一、目　的　要　求

（1）学习采用甘蔗块为天然载体，制备新型固定化酵母细胞的原理和方法。
（2）学习用新型固定化酵母进行蔗汁发酵生产乙醇的工艺特点及技术。
（3）学习乙醇发酵生产过程和结果的分析检测技术及计算方法。

二、基　本　原　理

酶和活细胞的固定化方法已超过 200 种以上。目前的研究主要集中在固定化方法的改进和寻求更新更适于固定化的载体材料上，目的是使固定化载体能够对生物催化剂做到有效截留，创造一个适合于酶或细胞稳定存在的微环境，从而延长固定化酶和活细胞的使用寿命（半衰期）。本实验利用甘蔗中天然的细胞纤维间隙和纤维素自身对酵母的吸附作用，有利于酵母吸附并在其内部生长的特点制备新型固定化酵母发酵生产乙醇。

国内乙醇生产方法以发酵法为主，每年 200 万 t 的产品中只有 10 万 t 为合成法生产，其余均为发酵法生产。所谓发酵法，就是利用微生物在无氧条件下将糖转化为乙醇的生产方法。发酵法又分为固体发酵法、半固体发酵法和液体发酵法，大多是利用淀粉做原料，在糖化酶的作用下，将可溶性淀粉转化为可发酵的糖，再经微生物发酵作用，将糖水解成乙醇并放出二氧化碳。

工业发酵生产乙醇的原料可以是淀粉质、糖蜜，国内发酵法生产的乙醇中约80%为淀粉质原料，约20%为糖蜜原料。乙醇也可用甘蔗、甜菜、甜高粱等糖类作物为原料生产。国内外的科研部门经过多年的探索，最后从众多乙醇原料作物中筛选出了生物产量和乙醇产量都高的最佳乙醇原料作物——甘蔗。本实验采用甘蔗块为天然载体，制备新型固定化酵母，利用甘蔗汁发酵生产乙醇。

采用甘蔗块为天然载体制备新型固定化酵母的原理：去皮后的甘蔗主要由纤维维管束和薄壁细胞组成，薄壁细胞分布于纤维维管束之间，排列疏松，有明显的细胞间隙，而维管束是由纤维细胞组成的维管束鞘和包围在其中的木质部和韧皮部组成。木质部在分化成熟过程中有些导管被压破，与周围的薄壁细胞分离而形成空腔，加上冻融处理时，冷冻过程中的固液界面推进时产生推挤、穿刺、破碎撕裂、包陷等作用，从而使甘蔗内部具有很大的内表面积；甘蔗含有的蔗糖本身能为酵母的繁殖提供碳源，蔗糖被利用后也会形成空腔，有利于吸附酵母在其内部生长繁殖。故利用甘蔗块制备固定化酵母，兼有包埋法和吸附法的特点。

三、实验器材

1. 微生物菌种

酿酒酵母（*Saccharomyces cerevisiae*）AS2.1190。

2. 培养基与原料

YPD培养基：葡萄糖2%，蛋白胨2%，酵母抽提物1%。

甘蔗汁：将甘蔗榨汁，储存于-20℃低温冰箱。

甘蔗糖蜜：含总糖约48%（m/m），甘蔗块。

3. 主要试剂

葡萄糖，蛋白胨，酵母抽提物，H_2SO_4，HCl，NaOH，3,5-二硝基水杨酸，$(NH_4)_2SO_4$，$MgSO_4$，KH_2PO_4，$CaCl_2$（无水）。

4. 仪器设备

紫外可见光光度计，台式离心机，低温生化培养箱，立式甘蔗榨汁机，全自动还原糖测定仪，电热恒温水浴锅，恒温培养摇床，电冰箱，电炉，双层立式蒸汽压力灭菌锅，超净工作台，pH计，电子天平。

5. 其他材料

常用玻璃器皿，接种工具等。

四、实验内容及操作步骤

（一）新型固定化酵母的制备

1. 酵母种子液的制备

（1）配制YPD培养基100 mL（葡萄糖2%、蛋白胨2%、酵母抽提物1%，pH

5.0~5.5)。

(2) 装入到 250 mL 三角瓶中,包扎,灭菌备用。

(3) 挑取 2 环经活化的斜面酿酒酵母菌种,接入到装有 YPD 培养基的 250 mL 三角瓶中。

(4) 置于转速为 150 r/min 的恒温摇床上,30℃振荡培养 12~14 h(菌体浓度约为 1×10^8 个/mL)。

2. 新型固定化载体的制备

(1) 将新鲜甘蔗置于 −20℃冰箱内冷冻过夜,取出放置于室温下自然解冻。

(2) 去皮后将甘蔗切成约 1 cm³ 的甘蔗块,于烧杯中用 1% NaOH 浸泡 4 h 去木质素。

(3) 去除 NaOH 浸液,用磷酸调 pH 至中性,干燥备用。

3. 固定化酵母细胞的制备

(1) 称取去木质素处理后的甘蔗块载体 60 g,置于装有 150 mL YPD 培养基的 250 mL 三角瓶中(共 2 瓶)。

(2) 在 115℃条件下灭菌 20 min,冷却至室温。

(3) 接入上述制备好的酵母种子液,接种量为 10%。

(4) 置于 150 r/min 恒温摇床上,30℃振荡培养 12 h(甘蔗块为固定化酵母)。

(二) 新型固定化酵母的乙醇发酵试验

1. 甘蔗汁发酵液的制备

(1) 新鲜甘蔗压榨取汁,将新鲜甘蔗汁(总糖在 15%~20%)置于 −20℃冰箱中冷冻保存备用。

(2) 冷冻甘蔗汁解冻,量取 300 mL 甘蔗汁,分装入两个 250 mL 三角瓶内(150 mL/瓶)。

(3) 加入硫酸铵 0.5 g/L,磷酸二氢钾 0.5 g/L,调初始 pH 4.5~5.0,包扎,灭菌备用。

2. 固定化酵母的乙醇发酵

(1) 将制备好的固定化酵母(甘蔗块)按 40% 的接种量(装填率),接入装有 150 mL 发酵培养基(甘蔗汁发酵液)的 250 mL 三角瓶内。测定发酵液的总糖含量。

(2) 将游离酵母菌液按 10% 接种量,接入另一瓶装有 150 mL 蔗汁发酵液的 250 mL 三角瓶内,作为对照。

(3) 安装好发酵栓,置于 30℃恒温培养箱中静置发酵。

(4) 每 2 h 称量发酵液的 CO_2 失重情况,直至重量恒定即为发酵结束,记录发酵周期。

(5) 发酵结束后测定发酵液中的酒精含量和残糖量。

(三) 乙醇发酵结果的检测

1. 酵母细胞数的测定

(1) 将 10 g 固定化酵母(甘蔗块)捣碎,浸入 90 mL 已灭菌的 1/4 格氏试剂 (Merck, Germany) 中,100 r/min 条件下振荡 30 min,经过梯度稀释,显微镜下计数得固定化酵母数。

(2) 发酵结束后，分别取 1 mL 固定化酵母发酵液和游离酵母的发酵液，加入 99 mL 已灭菌的 1/4 格氏试剂中，经过梯度稀释，显微镜下计数得发酵液中游离酵母细胞数。

2. 发酵液中还原糖的测定

(1) 向 1mL 发酵液中加入 5 mL 1mol/L 的 HCl，68℃水浴 15 min，用 1mol/L NaOH 调 pH 至中性。

(2) 加入蒸馏水稀释至所要稀释倍数，取 1 mL 置于全自动还原糖测定仪进样池中，读数。

3. 发酵液中乙醇浓度的测定

(1) 准确量取 100 mL 发酵液，加入圆底烧瓶中，再加入 100 mL 水，置于蒸馏装置上进行加热蒸馏。

(2) 用 100 mL 容量瓶收集馏出液，定容至 100 mL，倒入 400 mL 量筒中，用水稀释 4 倍。

(3) 混匀后用酒精计（标温为 20℃）测酒精度（以下缘为准），同时测定温度，换算成 20℃时的酒精度。

4. 二氧化碳生成速率的测定

(1) 将 60 g 制备好的固定化酵母接入 150 mL 灭菌后的甘蔗汁培养基中。

(2) 加发酵栓，30℃静置发酵，每隔 2 h 称重，直至发酵结束。

5. 酒精发酵效率的计算

(1) 分别测定甘蔗汁培养基的初始糖浓度（g/L）、发酵结束后的残糖浓度（g/L）和实际酒精度（g/L）。

(2) 按下式计算发酵效率（%）。

$$发酵效率(\%) = \left\{ \frac{实际酒精浓度(g/100\ mL) \times 发酵后体积(mL)}{[初始糖浓度(g/100\ mL) \times 发酵前体积(mL) - 残糖浓度(g/100\ mL) \times 发酵后体积(mL)] \times 0.51} \right\} \times 100\%$$

6. 糖利用率的计算

$$糖利用率(\%) = \frac{初始糖浓度(g/100\ mL) - 残糖浓度(g/100\ mL)}{初始糖浓度(g/100\ mL)} \times 100\%$$

五、实验注意事项

(1) 酵母菌酒精发酵是厌氧发酵过程，故需静置培养发酵，使酵母菌处于厌氧条件下，能够在更大程度上进行发酵。

(2) 安装硫酸发酵栓或将发酵瓶置于天平上称重时，要特别小心，防止发酵瓶倾倒或发酵栓打破溅出浓硫酸。

(3) 装上冷凝管时，蒸馏瓶与冷凝管的连接处要密闭，防止漏气；加热蒸馏酒精时，要注意安全并密切观察收集馏出液的量。

六、实验报告与思考题

1. 实验结果

(1) 将 10 g 固定化酵母（甘蔗块）捣碎，浸入 90 mL 已灭菌的 1/4 格氏试剂中，

100 r/min 条件下振荡 30 min，经过梯度稀释，按实验十七所述用血球计数器在显微镜下测定固定化酵母数，并与发酵液中游离酵母细胞数的测定结果作比较。

（2）在新型固定化酵母的乙醇发酵试验中，将发酵液中乙醇浓度的测定，二氧化碳生成速率的测定过程和结果，写成实验报告。

（3）在将新型固定化酵母的乙醇发酵试验中，将酒精发酵效率的计算过程和结果以及糖利用率的计算过程和结果，写成实验报告。

2. 思考题

（1）采用甘蔗块为天然载体，制备新型固定化酵母有何优越性？

（2）采用甘蔗块为天然载体制备新型固定化酵母的原理是什么？

（3）已被用作固定化载体的天然材料有哪些？你认为还有哪些天然材料有可能用来作为活细胞固定化载体？

（4）利用甘蔗汁发酵生产乙醇有何优越性？用甘蔗汁发酵生产燃料酒精的可行性如何？

实验三十二　正交试验法优化双歧杆菌发酵培养基

一、目　的　要　求

（1）了解正交试验设计的原理，用途与方法步骤。

（2）学习采用正交试验法优化微生物发酵培养基的方法。

（3）学习采用正交表来安排试验和分析试验结果的方法。

二、基　本　原　理

自 1899 年 Tisser 从健康母乳喂养的婴儿粪便中分离到双歧杆菌后，由于它具有很好的保健作用，一直吸引着细菌学家、医学家和营养学家们。大量研究表明：双歧杆菌是人和某些动物肠道的正常菌，与机体的健康密切相关，双歧杆菌的数量是衡量人体健康状况的重要指标之一。

但由于双歧杆菌对营养条件要求高，对氧极为敏感，对低 pH 耐性差，容易失活。因此，如何改善双歧杆菌的培养基组成和培养条件，一直是双歧杆菌研究的一个重点，而培养基则是培养条件中一个很重要的方面。本实验拟在了解双歧杆菌生长代谢规律的基础上，优化双歧杆菌增殖所需的发酵培养基组分，以提高双歧杆菌的活菌数。

微生物发酵培养基及其培养条件，常采用正交试验法（正交设计）进行调整优化。通过正交试验，可找出一个发挥菌种优良特性的最佳培养基组成和最优化的培养条件，使更适合微生物菌体的增殖或发酵产物的生成和积累。

正交试验通过采用正交表来安排试验和分析试验结果，是一种适于考察多因素试验的设计方法，能使参与试验各因素的不同水平之间保持严密的正交性。它仅用少数几个试验就能获得较丰富的信息，得出较全面的结论。

正交试验设计的方法步骤如下。

（1）确定试验的因素和水平。通过试验确定该菌种最适的碳源、氮源、无机盐及其他生长因子；抓住影响指标的限制因素（组成成分）进行试验；根据实际可能和菌种的需要，确定各因素的水平（含量）并列出因素水平表。

（2）选用正交表。根据参与试验的因素、水平数选用适当的正交表。一般每个因素可选取 3 水平，即选用三水平正交表，例如，若选用 $L_9(3^4)$ 正交表，则表示 4 因素 3 水平，应同时进行 9 个不同配方的试验。

（3）表头设计。以 $L_9(3^4)$ 正交表进行表头设计为例。$L_9(3^4)$ 正交表共有 4 列，9 个配方，可以 4 列都安排试验因素（4 因素），也可以任选其中 3 列安排试验因素（3 因素），本实验采用 4 列安排 4 个试验因素的方法。

（4）列出试验方案。根据表头设计把 $L_9(3^4)$ 正交表中 1、2、3、4 列换成实际试验中的 4 个因素；把每列中对应的 1、2、3 三个水平，换成因素水平表中规定的实际水平，构成一个 9 个配方的试验方案。

（5）实施实验方案。以常规操作制备 9 种培养基，每种培养基要重复 2 或 3 瓶；各个培养基应采用同一细胞浓度的菌悬液接种，置厌氧培养箱内培养后，测定各瓶的活菌数（或产物活性，或产物产量）；最后按正交表进行试验结果的统计分析。在整个方案实施过程中，试验条件应力求一致。

三、实验器材

1. 微生物菌种

两歧双歧杆菌（*Bifidobacterium bifidum*），短双歧杆菌（*Bifidobacterium breve*）。

2. 培养基与原料

改良的 TPY 液体培养基，半固体培养基，液体发酵培养基，优化培养基，蛋白胨水。

3. 主要试剂

葡萄糖，酵母浸出物，胰蛋白胨，牛肉膏，大豆蛋白胨，低聚果糖，牛肝浸液，K_2HPO_4，NaCl，L-半胱氨酸盐酸盐等。

4. 仪器设备

厌氧培养箱，超净工作台，高压蒸汽灭菌锅，分光光度计，显微镜，pH 计等。

5. 其他材料

酒精灯，酒精棉球，无菌吸管，无菌大试管，比色杯，其他常用玻璃器皿。

四、实验内容及操作步骤

本实验拟进行优化的双歧杆菌发酵培养基成分如下：葡萄糖，酵母浸出物，胰蛋白胨，牛肉膏，大豆蛋白胨，低聚果糖，牛肝浸液，K_2HPO_4，NaCl，L-半胱氨酸盐酸盐，pH 7.5。

由于该培养基组分多，拟分成两步进行优化，第一步先优化发酵培养基中的氮源，第二步再优化发酵培养基中的其他主要组分。

（一）发酵培养基中氮源的优化

1. 菌悬液的制备

（1）配制改良的 TPY 培养基 100 mL，配方如下：葡萄糖 2%，酵母浸出物 1%，胰蛋白胨 0.5%，牛肉膏 0.5%，生长因子 0.5%，K_2HPO_4 0.2%，NaCl 0.3%，L-半胱氨酸盐酸盐 0.1%，pH 7.5。

（2）分装于大试管（装量约为试管高度的一半），于 121℃ 灭菌 15 min，立即取出浸入冷水中（切勿摇动）。

（3）接入冻干的双歧杆菌菌种，于 37℃ 厌氧培养 48 h，作为正交试验用的菌悬液。

2. 确定氮源正交试验的因素和水平

（1）参照上述改良的 TPY 培养基，固定碳源、生长因子、无机盐和 L-半胱氨酸盐酸盐的用量分别为 2%、0.5%、0.2%+0.3% 和 0.1%。

（2）正交试验的因素（氮源）确定为 A 酵母浸出物，B 胰蛋白胨，C 大豆蛋白胨，D 牛肉膏。

（3）选用 4 因素 3 水平正交表 $L_9(3^4)$，根据实际可能和菌种的需要，确定各因素的水平（例如，因素 A 可取 A1 0.3%，A2 0.6%，A3 0.9% 三个水平），设计出因素水平表（表 6-10）。

表 6-10　培养基中氮源优化正交实验因素水平表

水平	因素/%			
	A 酵母浸出物	B 胰蛋白胨	C 大豆蛋白胨	D 牛肉膏
1	A1	B1	C1	D1
2	A2	B2	C2	D2
3	A3	B3	C3	D3

3. 设计氮源正交试验方案

（1）根据表头设计把 $L_9(3^4)$ 表中 1、2、3、4 列换成实际试验中的 4 个因素：酵母浸出物、胰蛋白胨、大豆蛋白胨、牛肉膏；并以测定光密度和 pH 为指标。

（2）把每列中对应的 1、2、3 三个水平，换成因素水平表中规定的实际水平，构成一个 9 种培养基配方的试验方案（试验号），如表 6-11 所示。

表 6-11　发酵培养基中氮源优化设计的正交表 $L_9(3^4)$

试验号	因素/%				指标	
	酵母浸出物 A	胰蛋白胨 B	大豆蛋白胨 C	牛肉膏 D	OD_{600}	pH
1	A1	B1	C1	D1		
2	A1	B2	C2	D2		
3	A1	B3	C3	D3		
4	A2	B1	C2	D3		
5	A2	B2	C3	D1		
6	A2	B3	C1	D2		
7	A3	B1	C3	D2		
8	A3	B2	C1	D3		
9	A3	B3	C2	D1		

4. 氮源正交试验设计方案的实施

(1) 以相同的碳源、生长因子、无机盐和 L-半胱氨酸盐酸盐的用量,按上述正交试验设计方案的 9 种不同氮源配方,以常规操作制备 9 种培养基(各 100 mL)。

(2) 将每种培养基分装于 3 或 4 支大试管中,每支装量约为试管高度的一半。

(3) 于 121℃灭菌 15 min,立即取出浸入冷水中(切勿摇动)。

(4) 取上述制备好的相同细胞浓度菌悬液各 1 mL,接入每支大试管培养基中(每种培养基重复接种 2 或 3 支),用无菌玻棒轻搅混匀。

(5) 竖直置于 37~38℃厌氧培养箱中培养 18 h。

(6) 用分光光度计在 600 nm 下测定菌液的光密度和测定 pH(2 或 3 支重复取平均值),填入表 6-11 中。

(7) 根据正交试验结果进行统计分析,确定氮源 4 因素的显著顺序(例如,A>B>C>D)、最显著因素(A)和最优化水平组合(例如,A3、B2、C1、D3)。

(二) 双歧杆菌发酵培养基的优化

1. 菌悬液的制备

按上面(一)发酵培养基中氮源的优化中菌悬液的制备方法进行。

2. 培养基正交试验因素和水平的确定

(1) 根据上述氮源正交试验的结果,固定最显著因素的最优化组合水平(例如,A3 0.9%)。考虑到实际生产成本,省略去最不显著的因素(例如,D),次显著因素 B、C 仅选取 1(0.3%)和 2(0.6%)两种水平。

(2) 固定 K_2HPO_4、NaCl 和 L-半胱氨酸盐酸盐的用量分别为 0.2%、0.3% 和 0.1%。

(3) 培养基正交试验的因素确定为 E 氮源(酵母浸出物、胰蛋白胨、大豆蛋白胨)、F 碳源(葡萄糖)、G 低聚果糖(双歧因子)、H 牛肝浸液(生长因子)。

(4) 选用 4 因素 3 水平正交表 $L_9(3^4)$,根据实际可能和菌种的需要,确定各因素的水平(含量),设计出因素水平表(表 6-12):

表 6-12 发酵培养基优化正交试验因素水平表

水平	因素/%			
	E 氮源	F 葡萄糖	G 低聚果糖	H 牛肝浸液
1	E1	F1	G1	H1
2	E2	F2	G2	H2
3	E3	F3	G3	H3

注:E1(A3:B1:C1)、E2(A3:B2:C1)、E3(A3:B2:C2)。

3. 发酵培养基正交试验方案的设计

(1) 根据表头设计把 $L_9(3^4)$ 表中 1、2、3、4 列换成实际试验中的 4 个因素:氮源,葡萄糖,低聚果糖,牛肝浸液。

(2) 把每列中对应的 1、2、3 三个水平,换成因素水平表中规定的实际水平,构成一个 9 种培养基配方的试验方案。如表 6-13 所示。

表 6-13　发酵培养基优化设计的正交表 $L_9(3^4)$

试验号	因素/%				指标	
	氮源 E	葡萄糖 F	低聚果糖 G	牛肝浸液 H	OD_{600}	pH
1	E1	F1	G1	H1		
2	E1	F2	G2	H2		
3	E1	F3	G3	H3		
4	E2	F1	G2	H3		
5	E2	F2	G3	H1		
6	E2	F3	G1	H2		
7	E3	F1	G3	H2		
8	E3	F2	G1	H3		
9	E3	F3	G2	H1		

4. 发酵培养基正交试验设计方案的实施

(1) 以相同的复合氮源、无机盐和 L-半胱氨酸盐酸盐的用量，按上述正交试验设计方案的 9 种不同的培养基配方，以常规操作制备 9 种培养基（各 100 mL）。

(2) 将每种培养基分装于 3 或 4 支大试管中，每支装量约为试管高度的一半。

(3) 集中于 121℃灭菌 15 min，立即取出浸入冷水中（切勿摇动）。

(4) 取上述制备好的菌悬液（相同细胞浓度）各 1 mL，接入每支大试管培养基中（每种培养基重复接种 2 或 3 支），用无菌玻棒轻搅混匀。

(5) 竖直置于 37～38℃厌氧培养箱中培养 18 h。

(6) 用分光光度计在 600 nm 下测定菌液的光密度和测定 pH（2 或 3 支重复取平均值），填入正交表 6-13 中。

(7) 根据正交试验结果进行统计分析，确定氮源，葡萄糖，低聚果糖，牛肝浸液 4 因素的最优化水平组合和各因素的显著顺序。

(8) 作出因素与试验结果的关系图，确定最终经优化的双歧杆菌发酵培养基配方。

（三）经优化发酵培养基的验证试验

1. 配制两种培养基

(1) 分别配制改良的 TPY 增殖培养基，和经优化后的最佳配方发酵培养基各 500 mL。

(2) 每种培养基分装入两个 250 mL 锥形瓶中，每瓶装 250 mL（深层液体），灭菌备用。

2. 接种及厌氧培养

(1) 按 5% 的接种量分别接入新培养的双歧杆菌菌悬液（相同细胞浓度），用无菌玻棒轻搅混匀。

(2) 静置于 37～38℃厌氧培养箱中培养。

3. 绘制生长曲线和 pH 变化曲线

(1) 在培养至 0、4 h，8 h、10 h、12 h、14 h、16 h、18 h、20 h、22 h 时，分别测定它们的 OD_{600} 和 pH，并记录。

(2) 绘制双歧杆菌在两种培养基的生长曲线和 pH 变化曲线。
(3) 综合各种指标对两种曲线进行分析比较。

4. 平板活菌计数

(1) 取在两种培养基中培养 18 h 的菌液,分别进行平板活菌计数。
(2) 厌氧培养 48 h 后分析比较活菌数的多少。

(四) 实验结果分析讨论

正交试验结果的统计分析,可分为极差分析和方差分析。极差分析是确定因素的主次和选择最佳条件,而方差分析是对试验结果给出误差估计。下面仅就极差分析的计算方法加以分析讨论。

1. 统计试验结果

(1) 采用 $L_9(3^4)$ 正交实验设计实施试验,以测定光密度和 pH 为指标,将测定结果按照 9 种培养基配方的对应关系,填入正交表的试验结果栏内。
(2) 假定双歧杆菌发酵培养基正交试验的结果如表 6-14 所示。

表 6-14 发酵培养基正交试验的结果

试验号	因素/%				指标	
	氮源 E	葡萄糖 F	低聚果糖 G	牛肝浸液 H	OD_{600}	pH
1	E1	F1	G1	H1	1.342	4.05
2	E1	F2	G2	H2	1.420	4.11
3	E1	F3	G3	H3	1.537	4.20
4	E2	F1	G2	H3	1.160	4.32
5	E2	F2	G3	H1	1.452	4.09
6	E2	F3	G1	H2	1.301	4.22
7	E3	F1	G3	H2	1.466	4.08
8	E3	F2	G1	H3	1.210	4.53
9	E3	F3	G2	H1	1.458	4.08

2. 计算 K 值

(1) K 值是指对应于各因素水平的试验结果 (OD_{600}) 的总和,如 E1 因素水平的 K 值为
$$K1 = 1.342 + 1.420 + 1.537 = 4.299$$
(2) K' 是 K 的平均值,如 E1 因素水平的 K' 为
$$K1' = K1/3 = 4.299/3 = 1.433$$
(3) R 称为极差,是各列不同因素水平中各因素水平试验结果平均值的最大值与最小值之差(表 6-15),如第一列的 R 为
$$R = 1.433 - 1.304 = 0.129$$

3. 作因素与试验结果的关系图

(1) 以各因素的不同水平作横坐标,以 K 值作纵坐标,把每个因素不同水平与所对应的 K 值作曲线图(图略)。

表 6-15　双歧杆菌发酵培养基优化中 OD_{600} 指标的极差分析

指标	OD_{600}			
因素	氮源 E	葡萄糖 F	低聚果糖 G	牛肝浸液 H
$K1$	4.299	3.969	3.852	4.251
$K2$	3.912	4.083	4.038	4.188
$K3$	4.134	4.296	4.455	3.906
$K1'$	1.433	1.323	1.284	1.417
$K2'$	1.304	1.361	1.346	1.396
$K3'$	1.378	1.432	1.485	1.302
R	0.129	0.109	0.201	0.115

（2）可根据极差 R 的大小，排出因素作用的主次顺序，例如，本试验为 G＞E＞H＞F，即低聚果糖＞氮源＞牛肝浸液＞葡萄糖。

4. 确定各因素最佳水平组合

（1）由上述发酵培养基正交试验结果中的各列 K 值可知：

低聚果糖的最适浓度为 G3，氮源的最适浓度为 E1（A3 B1 C1），

牛肝浸液的最佳配比为 H1，葡萄糖的最适浓度为 F3。

（2）可确定发酵培养基的最好水平组合为 F3 E1 G3 H1，即碳源（葡萄糖）F3，氮源（酵母膏 A3，胰蛋白胨 B1，大豆蛋白胨 C1）E1，双歧因子（低聚果糖）G3，生长因子（牛肝浸液）H1。

五、实验注意事项

（1）在整个正交试验方案实施过程中，试验条件（包括试管大小、装液量、接种量、初始 pH、培养条件和培养时间等）应力求一致。

（2）培养后菌液吸光值的测定和 pH 的测定（包括仪器、电压、波长、温度等），也应力求一致，以减少误差。

（3）9 个实验（即 9 种培养基配方）中，每个实验都要重复接种 2 或 3 支（瓶），结果取平均数。

（4）若由于某些原因（如水平设计不合理），造成实验结果不理想，应再重复做 1 次。

六、实验报告与思考题

1. 实验结果

（1）根据在培养基氮源优化正交试验中实际确定的各因素水平，设计并完成表 6-10，并加以说明。

（2）将测定的菌液光密度和 pH 的平均值，填入发酵培养基中氮源优化设计的正交表（表 6-11）中，根据正交试验结果进行统计分析，确定四因素的最优化水平组合和各因素的显著顺序。

（3）以各因素的不同水平作横坐标，以 K 值作纵坐标，试画出氮源各因素与试验结果的关系图。

（4）根据在双歧杆菌发酵培养基优化正交试验中，实际确定的各因素水平，设计并完成表6-12，并加以说明。

（5）将测定的菌液光密度和pH的平均值，填入发酵培养基优化设计的正交表（表6-13）中，根据正交试验结果进行统计，确定四因素的最优化水平组合和各因素的显著顺序。

2. 思考题

（1）对于培养基氮源优化结果中，各种因素对指标影响的顺序（即显著性），能够解释其主要原因吗？

（2）在双歧杆菌发酵培养基优化正交试验中，为什么要先进行氮源的优化，其主要目的是什么？

（3）对于双歧杆菌发酵培养基优化结果中，各种因素对指标影响的顺序（即显著性），能够解释其主要原因吗？

（4）在获得双歧杆菌发酵培养基优化结果后，为什么还要将经优化后的最佳配方发酵培养基与原来的TPY增殖培养基进行对比验证？

（5）在进行双歧杆菌生长曲线测定和平板菌落计数时应注意什么问题？

（6）试描述两歧双歧杆菌和短双歧杆菌的形态特征。

第七章 工业微生物育种技术

从自然界直接分离到的野生型菌株积累产物的能力往往很低，无法满足工业生产的需要，这就要求我们对菌种进行改造。微生物育种的目的就是利用微生物遗传学的原理和方法，人为地在DNA水平解除或改变微生物的代谢调节控制，使某种代谢产物过量积累；或促使细胞内发生基因重组，优化遗传性状，获得所需的高产菌种。微生物育种目前主要是利用诱变育种技术、原生质体融合育种技术、基因工程育种技术等改造或构建我们所需要的菌株。

本章的主要内容包括：①工业微生物诱变育种技术；②工业微生物原生质体育种技术。本章共设置四个实验，其中，实验三十三和实验三十四为综合性实验，实验三十五和实验三十六为研究性实验。

第一节 工业微生物诱变育种技术

诱变育种是指利用物理或化学诱变剂处理均匀分散的微生物细胞群，促进其突变频率大幅度提高，然后设法采用简便、快速和高效的筛选方法，从中挑选少数符合育种目的的突变株，以供生产实践或科学实验之用。诱变育种具有极其重要的实践意义。当前发酵工业和其他微生物生产部门所使用的高产菌株，几乎都是通过诱变育种而大大提高了生产性能。故诱变育种仍是目前使用最广泛的育种手段之一。

诱变育种的优点是：方法简单、速度快、投资少、收效大。国内外发酵工业中所使用的生产菌种，绝大部分是人工诱变选育出来的。几乎所有的抗生素生产菌都离不开诱变育种的方法。诱变育种在发酵工业中的作用：①提高有效产物的产量；②提高产品质量；③简化工艺条件；④开发新品种。诱变育种的步骤与方法：①出发菌株的选择；②单细胞（或单孢子）菌悬液的制备；③诱变剂及诱变剂量的选择；④诱变处理；⑤突变株的分离与筛选。

实验三十三 应用物理因素诱变选育抗药性的淀粉酶高产菌株

一、目 的 要 求

（1）学习应用物理因素诱变育种的基本方法。
（2）学习抗药性变异株和高产淀粉酶产生菌的筛选方法。

二、基 本 原 理

利用物理或化学因素处理微生物细胞群体，促使其中少数细胞的遗传物质的分子结构发生改变，从而引起菌体发生遗传性的变异，再用合理的筛选方法从群体中筛选出少数具有优良性状的菌株，这种育种方法称为诱变育种。诱变育种是提高菌种产量，获得新型变异菌株的主要手段。

紫外线（UV）是一种最常用有效的物理诱变因素。其诱变效应主要是由于它引起 DNA 结构的改变（DNA 链或氢键的断裂、胞嘧啶的水合作用、胸腺嘧啶二聚体的形成等）而造成的。紫外线诱变一般采用 15 W 或 30 W 紫外线杀菌灯，照射距离为 20～30 cm，照射时间依菌种而异，一般为 1～3 min，死亡率控制在 50%～80% 为宜。被照射处理的细胞，必须呈均匀分散的单细胞悬浮液状态，以利于均匀接触诱变剂，并可减少不纯菌的出现。同时，对于细菌细胞的生理状态则要求培养至对数生长期为最好。

本实验以紫外线处理枯草杆菌 BF7658。首先筛选出抗药性（抗氨苄青霉素）变异株，再进一步用琼脂块透明圈法初筛，选择淀粉酶活力有明显提高的生产菌株。国内外均有选育抗药性的枯草杆菌变异株而获得产生 α-淀粉酶高产菌株的报道。其机理尚未十分明了。有研究报道产 α-淀粉酶的枯草杆菌，其产酶活性的高低与否，同其本身含有的编码 α-淀粉酶的质粒拷贝数有很大关系。当培养基中存在抗生素时，菌体内编码 α-淀粉酶的质粒迅速丢失，酶活性降低。因此，选育能耐抗生素药物的变异株，可能对于提高菌体内质粒拷贝数的稳定性从而提高其产酶活力起着一定的作用。

三、实 验 器 材

1. 微生物菌种

枯草芽孢杆菌（*Bacillus subtilis*）BF7658（37℃振荡培养 12 h）。

2. 培养基与试剂

（1）淀粉培养基。可溶性淀粉 2 g、葡萄糖 1 g、蛋白胨 1 g、牛肉膏 0.5 g、NaCl 0.5 g、酵母浸出物 0.1 g、琼脂 2 g、pH 7.0、蒸馏水 100 mL，121℃灭菌 20 min。

（2）选择培养基。可溶性淀粉 2 g、牛肉膏 1 g、NaCl 0.5 g、琼脂 2.5 g、蒸馏水 100 mL，pH 6.8～7.0，121℃灭菌 20 min。

（3）种子培养基（用于菌体增殖）。玉米粉 3%、豆饼粉 4%、Na_2HPO_4 0.4%、NH_4Cl 0.15%、液化酶 50 U/100mL，自然 pH。

（4）发酵培养基（用于发酵产酶）。玉米粉 9.5%、豆饼粉 6.5%、Na_2HPO_4 0.8%、$(NH_4)_2SO_4$ 0.4%、NH_4Cl 0.5%、$CaCl_2$ 0.5%、液化酶 50 U/100 mL，自然 pH。

（5）无菌生理盐水。NaCl 1.3 g、蒸馏水 150 mL、121℃灭菌 20 min。

（6）氨苄青霉素液。500 μg/mL（1 瓶）：称取氨苄青霉素 50 mg，加蒸馏水 100 mL。200 μg/mL（1 瓶）：量取上述溶液 40 mL，加蒸馏水 60 mL。

3. 仪器设备

离心机、紫外线照射处理装置、暗箱。

4. 器具及其他材料

玻璃器皿、培养皿、试管、吸管、玻璃珠、锥形瓶、离心管、玻璃刮棒、小玻棒。

四、实验内容及操作步骤

（一）培养基的制备

1. 淀粉药物培养基平板的制做

实验前预先制备。配制 100 mL，装入 250 mL 锥形瓶中，灭菌备用。使用前加热熔化，冷却至约 50℃，按规定加入药物后倒制平板。

2. 无菌生理盐水的制备

实验前预先制备。配制 150 mL，装入 250 mL 锥形瓶中，灭菌备用。

3. 选择培养基的配制

实验前预先制备。配制 100 mL，装入 250 mL 锥形瓶中，灭菌备用。

（二）紫外线诱变处理

1. 倒制淀粉药物平板

加热熔化淀粉药物培养基 100 mL，冷却至约 50℃，按下列规定浓度加入氨苄青霉素液，倒制平板备用。

药物浓度：

0.5 μg/mL，加入 0.25 mL 200 μg/mL 氨苄青霉素液；

1.0 μg/mL，加入 0.50 mL 200 μg/mL 氨苄青霉素液；

1.5 μg/mL，加入 0.75 mL 200 μg/mL 氨苄青霉素液；

2.0 μg/mL，加入 1.00 mL 200 μg/mL 氨苄青霉素液；

2.5 μg/mL，加入 1.25 mL 200 μg/mL 氨苄青霉素液。

另分装无菌生理盐水 6 支（4.5 mL/支），备稀释用。

2. 紫外线诱变处理方法

（1）吸取枯草杆菌菌液 5 mL 于无菌离心管中，以 3000 r/min 离心 15 min，弃去上清液。

（2）用无菌玻棒搅松管底菌体，加入生理盐水 10 mL 洗涤菌体，离心 10 min，弃上清液。

（3）搅松菌体，再加入 10 mL 生理盐水制成菌液，并全部移入 50 mL 锥形瓶中（内有玻璃珠）。

（4）激烈振荡 5 min，使均匀分散成菌体悬浮液。

（5）吸取 5 mL 菌悬液于直径为 6 cm 的无菌培养皿中（内放一支搅拌棒）。

（6）置于磁力搅拌器上于紫外灯下（距 30 cm）照射 0.5 min（单号实验小组）或 1.0 min（双号实验小组）。

（7）在红灯下吸取经处理的菌液 0.5 mL，稀释至 10^{-6}，分别取稀释度为 10^{-1}～10^{-6} 的稀释液各一滴于 6 个平板中，并按 10^{-6}→10^{-1} 的顺序依次涂布均匀。

（8）置暗箱内于 37℃培养 48 h（图7-1）。

3. 琼脂块透明圈法初筛

（1）每组倒制选择培养基 6 皿（其中 2 皿较厚，用于打制琼脂块用）。取其中较厚

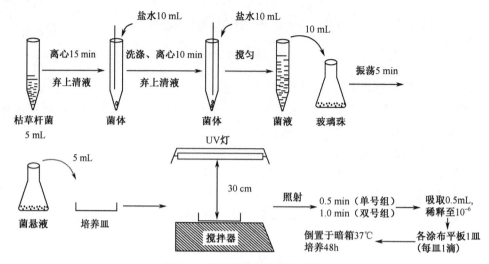

图 7-1 紫外线诱变处理示意图

的 2 皿用打孔器或玻璃管打制圆形琼脂块。

（2）每人平移 5 块琼脂块至一个选择平板上，再用接种针挑取 4 个单菌落的少量菌体分别接种于 4 块琼脂块中心。另一琼脂块上接入出发菌株作为对照（图 7-2）。

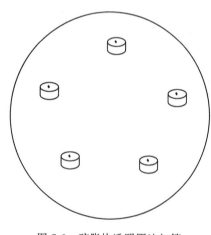

图 7-2 琼脂块透明圈法初筛

（3）正置于 37℃培养 42～48 h，取出观察生长情况。

（4）于培养好的选择平板中滴加碘液数滴，观察并测定透明圈的直径。

（5）选取透明圈比出发菌株大的菌落接入斜面备复筛用（图略）。

4. 摇瓶发酵复筛

将经初筛选出的菌株分别接入增殖培养基中培养 12～14 h，再分别接种于发酵培养基中，置于 37℃恒温摇床上发酵 38～48 h（此期间不断检测其酶活力至少到产酶高峰），选取酶活力较高者备进一步复筛用。

五、实验注意事项

（1）紫外线诱变处理前，必须充分振荡菌液，使细胞处于分散悬浮状态。
（2）在琼脂块上培养细胞时，勿使菌体扩散到平板上。

六、实验报告与思考题

1. 实验结果
图示紫外线诱变处理枯草杆菌选育抗药性的淀粉酶生产菌的过程。

2. 思考题
（1）选育抗性变异株通常可采用哪些方法？各有什么优缺点？

（2）为提高琼脂块透明圈法初筛的准确性，在操作上应注意哪些问题？该法还可应用于哪些菌种选育工作？

实验三十四　应用化学因素诱变选育腺嘌呤营养缺陷型菌株

一、目 的 要 求

（1）学习应用化学因素诱变育种的基本方法。
（2）初步掌握选育营养缺陷型菌株的原理和方法。

二、基 本 原 理

化学诱变剂的种类很多，使用得最多和最有效的是烷化剂。烷化剂的诱变效应主要是因为它能使 DNA 的碱基和磷酸基团发生烷基化作用，使烷化嘌呤丧失或使糖-磷酸骨架发生断裂等，从而引起 DNA 复制时碱基配对的转换或颠换。硫酸二乙酯（DES）是烷化剂中的一种，其处理浓度为 0.5%～1%，处理时间为 15～60 min。为防止其分解而使 pH 发生变化，处理时必须采用 pH 7.0 的磷酸缓冲液。终止反应（解毒）时，可以用大量稀释法或加入硫代硫酸钠等方法。

营养缺陷型菌株是指在某些物质（如氨基酸、维生素、碱基等）的合成能力上出现缺陷，必须在培养基中外加这些营养成分才能正常生长的变异菌株。直接从自然界分离得到的未发生变异的是野生型菌株。营养缺陷型在生产和研究上用途很广，目前生产氨基酸和核苷酸的菌种大多是各种类型的营养缺陷型菌株。与选育营养缺陷型菌株有关的三种培养基如下：

基本培养基（minimal medium，MM）——能满足野生型菌株营养要求的最低成分的合成培养基。

补充培养基（supplementary medium，SM）——在基本培养基中加入相应的营养成分的培养基。

完全培养基（complete medium，CM）——能满足各种营养缺陷型菌株生长所需营养成分的培养基。

凡是在完全培养基上生长而在基本培养基上不生长的菌株即为营养缺陷型菌株。在腺嘌呤补充培养基上生长而在次黄嘌呤补充培养基上不生长的营养缺陷型菌株则为精确的腺嘌呤营养缺陷型（Ade⁻）菌株。本实验以野生型产氨短杆菌为出发菌株，经 DES 处理后，拟选育腺嘌呤营养缺陷型菌株。该菌株的精确腺嘌呤营养缺陷型可积累中间产物——肌苷酸（IMP）。

三、实 验 器 材

1. 微生物菌种

产氨短杆菌（*Brevibacterium ammoniagenium*），37℃振荡培养 12 h。

2. 培养基与试剂

（1）基本培养基。葡萄糖 2%、尿素 0.4%、KH_2PO_4 0.1%、$MgSO_4$ 0.005%、谷

氨酸 0.12％、胱氨酸 0.01％、$(NH_4)_2SO_4$ 0.296 mg/L、$FeSO_4$ 3 mg/L、$MnSO_4$ 3 mg/L、生物素 20 μg/L、维生素 B_1 100 μg/L、泛酸钙 500 μg/L、琼脂 2.0％、pH 7.2、121℃灭菌 20 min。

(2) 完全培养基。葡萄糖 2％、蛋白胨 1％、酵母膏 1％、牛肉膏 0.5％、尿素 0.2％、$MgSO_4$ 0.2％、NaCl 2.5％、琼脂 2.0％、pH 7.0、121℃灭菌 20 min。

(3) 补充培养基（用于鉴定腺嘌呤缺陷型菌株）。腺嘌呤补充培养基：在上述基本培养基中加入腺嘌呤 5 μg/100 mL。次黄嘌呤补充培养基：在上述基本培养基中加入黄嘌呤 5 μg/100 mL。

(4) 0.1 mol/L pH 7.0 磷酸缓冲液。Na_2HPO_4 1 g、KH_2PO_4 0.5 g、蒸馏水 100 mL，121℃灭菌 20 min。

(5) 硫酸二乙酯（DES）醇溶液。DES 原液 3 mL，加入 12 mL 无水乙醇（用前配制）。

(6) 25％硫代硫酸钠（$Na_2S_2O_3$）。称取 $Na_2S_2O_3$ 2.5 g，加入蒸馏水 10 mL。

(7) 无菌生理盐水。

3. 仪器设备

离心机，恒温振荡器，培养箱等。

4. 器具及其他材料

见实验二十五。

四、实验内容及操作步骤

（一）培养基的制备

1. 基本培养基

实验前预先制备。由双号组各配制 100 mL，灭菌备用。

2. 完全培养基

实验前预先制备。由双号组各配制 100 mL，灭菌备用。

3. 0.1 mol/L pH 7.0 磷酸缓冲液

实验前预先制备。由单号组各配制 100 mL，灭菌备用。

4. 无菌生理盐水

实验前预先制备。由单号组各配制 100 mL，灭菌备用。

（二）化学因素诱变处理

1. 倒制完全培养基平板

加热熔化完全培养基 100 mL，冷却至约 50℃倒制平板 7 皿。另每组分装无菌生理盐水 6 支（4.5 mL/支），备稀释用。

2. 诱变处理（图 7-3）

(1) 吸取产氨短杆菌菌液 5 mL 于无菌离心管中，以 3000 r/min 离心 15 min，弃上清液。

(2) 用无菌玻棒搅松管底菌体，加入生理盐水 10 mL 洗涤菌体，离心 10 min，弃上清液。

(3) 搅松菌体，加入 10 mL 磷酸缓冲液制成菌悬液，搅匀。

(4) 吸取 4 mL 菌悬液于预先装有 15 mL 缓冲液的 50 mL 锥形瓶中（内有玻璃珠），激烈振荡 5 min。

(5) 加入 DES 醇液 1 mL，置摇床上振荡处理 30 min（单号组）或 40 min（双号组）。

(6) 取出立即加入 25% $Na_2S_2O_3$ 0.5 mL 终止反应（解毒）。

(7) 吸取 0.5 mL 反应液于 4.5 mL 生理盐水中，按十倍稀释法稀释至 10^{-6}，分别取稀释度为 $10^{-1} \sim 10^{-6}$ 的稀释液各 0.1 mL 涂布 6 个平板。

(8) 置于 32℃ 培养箱培养 36～48 h。

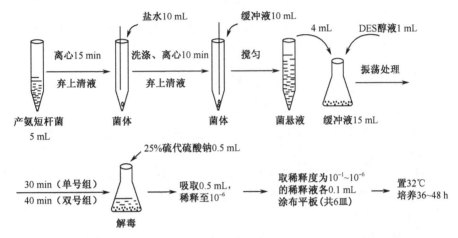

图 7-3　化学诱变处理过程

3. 营养缺陷型菌株的检出

(1) 每组在 2 个基本培养基平板和 2 个完全培养基平板的皿底按图 7-4 所示打格编号。

(2) 用无菌牙签分别挑取每一个单菌落的少量菌体先后在 MM 平板和 CM 平板上对号点种。

(3) 置于 32℃ 温箱培养 36～48 h，观察结果（凡在 MM 平板上明显不长的菌株可初步认为是营养缺陷型菌株）。

(4) 挑取营养缺陷型菌株分别接入斜面，备鉴定用。

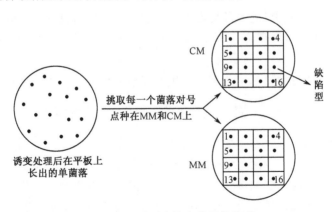

图 7-4　用对照法检出营养缺陷型

4. 腺嘌呤营养缺陷型菌株的鉴定

（1）倒制基本培养基（MM）、次黄嘌呤补充培养基（MM+HX）、腺嘌呤补充培养基（MM+Ade），并在皿底打格编号。

（2）用灭菌牙签挑取缺陷型菌体，分别点种于上述三种培养基上。

（3）于32℃培养48 h后观察。凡在MM和MM+HX上不生长，而只在MM+Ade上生长的，即为精确的腺嘌呤营养缺陷型菌株。

（4）将选出菌株进行摇瓶发酵试验，测定其是否产生IMP及产酸率。

五、实验注意事项

（1）化学诱变剂均有毒性，很多还具有致癌作用，故操作时勿与皮肤直接接触。

（2）硫酸二乙酯（DES）醇溶液必须现配现用。

六、实验报告与思考题

1. 实验结果

图示用DES诱变处理野生型产氨短杆菌，选育腺嘌呤营养缺陷型菌株的过程。

2. 思考题

（1）如何测定经DES处理后菌体细胞的存活率（或死亡率）？

（2）为什么在MM上不生长，而在MM+HX和MM+Ade上都生长的缺陷型菌株为非精确的Ade⁻型菌株？

（3）试将诱变处理后淘汰野生型菌株的具体操作过程补充入该实验。

第二节 工业微生物原生质体育种技术

1953年，Weibull等首次用溶菌酶处理细菌，获得原生质体，并首先提出原生质体概念。所谓原生质体，就是微生物的细胞壁被酶水解剥离，剩下的由原生质膜包围着的原生质部分；而原生质球，则是革兰氏阴性细菌经溶菌酶水解后，细胞壁尚有残余部分，细胞具刚性，保持球形。两者都基本保持原细胞结构、活性和功能，但对渗透压特别敏感。

原生质体的特性为：对外界环境影响更敏感，诱变剂对其效应更强烈；细胞表面受体和噬菌体结合部位不再存在；不受感受态的影响，可直接进行转化和融合等基因重组。

微生物原生质体育种技术主要有：原生质体诱变育种、原生质体融合育种等。

一、微生物原生质体诱变育种

原生质体诱变以微生物原生质体为材料，采用物理或化学诱变剂处理，然后分离到再生培养基中再生，从再生菌落中筛选高产突变菌株。其优点是，细胞去壁后，仅存原生质膜外层，可直接与诱变剂接触，使其迅速内渗并与核作用；原生质体为单个分散细胞，与诱变剂接触面大，诱变后易于形成单菌落，便于分离筛选。其缺点是：原生质体再生时间长，易染菌；诱变周期比常规诱变育种要长，难度更大。

二、微生物原生质体融合育种

原生质体融合（protoplast fusion）是 20 世纪 70 年代发展起来的基因重组技术。原生质体融合是用酶除去细胞壁，制成原生质体；再用各种方法诱导遗传特性不同的两个亲本原生质体融合；经染色体交换、重组，达到杂交的目的；经筛选获得集双亲优良性状于一体的稳定融合重组子的过程，亦称为细胞融合（cell fusion）。

Fodor 和 Schaeffer（1976）分别报道了巨大芽孢杆菌和枯草芽孢杆菌种内原生质体融合，证实了微生物原生质体融合现象。现已成功地实现了酵母菌、霉菌、放线菌和细菌等多种微生物在株内、株间、种间以及属间的原生质体融合，从而使原生质体融合技术在微生物方面形成了一个系统的实验体系。目前，原生质体融合已成为微生物遗传育种的一种新工具。原生质体融合技术是继转化、转导和接合等微生物基因重组方式之后，又一个极其重要的基因重组技术。

原生质体融合的优越之处：重组频率较高，受接合型或致育性的限制较小，遗传物质的传递更为完整。原生质体融合育种程序：直接亲本及其遗传标记的选择，双亲本原生质体的制备与再生，亲本原生质体的诱导融合，融合重组体（融合子）的分离，遗传特性的分析与测定。

实验三十五　酵母菌原生质体诱变育种

一、目　的　要　求

（1）观察酵母菌子囊孢子的形成及学习酵母单倍体营养细胞的制备方法。
（2）学习酵母原生质体的制备过程。
（3）掌握用化学诱变剂诱变处理原生质体的操作方法。
（4）学会营养缺陷型菌株的筛选和鉴定的一般方法。

二、基　本　原　理

在高渗溶液中，用酶法将细胞壁分解除掉，剩下的由原生质膜包住的球状胞体，称为原生质体（protoplast）。它保持了原细胞的一切活性。

原生质体诱变的原理是利用原生质体因去掉细胞壁屏障而对诱变剂的敏感性强和变异率高的特点来选育人们需要的变异菌株，是一种行之有效的菌种选育方法。

对原生质体可采用物理或化学因素诱发其基因的突变。化学诱变剂的种类很多，其中属于烷化剂类的 N-甲基-N-硝基-N-亚硝基胍（简称亚硝基胍，以 NTG 或 MNNG 表示）有"超诱变剂"之称，它对真核或原核微生物都具有强烈的诱变作用。其作用机制据认为是伴随着重氮甲烷的生成及在酸性条件下生成亚硝酸，直接作用于细胞内的 DNA 复制系统，从而诱发了突变。据文献报道，NTG 对诱变选育营养缺陷型菌株尤其有效。

本实验拟以两种不同性状的酵母菌（双倍体）为出发菌株，先获得其单倍体细胞，再分别制备其原生质体。然后采用亚硝基胍进行化学诱变处理，由再生菌落中检出营养缺陷型菌株，再确定其生长谱。所获得的精确营养缺陷型菌株可作为原生质体融合育种的亲本菌株。

三、实验器材

1. 微生物菌种

酵母菌 A：耐高温酒精酵母（双倍体，能产生子囊孢子）。

酵母菌 B：高糖面包酵母（双倍体，能产生子囊孢子）。

2. 培养基与试剂

（1）麦芽汁（或米曲汁）培养基：按常规方法制成斜面和液体。

（2）乙酸钠琼脂培养基斜面（产子囊孢子培养基）。葡萄糖 0.06％、胰蛋白胨 0.25％、乙酸钠 0.5％、NaCl 0.06％、KH_2PO_4 0.01％、K_2HPO_4 0.02％、琼脂 2％，pH 6.5～6.8，115℃灭菌 20 min。

（3）酵母基本培养基（MM）。葡萄糖 2 g、天冬酰胺 0.2 g、KH_2PO_4 0.15 g、$CaCl_2 \cdot 2H_2O$ 0.03 g、$MgSO_4$ 0.05 g、$(NH_4)_2SO_4$ 0.2 g、KI 0.01 mg、微量元素液 0.1 mL、维生素液 1 mL、琼脂 2.0 g、蒸馏水 100 mL，pH 5.0，115℃灭菌 20 min。

（4）酵母完全培养基（CM）。葡萄糖 2％、蛋白胨 2％、酵母膏 1％、KH_2PO_4 0.1％、$MgSO_4$ 0.05％、琼脂 2％、pH 6.0，115℃灭菌 15 min。

（5）高渗再生完全培养基。在上述完全培养基（CM）中加入 0.8 mol/L 山梨醇或甘露醇（渗透压稳定剂）而成。半固体培养基则琼脂含量改为 0.7％。

（6）酵母补充培养基。在上述基本培养基（MM）中分别补充各组拟定的营养成分而成。

（7）微量元素液。H_3BO_4 60 mg、$MnSO_4$ 300 mg、$CuSO_4$ 10 mg、$FeCl_3$ 250 mg、Na_2MoO_4 25 mg、蒸馏水 1000 mL，115℃灭菌 15 min。

（8）维生素液。硫胺素 20 mg、吡哆醇 20 mg、烟酸 20 mg、泛酸 20 mg、生物素 H 0.2 mg、肌醇 1 g、蒸馏水 1000 mL，115℃灭菌 15 min。

（9）缓冲液。缓冲液 A：0.1 mol/L pH 6.0 磷酸盐缓冲液，115℃灭菌 15 min。缓冲液 B（高渗）：缓冲液 A 加入 0.8 mol/L 山梨醇或甘露醇，115℃灭菌 15 min。缓冲液 C：0.05 mol/L pH 7.5 Tris-HCl 缓冲液，115℃灭菌 15 min。

（10）混合盐液。1.2 mol/L KCl、0.02 mol/L $MgSO_4 \cdot 7H_2O$，115℃灭菌 15 min。

（11）蜗牛酶。用高渗缓冲液配成 50 mg/mL 溶液。

（12）1 mg/mL 亚硝基胍（NTG）。用缓冲液 B 配成 1 mg/mL 溶液。

（13）1 mol/L 巯基乙醇、无菌生理盐水。

3. 仪器设备

显微镜，水浴锅，培养箱，离心机，摇床，超净工作台等。

4. 器具及其他材料

各种常用玻璃器皿。

四、实验内容及操作步骤

（一）酵母子囊孢子的获得与观察

（1）将酵母斜面菌种接入盛有麦汁的锥形瓶中，振荡培养 18～24 h，离心、洗涤，得菌体。

（2）将菌体大量涂布于乙酸钠琼脂斜面上置 25～28℃培养 3 天以上，使产生子囊孢子。

（3）镜检观察子囊孢子的形态和数目。

（二）单倍体酵母的分离制备

1. 酶解法分离单倍体

（1）用高渗缓冲液洗下乙酸钠斜面上的菌体，加入 1％蜗牛酶作用 40～60 min。

（2）离心得菌体，加入少量硅藻土并用玻璃棒搅磨使子囊孢子分散。

（3）加入高渗液，搅匀静置，取上清液涂布 CM 平板分离培养。

（4）选取最小菌落接入 CM 斜面保存。

（5）转接于乙酸钠斜面上，不产孢子者则为单倍体。

2. 热处理法分离单倍体

（1）将酵母营养细胞悬液（约 10^6 个/mL）浸于 55～60℃恒温水浴中加热，每隔 2 min 用接种环取菌液接种于平板上（约需 10 min）。

（2）将平板置 30℃下培养 2 天，以确定完全不生长或只有一两个菌落生长的处理条件。

（3）从生孢子斜面上取菌体进行同样条件的处理，到（1）所确定的时间后迅速冷却。

（4）经适当稀释后进行平板分离培养 2 天。

（5）挑取较小圆锥形菌落保存于斜面，再进行镜检纯化鉴定。

（三）单倍体酵母原生质体的制备

（1）将单倍体酵母接入盛有 CM 的锥形瓶中，置 30℃下振荡培养 20 h，吸取 2 mL 菌液接入 30 mL 新鲜的 CM 液中，继续振荡培养 6 h。

（2）上述菌液于 3000 r/min 离心 10 min，用无菌生理盐水洗涤两次，调整并制成约 10^8 个/mL 的菌悬液。

（3）于无菌离心管中加入：①菌悬液 2 mL；②1 mol/L 巯基乙醇 0.1 mL；③缓冲液 C 0.4 mL；④混合盐液 1.6 mL；⑤蜗牛酶 1 mL（浓度 1％）。置 30℃水浴中处理约 60 min，镜检。

（4）3000 r/min 离心 5 min 去酶，用高渗缓冲液 B 洗涤原生质体两次，恢复原体积，振荡分散制成原生质体悬浮液。用血球计数器于显微镜下直接观察并计算原生质体形成率。

（四）用亚硝基胍（NTG）诱变处理酵母原生质体

（1）吸取上述原生质体悬浮液 1 mL，加入 0.2～1 mL 亚硝基胍溶液（处理浓度为 0.15～0.50 mg/mL），于 30℃下振荡处理 30～60 min。

（2）用高渗缓冲液 B 稀释 1000 倍终止作用。

（3）用高渗缓冲液 B 作适当稀释后涂布在高渗再生培养基平板上，于 30℃下培养数天，观察再生菌落。

（五）营养缺陷型菌株的检出

（1）分别制备酵母 MM 和 CM 两种平板，并打格编号。

（2）用无菌牙签将上述再生菌落逐一在 MM 和 CM 两种平板上依次在相应位置上点种，经培养后观察并检出营养缺陷型菌株。

（3）检出的缺陷型菌株经再次验证、分离、直至获得纯种精确的营养缺陷型菌株。

（六）营养缺陷型菌株生长谱的确定

（1）将缺陷型菌株接入 CM 液振荡培养、离心、洗涤菌体，制备成细胞悬浮液。

（2）取细胞悬液 1 mL，与 20 mL 基本琼脂培养基（熔化并冷却至 50℃）混合后倾注平皿，即为缺陷型平板。

（3）将 15 种可能的营养成分，配制成 5 组不同的营养组合混合液，用滤纸圈片吸饱后，分别放于上述缺陷型平板的 5 个区间上，培养后根据菌落的生长情况，查表确定其营养要求。

（4）将确定的营养因子以合适浓度加入基本培养基中制成补充培养基，同时接种缺陷型菌株于基本和补充培养基上进行缺陷营养因子的确证试验。

（5）将选育获得的营养缺陷型菌株移接于完全培养基斜面上，培养后注明其遗传标记，妥善保存备用。

五、实验注意事项

（1）采用热处理法分离单倍体菌株时，在对酵母营养细胞悬液水浴加热过程中必须不断振荡试管，使细胞受热均匀。

（2）在确定营养缺陷型菌株的生长谱时，用于倾注平板的基本琼脂培养基必须冷却至 50℃以下，以免温度过高杀死细胞。

（3）离心时，转速不可过高，否则容易使细胞破裂。

六、实验报告与思考题

1. 实验结果

图示用 NTG 诱变处理酵母原生质体，选育营养缺陷型菌株的过程。

2. 思考题

（1）用 NTG 诱变处理酵母原生质体后，如何检出和获得纯种精确的营养缺陷型菌株？

(2) 如何确定营养缺陷型菌株的生长谱？

实验三十六　酵母菌原生质体融合育种

一、实　验　目　的

(1) 掌握原生质体融合育种的基本理论和基本过程。
(2) 掌握酵母原生质体的制备、融合和再生的操作方法。
(3) 学习融合子的选择及实用性优良菌株的筛选思路和方法。

二、基　本　原　理

原生质体融合就是将两种来源于微生物细胞 A 和 B 的原生质体，在融合诱导剂（或促进剂）聚乙二醇和 Ca^{2+} 存在下等量混合起来，可使原生质体表面形成电极性，相互之间易于吸引、脱水黏合而形成聚集物，进而使原生质体收缩变形，紧密接触处的膜先形成原生质桥，逐渐增大而实现融合。融合的原生质体在适当的培养条件下可再生出细胞壁而形成一个新细胞，这个细胞有可能具有 A、B 两个原生质体原有的特性或更加优良的新的特性。

原生质体融合育种是基因重组育种的一种重要方法。它具有以下一些特点：①杂交频率明显高于常规杂交法；②可在不同种属的微生物之间实现杂交，应用范围较广；③两亲株遗传物质的交换更为完整，既有细胞核内也有细胞质中的 DNA 重组交换；④可有两种以上的亲株参与融合形成融合子；⑤可采用不带标记的产量较高的菌株作为融合亲株；并可较容易地获得结构基因拷贝数增加的多倍体菌株；⑥可与诱变方法结合起来，使生产菌株提高产量的潜力更大。

三、实　验　器　材

1. 微生物菌种

酵母菌 A：耐高温酒精酵母（单倍体、营养缺陷型）；酵母菌 B：高糖面包酵母（单倍体、营养缺陷型）；酵母菌 C：耐高温酒精酵母（双倍体、不带标记、适于淀粉糖发酵）；酵母菌 D：耐高渗酒精酵母（双倍体、不带标记、适于糖蜜发酵）；实验时，可选用酵母菌 A 和 B 为融合亲株，也可选用酵母菌 C 和 D 为融合亲株。

2. 培养基与试剂

(1) 麦芽汁或米曲汁培养基。按需要分别制成斜面或液体（糖度为 8 波美度或 15 波美度）。

(2) 酵母基本培养基（MM）和酵母完全培养基（CM）。见实验三十五。

(3) 高渗再生基本培养基。在上述基本培养基（MM）中加入 0.8 mol/L 山梨醇或甘露醇（渗透压稳定剂）而成。半固体培养基则琼脂含量改为 0.7%。

(4) 高渗再生完全培养基。在上述完全培养基（CM）中加入 0.8 mol/L 山梨醇或甘露醇而成。半固体培养基则琼脂含量改为 0.7%。

(5) 糖蜜酒精发酵培养基。将原糖蜜加水稀释至 40 波美度，用 H_2SO_4 调 pH 至 4.0，煮沸静置。取上清液再稀释至约 25 波美度，添加 $(NH_4)_2SO_4$ 0.1%、过磷酸钙

0.1%，调 pH 至 4.5～5.0。量取 250 mL，测其温度及波美度，并校正为 20℃的波美度，灭菌备用。

（6）面粉团培养基。面粉 100 g，蔗糖 10 g，蒸馏水 50 mL，用于面包酵母发面力的测定。

（7）微量元素液、维生素液、缓冲液、混合盐液，见实验三十五。

（8）蜗牛酶。用高渗缓冲液配成 50 mg/mL 溶液。

（9）1 mol/L 巯基乙醇、聚乙二醇（PEG、Mw6000）、无菌生理盐水。

3. 仪器设备

显微镜、水浴锅、培养箱、离心机、摇床、超净工作台等。

4. 器具及其他材料

各种常用玻璃器皿。

四、实验内容及操作步骤

1. 酵母菌原生质体的制备

（1）将酵母接入装有 CM 的三角瓶中，置 30℃下振荡培养 20 h，吸取 2 mL 菌液接入 30 mL 新鲜的 CM 液中，继续振荡培养 6 h。

（2）将上述菌液于 3000 r/min 离心 10 min，用无菌生理盐水洗涤两次，调整并制成约 10^8 个/mL 的菌悬液。

（3）于无菌离心管中加入：①菌悬液 2 mL；②1 mol/L 巯基乙醇 0.1 mL；③Tris-HCl 缓冲液 0.4 mL；④混合盐液 1.6 mL；⑤蜗牛酶 1 mL（作用浓度为 1%）。置 30℃水浴中处理约 60 min，镜检。

（4）以 3000 r/min 离心 5 min 去酶，用高渗缓冲液洗涤原生质体两次，恢复原体积，振荡分散制成原生质体悬浮液。

（5）用高渗液经适当倍数稀释后，以双层法于高渗 CM 培养基上测定再生菌落数。

（6）用无菌蒸馏水稀释后（此时原生质体破裂），于 CM 培养基上测定活菌数。

（7）根据实验结果，计算出原生质体形成率和再生率（%）。

原生质体数＝未经酶处理的总菌数－经酶处理后剩余的菌数

原生质体形成率(%)＝原生质体数/未经酶处理的总菌数×100%

再生率(%)＝(再生培养基上总菌数－经酶处理后剩余菌数)/原生质体数×100%

2. 酵母菌原生质体的融合

（1）将两种酵母（A＋B 或 C＋D）原生质体以等量混合于离心管中，使其达到约 10^8 个细胞/mL，3000 r/min 离心 10 min，弃上清液，收集细胞。

（2）将细胞悬浮于含有 35% PEG 和 50 mmol/L $CaCl_2$ 的高渗磷酸盐缓冲液中，于 30℃下融合 20～60 min。

（3）加入高渗缓冲液稀释并离心去上清液、再洗涤一次。悬浮于高渗液中，在 5℃下放置 60 min 使融合完全。

（4）融合液细胞经适当稀释后，以双层法倒制高渗再生 CM 平板（A＋B 亲株融合的，同时以双层法倒制高渗再生 MM 平板）。

（5）置 30℃下培养 3～6 天，观察计数。

3. 融合细胞的选择及实用性菌株的筛选

（1）对于在 MM 平板上长出的 A＋B 融合子，必须分别于 MM 和 CM 上划线验证，以获得营养缺陷互补的原养型融合子。

（2）对所获得的原养型融合子，进行定向筛选，以获得面团发酵力强的耐高温高糖面包酵母。

（3）对于无标记的 C＋D 亲株，可直接从 CM 平板上选择再生菌落（融合或未融合），然后进行人工的定向筛选，以期获得酒精发酵力强的耐高温高渗优良菌株。

（4）最终获得的优良菌株，必须进行几代分离纯化。以便获得生产性能稳定的实用性菌株。

五、实验注意事项

（1）原生质体融合时，加入的两亲本原生质体量（每毫升所含原生质体的量）要一致。

（2）所有用于培养、洗涤原生质体的培养基和试剂都必须含有渗透压稳定剂。

（3）为了获得生产性能稳定的实用性菌株，筛选到含有融合子的再生菌株后必须进行几代的分离纯化，测定其生产性能后才可以保藏。

六、实验报告与思考题

1. 实验结果

（1）图示酵母原生质体的制备及融合的过程。
（2）计算原生质体形成率和再生率。

2. 思考题

（1）在原生质体的制备过程中，如何提高原生质体的活性？
（2）在原生质体的融合过程中，如何提高原生质体的再生率？
（3）为什么对于在 MM 平板上长出的 A＋B 融合子，必须分别于 MM 和 CM 上划线验证，以获得营养缺陷互补的原养型融合子？
（4）试将融合细胞的选择及实用性菌株的筛选两个步骤的具体操作过程补充入该实验。

第八章　工业微生物基因工程实验技术

基因工程（gene engineering），又称为基因克隆技术，分子克隆技术或重组 DNA 技术。它是基因分子水平上的遗传工程，是 20 世纪 70 年代初期在分子遗传学基础上发展起来的一个崭新领域，是一门能人工地定向改造生物遗传性状的育种新技术。

基因克隆技术是用人工方法将外源基因与 DNA 载体结合形成重组 DNA，然后引入某一受体细胞中，使外源基因复制并产生相应的基因产物，从而获得生物新品种的一种崭新育种技术。

它能将不同来源的遗传物质在体外合成重组 DNA 分子，这种重组 DNA 分子可以被引入受体细胞，进行增殖、繁衍而发育成一个新种。这一过程在自然界演化中一般是不会发生的。

1. 基因工程技术的特点

基因克隆技术与其他育种技术相比，具有如下特点。

1) 能像工程一样按人们的意愿来事先设计和控制

基因克隆技术不仅可预知某一基因的改变，而且可以及早纠正，可以有计划有目的地构建基因，所以基因克隆技术育种是比较定向的。此外，基因克隆技术育种的每步变化均可检测，可保证产品的纯度和安全性。因此，应用基因克隆技术，使生物科学工作者首次能将遗传物质按人们的意愿进行周密设计和人工操纵，为进一步深入研究基因的结构、功能、表达和调控等提供了一个划时代的有效手段。

2) 是人工的、离体的、分子水平上所进行的遗传重组

基因克隆技术有能力在极端错综复杂的生物细胞内取出所需基因，并能人为地将此目的基因在试管中进行剪切、拼接、重组并转化到受体细胞中，经无性繁殖能增产出数百数千倍的新型蛋白质（主要是各种多肽和蛋白质类生物药物），这是基因克隆技术最突出的优越性。

3) 能在动植物和微生物间进行任意的、定向的超远缘杂交

基因克隆技术的最大威力在于它能使带有支配各种各样遗传信息的 DNA 片段越过不同生物间特异的细胞壁而组入到完全不同的没有亲缘关系的生物体内，能定向地控制、修饰和改变生物的遗传和变异。因而完全有可能创造出前所未有的具有新的遗传性状的生物类型，使育种工作产生了革命性变化。

2. 基因工程的步骤

基因克隆技术实际上是一类包括能将遗传信息（DNA）从一种生物细胞转移到另一种生物细胞中并得以表达的若干实验技术的总称。概括起来，基因工程操作过程大致可归纳为以下主要步骤：①外源目的基因的取得；②基因载体的分离提纯；③目的基因与载体的体外重组；④重组载体引入受体细胞；⑤重组菌的筛选、鉴定和分析；⑥工程菌的获得和基因产物的分离。

本章的主要内容包括微生物基因工程的基础实验技术和微生物基因的克隆与表达技

术。本章共设置八个实验，其中，实验三十七～实验四十二为基础性实验，实验四十三和实验四十四为研究性实验。

实验三十七　细菌质粒 DNA 的小量制备

一、目 的 要 求

（1）了解提取质粒 DNA 的方法。
（2）掌握碱裂解法提取质粒 DNA 的具体方法和操作技术。
（3）掌握 DNA 的琼脂糖凝胶电泳方法。

二、基 本 原 理

质粒 DNA 的提取常用碱裂解法、煮沸法、SDS 法、Triton-溶菌酶法等，其中以碱裂解法最为常用。该法具有快速、质粒 DNA 产量高等优点。其原理为，在碱性溶液中，双链 DNA 氢键断裂，DNA 双螺旋结构遭破坏而发生变形，但由于质粒 DNA 相对分子质量相对较小，且呈环状超螺旋结构，即使在高碱性 pH 条件下，两条互补链也不会完全分离。当加入中和缓冲液时，变性质粒 DNA 又恢复到原来的构型，而线性的大相对分子质量细菌染色体 DNA 则不能复性，与细胞碎片、蛋白质、SDS 等形成不溶性复合物。通过离心沉淀，细胞碎片、染色体 DNA 及大部分蛋白质等可被除去，而质粒 DNA 及小相对分子质量的 RNA 则留在上清液中，混杂的 RNA 可用 RNA 酶消除。再用酚/氯仿处理，可除去残留蛋白质。

DNA 的电泳分离技术是基因工程中的一项基本技术，也是 DNA、RNA 检测和分离的重要手段。琼脂糖凝胶电泳具有快速、简便、样品用量少、灵敏度高以及一次测定可获多种信息等特点。DNA 分子带负电荷，在电场作用下可向阳极移动。DNA 分子的迁移速率与相对分子质量大小及其构型密切相关。相对分子质量越小的 DNA 分子，迁移速度越快，反之越慢。三种不同构型质粒的泳动速度为超螺旋＞线性＞开环。此外，DNA 分子的迁移速率还受到凝胶浓度、电场强度、电泳缓冲液等的影响。

三、实 验 器 材

1. 微生物菌种
含有质粒的大肠杆菌（*E. coli*）。

2. 培养基与试剂
（1）LB 培养基。胰蛋白胨 10 g、酵母提取物 5 g、NaCl 10 g、蒸馏水 1000 mL，pH 7.2，121℃灭菌 20 min。
（2）氨苄青霉素溶液（100 mg/mL）。称取氨苄青霉素 100 mg，加入 1 mL 双蒸水溶解，存放于 4℃冰箱备用。
（3）DNA 提取溶液。

溶液Ⅰ：　　　葡萄糖　　　　　　50 mmol/L
　　　　　　　Tris-HCl　　　　　 25 mmol/L（pH 8.0）

     EDTA   10 mmol/L（pH 8.0）
  溶液Ⅱ（现配现用）：NaOH 0.2 mol/L
         SDS   1%
  溶液Ⅲ：KAc 5 mmol/L   60 mL
     冰乙酸   11.5 mL
     H_2O 28.5 mL
     pH   4.8

  溶液Ⅰ和溶液Ⅲ分别在115℃下和121℃下灭菌后，存放于4℃冰箱备用。溶液Ⅱ先配制母液（NaOH 2 mol/L，SDS 10%），然后现配现用。

  （4）10% SDS溶液。称取分析纯SDS 5.0 g，溶于双蒸水中，定容至50 mL，121℃灭菌20 min。

  （5）TE缓冲液。10 mmol/L Tris-HCl（pH 8.0）、1 mmol/L EDTA，121℃灭菌15 min，存放于4℃冰箱中备用。

  （6）50×TAE缓冲液。称取Tris 242.2 g，用300 mL双蒸水加热溶解，加入100 mL 500 mmol/L EDTA（pH 8.0），57.1 mL冰乙酸，加双蒸水定容至1000 mL，121℃灭菌20 min。

  （7）溴化乙锭（EB）溶液。10 mg/mL EB溶液：称取EB约300 mg于试剂瓶中，加入双蒸水，存放于4℃冰箱中备用；0.5 mg/mL EB溶液：吸取500 μL 10 mg/mL EB溶液于棕色小瓶内，加入9.5 mL双蒸水，轻轻摇匀，存放于4℃冰箱中备用。

  （8）酚氯仿液（酚：氯仿为1∶1）、无水乙醇、70%乙醇、RNase A、琼脂糖等。

3. 仪器设备

电子天平、超净工作台、恒温摇床、高压蒸汽灭菌锅、微量移液器、台式高速离心机、电泳仪及电泳槽一套、紫外透射检测仪等。

4. 器具及其他材料

1.5 mL离心管、吸头、各种常用玻璃器皿等。

四、实验内容及操作步骤

1. 质粒的提取

（1）挑取大肠杆菌单菌落接种于含有50~100 μg/mL氨苄青霉素的20 mL LB液体培养基中，37℃，200 r/min振荡培养过夜（16~18 h）。

（2）吸取1.5 mL菌液于1.5 mL离心管中，4℃，12 000 r/min离心30~60 s，弃上清液，并用移液器尽可能除去上清液。

（3）加入100 μL溶液Ⅰ，用旋涡振荡器充分混合使菌体均匀悬浮。

（4）加入200 μL溶液Ⅱ，缓慢地上下颠倒离心管多次，温和混匀，使细胞裂解，以获得澄清的裂解液。室温下放置5 min。

（5）加入150 μL用冰预冷的溶液Ⅲ，温和地颠倒混匀，动作要轻缓，充分中和溶液，直至形成白色絮状沉淀。冰浴10 min。

（6）12 000 r/min离心10 min，移取上清液至另一新的1.5 mL离心管中。

（7）加入等体积的酚氯仿液（约400 μL），充分混匀，12 000 r/min离心5 min，移取上清液至另一新的 1.5 mL 离心管中。

(8) 加入 2 倍体积预冷的无水乙醇，混匀，冰浴 10 min。

(9) 12 000 r/min 离心 5 min，弃上清液，用移液器尽可能除去残留的上清液。

(10) 用 0.5 mL 预冷的 70% 乙醇洗涤 DNA 沉淀，12 000 r/min 离心 2 min，弃上清液，用移液器尽可能除掉残留的上清液，把离心管倒置于滤纸上，自然干燥 5～10 min。

(11) 加 50 μL 含 20 μg/mL RNA 酶的 TE 缓冲液或无菌蒸馏水溶解 DNA，储存于 −20℃ 备用。

2. DNA 的琼脂糖凝胶电泳

(1) 称取 0.8 g 琼脂糖加入盛有 100 mL 1×TAE 电泳缓冲液的 500 mL 三角瓶中，摇匀，加热至琼脂糖完全熔解。

(2) 水平放置胶槽，在一端插好梳子，在槽内缓慢倒入适量已冷却至约 65℃ 的胶液，直至厚度为 4～6 mm，使之形成均匀水平的胶面。

(3) 室温下静置 30～45 min，让凝胶溶液完全凝结，小心垂直向上拔出梳子，以保证点样孔完好。然后将凝胶安放到电泳槽中。

(4) 向电泳槽中加入电泳缓冲液至液面覆盖过凝胶表面 1～2 mm。

(5) 用微量移液器吸取混合有载样缓冲液的 DNA 样品 8～10 μL，小心加入点样孔，同时点已知相对分子质量的标准 DNA 作为对照。

(6) 接通电泳仪和电泳槽，根据需要调节电压，关上槽盖，开始电泳。当 DNA 样品迁移足够距离时，关上电源，停止电泳。

(7) 把胶槽取出，小心滑出胶块，放进 EB 溶液中完全浸泡摇动染色约 20 min。

(8) 在紫外透射检测仪的样品台上铺上一张保鲜膜，将已染色的凝胶放在上面，打开紫外灯进行观察并记录结果。

五、实验注意事项

(1) 收集菌体时要尽量除去水分。

(2) 加入溶液 I 后要使菌体充分悬浮。

(3) 酚抽提后小心吸取上清液，不要吸入沉淀和液面上漂浮的杂质。

(4) 溴化乙锭是强诱变剂，有毒性，使用时需戴一次性手套，使用后的废液不可随意丢弃。

(5) 电泳时，电极一定要连接正确。

(6) 紫外灯对眼睛有伤害，观看琼脂糖凝胶电泳结果时需用有机玻璃板遮挡。

六、实验报告与思考题

1. 实验结果

图示质粒琼脂糖凝胶电泳结果及进行结果分析。

2. 思考题

(1) 抽提质粒 DNA 时，加入溶液 II 后，为什么不能剧烈振荡？

(2) 琼脂糖凝胶电泳后可观察到几条带？分别代表什么？
(3) 电泳时点样孔为什么应靠近负极？

实验三十八　细菌总 DNA 的提取

一、目 的 要 求

(1) 掌握细菌总 DNA 的提取方法和操作步骤。
(2) 学习利用紫外分光光度法测定 DNA 溶液浓度的方法。

二、基 本 原 理

目前，抽提 DNA 的常用方法有 CTAB 法和小规模快速制备总 DNA 的方法，通常包括裂解细胞，用酚和蛋白酶去除蛋白质，核糖核酸酶去除 RNA，以及乙醇沉淀 DNA 等步骤。小规模快速制备总 DNA 的基本原理是，在碱性条件下，用表面活性剂 SDS 裂解细菌细胞壁，接着用高浓度的 NaCl 沉淀蛋白质等杂质，然后通过氯仿抽提进一步去掉蛋白质等杂质，经乙醇沉淀，得到较纯的总 DNA。

DNA 的吸收光谱峰在 260 nm 处，据计算，测定此波长下 DNA 溶液的 OD 值，当 $OD_{260}=1$ 时，双链 DNA 含量约为 50 μg/mL，据此可用紫外分光光度计测定溶液中 DNA 含量。由于蛋白质的吸收峰在 280 nm 处，在测定 DNA 含量时，计算 OD_{260}/OD_{280} 之值，如该值为 1.8～2.0 时，DNA 已达到较高的纯度，如低于此值，表明其内含杂质较多。

三、实 验 器 材

1. 微生物菌种

大肠杆菌（*E. coli*）或枯草芽孢杆菌（*Bacillus subtilis*）。

2. 培养基与试剂

(1) LB 培养基。见实验三十七。

(2) 50 mg/mL 溶菌酶溶液。称取 10 mg 溶菌酶，溶于 200 μL 无菌 Tris-HCl (10 mmol/L，pH 7.5) 中，存放于 −20℃备用。

(3) 1 mol/L Tris-HCl。称取 Tris 48.46 g 溶于双蒸水中，定容至 400 mL。

(4) 用 pH 8.0 的 Tris-HCl 饱和的苯酚溶液。将苯酚瓶塞取出，旋松瓶盖，于 65℃水浴中至完全溶解。将溶解后的苯酚进行重蒸，当温度至 183℃时开始收集在若干棕色瓶中，于 −20℃存放。使用前取一瓶重蒸苯酚于分液漏斗中，加入 0.1% 抗氧化剂 8-羟基喹啉、等体积的 1 mol/L Tris-HCl (pH 8.0) 缓冲液，立即加盖，激烈振荡，并加入固体 Tris 摇匀调 pH（一般 100 mL 苯酚约加 1 g 固体 Tris）至分层后上层水相 pH 为 7.6～8.0。从分液漏斗中放出下层苯酚于棕色瓶中，并加入一定体积 0.1 mol/L Tris-HCl (pH 8.0) 和 0.2% β-巯基乙醇覆盖在苯酚相上，存放于 4℃冰箱中备用。

(5) 裂解缓冲液。40 mmol/L Tris-HCl、pH 8.0 的 20 mmol/L 乙酸钠、1 mmol/L EDTA、1% SDS，现配现用。

(6) 无水乙醇，1 mol/L EDTA，5 mol/L NaCl，TE 缓冲液等。

3. 仪器设备

电子天平，超净工作台，恒温摇床，高压蒸汽灭菌锅，微量移液器，台式高速离心机，分光光度计。

4. 器具及其他材料

1.5 mL 离心管，吸头，各种常用玻璃器皿等。

四、实验内容及操作步骤

1. 细菌总 DNA 的提取

（1）挑取供试菌单菌落接种于 20 mL LB 液体培养基中，37℃，200 r/min 振荡培养过夜（16～18 h）。

（2）吸取 1.5 mL 菌液于 1.5 mL 离心管中，4℃，12 000 r/min 离心 30～60 s，弃上清液，并用移液器尽可能除去上清液。

（3）如果是 G^+ 菌，应先加 100 μg/mL 溶菌酶 50 μL，37℃保温 1 h。

（4）加入 200 μL 裂解缓冲液，用吸头迅速强烈抽吸以悬浮和裂解细菌细胞。

（5）加入 66 μL 的 5 mol/L NaCl，充分混匀后，12 000 r/min 离心 10 min，以除去蛋白质复合物和细胞壁等杂质，移取上清液至另一新的 1.5 mL 离心管中。

（6）加入等体积的用 Tris 饱和的苯酚溶液，充分混匀后，12 000 r/min 离心 5 min，进一步沉淀蛋白质。

（7）取离心后的水层，加入等体积的氯仿，充分混匀，12 000 r/min 离心 5 min，移取上清液至另一新的 1.5 mL 离心管中。

（8）加入 2 倍体积预冷的无水乙醇，混匀，12 000 r/min 离心 5 min，弃上清液。

（9）用 0.5 mL 预冷的 70% 乙醇洗涤 DNA 沉淀，12 000 r/min 离心 2 min，弃上清液，用移液器尽可能除掉残留的上清液，把离心管倒置于滤纸上，自然干燥 5～10 min。

（10）加 50 μL TE 缓冲液或无菌蒸馏水溶解 DNA，储存于 −20℃备用。

2. 紫外分光光度法检测 DNA 浓度

（1）取一定量 DNA 样品至一洁净离心管中，加蒸馏水稀释到一定体积。

（2）加入一定体积的蒸馏水至比色杯中，进行空白测定。

（3）倒掉蒸馏水，加入等体积已稀释的 DNA 溶液，测定 260 nm 及 280 nm 的光吸收值。

五、实验注意事项

（1）操作最好在 4℃条件下进行。

（2）如果细胞的蛋白质较多，可重复操作步骤（6），直至将蛋白质除尽。

六、实验报告与思考题

1. 实验结果

将紫外分光光度计的测定结果填入下表：

	1	2	平均值
OD$_{260}$			
OD$_{280}$			
OD$_{260}$/OD$_{280}$			

2. 思考题

(1) 为什么 G$^+$ 菌在加入裂解缓冲液裂解前需先加溶菌酶进行预处理？

(2) 提取的 DNA 纯度如何？为什么？

实验三十九　PCR 扩增目的基因

一、实验目的

(1) 了解 PCR 的基本原理。

(2) 掌握 PCR 的基本操作技术。

二、基本原理

聚合酶链式反应（polymerase chain reaction，PCR）是一种 DNA 特定片段体外扩增技术。其原理及过程如下。

(1) 将反应体系（模板 DNA、引物 1、引物 2、Mg^{2+}、4 种 dNTP 和 *Taq* DNA 聚合酶）置于高温（～94℃）下变性，使模板双链 DNA 的氢键断裂而解链形成两条单链。

(2) 在低温（50～60℃）下复性，使引物与模板链 3′ 端结合，形成部分双链 DNA。

(3) 在中温（～72℃）下，通过 *Taq* DNA 聚合酶使引物从 5′ 端向 3′ 端延伸；随着 4 种 dNTP 的掺入合成新的 DNA 互补链，完成第一轮变性、复性和聚合反应循环。

反复进行这种变性、复性和聚合反应循环，可使两端引物限定范围内的 DNA 序列以指数形式扩增。循环的次数主要取决于模板的浓度，从理论上讲一个目的 DNA 分子经 25～30 轮循环扩增后，数量可达原来的 10^6～10^9 倍。

三、实验器材

1. 试剂

(1) 10× 缓冲液：500 mmol/L KCl，100 mmol/L Tris-HCl（pH 8.3），15 mmol/L MgCl$_2$，0.1% 明胶。

(2) 4 种 dNTP，*Taq* DNA 聚合酶，DNA 模板，引物 1 和 2，PCR marker 等。

2. 仪器设备

PCR 自动扩增仪，电泳仪，电泳槽，微量移液器。

3. 器具及其他材料

0.5 mL 离心管，吸头，各种常用玻璃器皿等。

四、实验内容及操作步骤

1. 在 0.5 mL 的离心管中建立 25 μL 反应体系

10×缓冲液	2.5 μL
dNTP 混合物	2.0 μL
引物 1	1.0 μL
引物 2	1.0 μL
模板 DNA	1.0 μL
Taq DNA 聚合酶	1.0 μL
ddH_2O	16.5 μL
总体积	25 μL

混匀,加 1 或 2 滴石蜡油。

2. 按下述程序进行扩增

(1) 94℃预变性 5 min。
(2) 94℃变性 1 min。
(3) 55℃复性 1 min。
(4) 72℃延伸 1 min。
(5) 重复步骤(2)~(4) 30 次。
(6) 72℃延伸 10 min。

3. 琼脂糖凝胶电泳检测 PCR 产物

将 PCR 扩增产物用 0.7%~1.0% 的琼脂糖凝胶电泳进行分析,用 PCR marker 作相对分子质量标准。

五、实验注意事项

(1) 每次反应都必须设立阴性对照,即扩增时不加入 DNA 模板。
(2) 试剂灭菌后进行小管分装,离心管、吸头等一次性使用,以免交叉污染。

六、实验报告与思考题

1. 实验结果

图示 PCR 产物的凝胶电泳分析结果。

2. 思考题

(1) 影响 PCR 反应的主要因素是什么?
(2) PCR 反应前为何加 1 或 2 滴石蜡油?

实验四十　质粒 DNA 的酶切及从凝胶中回收 DNA

一、实 验 目 的

(1) 掌握利用限制性内切核酸酶切割 DNA 的方法和操作步骤。

(2) 掌握从琼脂糖凝胶电泳中回收 DNA 片段的方法。

二、基本原理

限制性内切核酸酶是一类能识别双链 DNA 中某种特定核苷酸序列，并由此切割 DNA 双链的内切核酸酶，共有 I 型、II 型和 III 型三类，其中 II 型限制性内切核酸酶在基因工程中的应用最广泛。它能够识别含 4~7 个核苷酸且具有回文对称结构的核苷酸序列，并在识别序列内或侧旁特异性位点切开 DNA 双链，产生平齐末端或黏性末端的 DNA 片段。影响酶切反应的因素很多，其中，酶反应条件的选择至关重要，包括反应的温度、时间以及反应的缓冲体系、DNA 的纯度和浓度等。此外，DNA 样品中的污染，如 RNA、蛋白质、DNA 制备过程中未去除干净的有机溶剂、琼脂糖凝胶中的硫酸根离子等均能抑制限制性内切核酸酶的活性，影响酶切效果。可通过增加酶作用的活力单位数，增大反应体积或延长反应时间来消除。

从琼脂糖凝胶中回收目的 DNA 片段有多种方法，较早采用的有纤维素膜电泳回收法和透析袋电洗脱法等。但这些方法操作复杂，DNA 回收率低。近年来通常采用柱回收法，具有操作简便、回收率高等优点。柱回收法一般是将 Sephadex 或 Sephacel 等树脂做成层析柱，从琼脂糖中吸附带负电荷的 DNA 分子，再用洗脱液将 DNA 从层析柱上洗脱下来，从而达到回收和纯化 DNA 的目的。

三、实验器材

1. 试剂

限制性内切核酸酶，酶切缓冲液，质粒 DNA 等。

2. 仪器设备

台式离心机，电泳仪，电泳槽，微量移液器，振荡器，恒温水浴锅。

3. 器具及其他材料

0.5 mL 和 1.5 mL 的离心管，吸头，各种常用玻璃器皿等。

四、实验内容及操作步骤

1. 酶切质粒 DNA

(1) 取一支干净的 1.5 mL 离心管，分别加入以下成分：

无菌 ddH_2O	15.0 μL
10×缓冲液	1.0 μL
质粒 DNA	3.0 μL
限制性内切核酸酶	1.0 μL
总体积	20 μL。

(2) 混匀后，离心 5 min，酶切 60 min。

(3) 用 0.7%~1.0% 的琼脂糖凝胶电泳对酶切产物进行分析。

2. 从凝胶中回收 DNA 片段

从凝胶中回收 DNA 片段的 DNA 回收试剂盒种类很多，但操作大同小异，现以 Qiagen 公司的 DNA 凝胶回收试剂盒为例进行回收操作说明。

(1) 在紫外灯下，切割含 DNA 的凝胶块（切得尽可能地薄，尽量除去不含 DNA 的凝胶）。

(2) 吸干水分，放置于干净的离心管中，称取胶的质量；加入 3 倍量的缓冲液 QG 到 1 倍量的胶中（100 mg 相当于 100 μL）。

(3) 50℃水浴 10 min，直到凝胶完全溶解，可旋转 2~3 min 混合溶液。

(4) 溶解完毕后，检查混合液颜色是否为黄色（与缓冲液 QG 相似）。

(5) 将混合液加到 Qiaquick 柱中，13 000 r/min 离心 1 min。

(6) 弃去废液，加入 0.5 mL buffer QG 到 Qiaquick 柱，13 000 r/min 离心 1 min。

(7) 弃去废液，将空柱 13 000 r/min 离心 1 min。

(8) 将 Qiaquick 柱放置于 1.5 mL 无菌离心管中，静置 2~5 min，于膜中央加入无菌双蒸水 40 μL，静置吸附 2 min，13 000 r/min 离心 1 min。

(9) 将回收的 DNA 片段储存于 -20℃，同时取少量进行琼脂糖凝胶电泳检测回收是否成功。

五、实验注意事项

(1) 酶切时加样顺序按照水→缓冲液→DNA→酶，以保证酶的活性。

(2) 不同的酶所需缓冲液不尽相同，所以进行双酶切时一定要选择合适的缓冲液。如果两种酶具有通用缓冲液，即可在反应体系中加入通用缓冲液，然后同时加入两种酶进行双酶切；若没有通用缓冲液，可先用其中的一个酶切，沉淀后再用另一个酶切。

(3) 一般 DNA 用量不高于 1.5 μg/50 μL。

六、实验报告与思考题

1. 实验结果

图示酶切产物及回收 DNA 片段的凝胶电泳分析结果。

2. 思考题

(1) 酶切时，限制性内切核酸酶为什么要最后加入反应体系？

(2) 回收 DNA 时，为什么切割 DNA 凝胶片段要切得尽可能地薄？

实验四十一　感受态细胞的制备及转化

一、实验目的

(1) 掌握细菌感受态细胞的常规制备方法。

(2) 掌握将外源基因导入感受态细胞的方法。

(3) 掌握转化率的计算方法。

二、基本原理

细菌处于容易吸收外源 DNA 的状态叫感受态。对数生长期的细菌细胞在低温（0℃）和低渗溶液（$CaCl_2$）中易于膨胀成球形，丢失部分膜蛋白，而成为容易吸收外源DNA的感受态。转化时DNA黏附在感受态细胞表面，经42℃短暂热激处理后，促进细胞吸收DNA。然后在丰富培养基上培养一段时间，球状细胞复原并分裂繁殖。被转化的细菌中，如果外源DNA中的基因在转化的细菌细胞中得到表达，就可在选择性培养基上选出所需转化子。感受态细胞可在4℃保存一周，或在有甘油的条件下于−20℃或−80℃保存数月。

三、实验器材

1. 微生物菌种

大肠杆菌（$E.coli$）菌种（如 DH5α、HB101、TOP10 菌株）。

2. 培养基与试剂

（1）LB 琼脂平板和 LB 液体培养基。

（2）质粒（如 pUC19、pBluescript Ⅱ SK 等），氨苄青霉素溶液，0.1 mol/L $CaCl_2$ 溶液。

3. 仪器设备

超净工作台，恒温摇床，恒温培养箱，接种环，涂布棒，冷冻离心机，微量移液器，高压蒸汽灭菌锅，分光光度计。

4. 器具及其他材料

1.5 mL 离心管，吸头，培养皿及各种常用玻璃器皿等。

四、实验内容及操作步骤

1. 感受态细胞的制备

（1）将保存的菌种 DH5α 用划线法接种于 LB 平板，37℃培养过夜（16～18 h）。

（2）从平板上挑取单菌落，接种到含 10 mL LB 液体培养基的 50 mL 三角瓶中，37℃，200 r/min，培养过夜。

（3）取 1 mL 菌液接种至含有 100 mL LB 液体培养基的 500 mL 三角瓶中，37℃，200 r/min，振荡培养 2～3 h，当 OD_{600} 值达到 0.5～0.6 时（细胞数<10^8 个/mL），停止培养。

（4）将菌液在冰上预冷 30 min，随后分装到 50 mL 预冷的离心管中，4℃，4000 r/min 离心 10 min。

（5）弃上清液，加入 10 mL 预冷的 0.1 mol/L $CaCl_2$ 溶液，重悬细胞，于冰上放置 5～10 min。

（6）4℃，4000 r/min 离心 10 min。

（7）弃上清液，加入 2 mL 预冷的 0.1 mol/L $CaCl_2$ 溶液，重悬细胞，于冰上放置 30 min 后即制成了感受态细胞悬液。

（8）将此细胞悬液分装成 200 μL/1.5 mL 离心管，可置于冰上，24 h 内直接用于转化实验；也可添加保护剂（10%甘油）后于−70℃冰箱长期保存。

2. 质粒转化

（1）取 1 μL 质粒 pUC19（10～50 ng）加入到含有 200 μL 感受态细胞的 1.5 mL 离心管中，同时做阴性对照，即将 1 μL 无菌水加入到同样量的感受态细胞中，轻轻混匀，置于冰上 30 min。

（2）将感受态细胞置于 42℃ 水浴 90 s，然后迅速转移到冰上，静置 2 min，加入 800 μL LB 培养基，37℃、200 r/min 振荡培养 40～60 min。

（3）在超净工作台中分别取 100 μL 已转化的感受态细胞和阴性对照涂布于含 50 μg/mL 氨苄青霉素的 LB 琼脂平板中。

（4）倒置平板于 37℃ 培养 16～18 h，观察结果，计算转化效率（每微克质粒 DNA 可获得的转化细胞数目，一般来讲，转化效率至少要大于 10^6 个/μg DNA）。

五、实验注意事项

（1）操作尽量在冰上进行。
（2）使用的器皿一定要清洗干净，灭菌处理。
（3）感受态细胞于 42℃ 进行热激时，勿动离心管。

六、实验报告与思考题

1. 实验结果

将实验结果填入下表并计算转化效率。

	菌落数	转化效率（转化子数/μg DNA）
DH5α+pUC19		
阴性对照		

2. 思考题

（1）影响转化效率的主要因素是什么？
（2）如何获得高转化效率的感受态细胞？

实验四十二　DNA 体外重组

一、实验目的

（1）了解影响连接效率的主要因素。
（2）学习和掌握体外 DNA 重组过程和操作步骤。

二、基本原理

外源 DNA 与载体分子的连接就是 DNA 重组。在 Mg^{2+}、ATP 存在条件下，DNA 连接酶催化连接分别经酶切的载体分子和外源 DNA 分子，可获得重组 DNA 分子。重组 DNA 分子转化感受态细胞，利用质粒所携带的选择性标记筛选转化后的重组菌。

影响连接反应的因素主要有反应温度、连接酶的用量、DNA 浓度及插入片段与载体分子之间的比例、外源 DNA 末端的性质等。通过控制插入片段与载体之间的比例以达到最大效率的重组连接，一般需要较高的插入片段与载体的比例，如 2∶1、4∶1，甚至 10∶1。

三、实验器材

1. 菌株

感受态细胞（如大肠杆菌 E. coli DH5α，HB101 菌株）。

2. 培养基与试剂

（1）LB 琼脂平板（含 50 μg/mL 氨苄青霉素），LB 液体培养基（含 50 μg/mL 氨苄青霉素）。

（2）载体（如质粒 pUC19、pBluescript Ⅱ SK 等），目的基因（如绿色荧光蛋白 GFP 基因），限制性内切核酸酶，T4 DNA 连接酶，0.1 mol/L $CaCl_2$ 溶液，X-gal（5-溴-4-氯-3-吲哚-β-D-半乳糖苷），IPTG（异丙基硫代-β-D-半乳糖苷）和琼脂糖等。

3. 仪器设备

超净工作台，恒温摇床，恒温培养箱，接种环，涂布棒，冷冻离心机，微量移液器，高压蒸汽灭菌锅，分光光度计，电泳仪，电泳槽。

4. 器具及其他材料

0.5 mL 和 1.5 mL 离心管，吸头，培养皿及各种常用玻璃器皿等。

四、实验内容及操作步骤

1. 酶切质粒 DNA 及目的基因

（1）质粒 DNA 的酶切。在无菌的 0.5 mL 离心管中加入 5 μL 质粒 DNA，5 μL 10×酶切缓冲液，1～2 μL 的酶，加无菌双蒸水至 50 μL，轻轻混匀，37℃反应 1～3 h。

（2）目的基因的酶切。在无菌的 0.5 mL 离心管中加入 5 μL 目的基因，5 μL 10×酶切缓冲液，1～2 μL 的酶，加无菌双蒸水至 50 μL，轻轻混匀，37℃反应 1～3 h。

（3）酶切片段的电泳检测。各取 5 μL 酶切产物进行琼脂糖凝胶电泳，分析酶切是否成功。

2. 连接

（1）酶切片段的纯化和回收，参考实验四十。

（2）连接反应。各取 2 μL 目的基因和载体 DNA［物质的量比为（2∶1）～（4∶1）］，依次加入 0.5 mL 离心管中，然后加入 1 μL 10×连接缓冲液和 1 μL T4 DNA 连接酶，再加双蒸水至终体积为 20 μL。14～16℃连接过夜。

3. 转化

（1）取上述连接液 10 μL 转化感受态细胞，操作参考实验四十三。

（2）取含 50 μg/mL 氨苄青霉素的 LB 平皿一个，加入 20 μL 20 mg/mL X-gal，涂布均匀。

（3）取 100 μL 转化后的菌液加入 20 μL 20 mg/mL IPTG 混匀铺上平皿，涂布均匀，吹干后置于 37℃恒温培养箱中培养 16～18 h。

（4）观察结果。白色菌落含有重组 DNA，蓝色菌落含有未重组质粒 DNA。

五、实验注意事项

酶的最适作用温度一般是 37℃，但此温度下，黏性末端的氢键结合不稳定，因此，选择 14~16℃ 连接过夜，这样既可最大限度地发挥连接酶的活性，又兼顾到短暂配对对结构稳定性的影响。

六、实验报告与思考题

1. 实验结果

记录实验结果并进行分析。

2. 思考题

（1）影响连接反应的主要因素是什么？如何提高连接效率？
（2）蓝白斑筛选的原理是什么？
（3）是否所有的白斑菌落都含有重组子？如何鉴定含有目的基因的克隆？

实验四十三　葡聚糖内切酶基因的克隆及在大肠杆菌中的表达

一、实 验 目 的

（1）了解构建基因工程菌的过程。
（2）学习和掌握外源基因在原核细胞中表达的方法和步骤。
（3）熟练掌握分子生物学实验的各项操作技能。

二、基 本 原 理

重组 DNA 分子只有导入合适的受体细胞（宿主）才能大量地进行复制、增殖和表达，导入宿主细胞的目的是通过宿主来生产大量基因表达产物。由于大肠杆菌的遗传学和分子生物学背景较为清楚，开发了许多不同筛选标记的质粒和突变宿主菌，因此大肠杆菌是目前基因工程中最常用的宿主菌，许多有价值的多肽和蛋白质在大肠杆菌中已成功地进行了表达。另外，由于大肠杆菌具有培养条件简单、生长繁殖快、易操作，可以高效表达外源蛋白等特点，利用大肠杆菌细胞为宿主进行基因操作具有很大的实用性。表达系统的核心是表达载体。一般说来，大肠杆菌表达载体应满足以下要求：表达量高、适用范围广、表达产物容易纯化和稳定性好等。

β-1,4-葡聚糖内切酶（简称葡聚糖内切酶），又称碱性纤维素酶，是纤维素酶系的一个组分，它在碱性环境下还能保持很高的活力，因此，广泛应用于洗涤剂中。本实验从产碱性纤维素酶短小芽孢杆菌中克隆出葡聚糖内切酶基因，接着克隆到表达载体 pET-20b 中，结构如图 8-1 所示，得到重组质粒，然后转化到大肠杆菌 TOP10

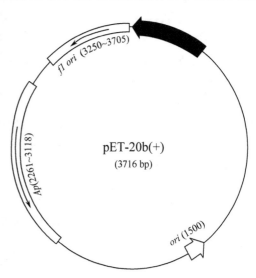

图 8-1　质粒 pET-20b 物理图谱

菌株中进行诱导表达。通过表达产物对羧甲基纤维素钠（简称 CMC）的水解活性分析葡聚糖内切酶基因在大肠杆菌中的表达情况，同时通过 SDS-PAGE 也可检测葡聚糖内切酶的表达及含量。

三、实验器材

1. 微生物菌种

产碱性纤维素酶短小芽孢杆菌（H9、H12 或 S-27 菌株）和大肠杆菌 TOP10 菌株。

2. 培养基与试剂

（1）种子培养基。1%蛋白胨、2%葡萄糖、1%酵母膏、K_2HPO_4 0.1%、NaH_2PO_4 0.1%、$MgSO_4 \cdot 7H_2O$ 0.01%、$FeSO_4 \cdot 7H_2O$ 0.015%、$MnSO_4$ 0.000 05%，pH 7.0，121℃灭菌 20 min。

（2）发酵培养基。1%葡萄糖、2%淀粉、0.5%麸皮、1%蛋白胨、1%酵母膏、K_2HPO_4 0.1%、NaH_2PO_4 0.1%、$MgSO_4 \cdot 7H_2O$ 0.01%、$FeSO_4 \cdot 7H_2O$ 0.015%、$MnSO_4$ 0.000 05%，pH 7.0，121℃灭菌 20 min。

（3）SOB 培养基。胰蛋白胨 2.0 g、酵母浸出物 0.5 g、NaCl 0.05 g，90 mL 水溶解后，用 NaOH 调节 pH 7.0，加入 1 mL 250 mmol/L KCl 后定容至 100 mL，121℃灭菌 20 min 后，再加入 0.5 mL 的 2 mol/L $MgCl_2$。

（4）SOC 培养基。SOB 培养基＋20 mmol/L 葡萄糖（115℃灭菌 15 min）得 SOC 培养基。

（5）LB 琼脂平板和 LB 液体培养基。

（6）LB-CMC 筛选平板。在 LB 固体培养基中加入 1%羧甲基纤维素钠。

（7）主要试剂。表达载体 pET-20b 质粒、DNA 提取溶液（溶液Ⅰ、Ⅱ、Ⅲ）、裂解缓冲液、酵母浸出物、胰蛋白胨、溶菌酶、蛋白酶 K、RNase A、限制性内切核酸酶 XhoⅠ、BamHⅠ和 T4 DNA 连接酶、Taq DNA 聚合酶、dNTP、琼脂糖、氨苄青霉素、CMC、IPTG、X-gal、Triton-X、饱和酚、Tris、EDTA、SDS、刚果红、丙烯酰胺、考马斯亮蓝、标准相对分子质量 DNA（λDNA/$Hind$Ⅲ，D2000），低相对分子质量标准蛋白质、Qiagen 公司的 Qiaquick DNA 凝胶纯化回收试剂盒。

3. 仪器设备

电子天平，超净工作台，恒温摇床，恒温培养箱，冷冻离心机，微量移液器，高压蒸汽灭菌锅，分光光度计，电泳仪，电泳槽，紫外透射检测仪，层析仪，PCR 自动扩增仪，凝胶成像系统，核酸蛋白分析仪，超低温冰箱。

4. 器具及其他材料

离心管，吸头，各种常用玻璃器皿等。

四、实验内容及操作步骤

（一）短小芽孢杆菌总 DNA 的提取与纯化

（1）取短小芽孢杆菌 H9 划线接种于 LB 平板，在 37℃生化培养箱中培养过夜（14～16 h）；次日挑取单菌落接种于 3 mL LB 液体培养基中，37℃振荡培养过夜。

（2）取 1 mL 过夜培养物转接至 50 mL（装于 250 mL 三角瓶）新鲜的 LB 液体培养基中继续培养至 OD_{600} 值为 0.6~0.8。

（3）取 5 mL 菌液至离心管中，4000 r/min 离心 5 min，弃上清液；加入 500 μL TE 重新悬浮洗涤两次，4000 r/min 离心 5min，弃上清液。

（4）加入 200 μL 裂解缓冲液（含 10 mg/mL 溶菌酶、10 mmol/L Tris-HCl、2 mmol/L EDTA、1.2% Triton-X），悬浮沉淀，室温放置 1 h，12 000 r/min 离心 5 min，弃上清液。

（5）加入 500 μL DNA 抽提缓冲液 [含 10 mmol/L Tris-HCl（pH 8.0）、50 mol/L EDTA（pH 8.0）、20 μg/mL RNaseA、0.5%SDS]，2.5 μL 蛋白酶 K（20 mg/mL），轻轻颠倒混合，55℃水浴过夜，补加 10 μL 蛋白酶 K（20 mg/mL）和 5 μL RNase A（20 mg/mL）。

（6）加入等体积（500 μL）饱和酚，轻轻颠倒混合 5~10 min，10 000 r/min 离心 10 min，吸上清液至干净的离心管中。

（7）加入等体积的氯仿/异戊醇，轻轻颠倒混合 5~10 min，10 000 r/min 离心 10 min，吸上清液至干净的离心管中。

（8）加入上清液 1/10~1/5 体积的 3 mol/L 乙酸钠（pH 5.2），再加入 2.5 倍体积的无水乙醇，轻度混合，-20℃冷冻 30 min，13 000 r/min 离心 10 min。

（9）弃上清液，加入 500 μL 70%乙醇洗涤沉淀，13 000 r/min 离心 10 min。

（10）弃上清液，把离心管倒置于滤纸上，自然干燥 20~30 min。

（11）加 50 μL TE 缓冲液或无菌蒸馏水溶解 DNA，储存于-20℃备用。

（12）检测抽提 DNA 的 OD_{260}/OD_{280} 值。

（13）用 0.8%琼脂糖凝胶电泳分析 DNA 片段大小。

（二）质粒 pET-20b 的小量提取

（1）取 1.5 mL 过夜培养的菌液于 1.5 mL 离心管中，4℃，10 000 r/min 离心 30 s，弃上清液。

（2）加入 100 μL 用冰预冷的溶液Ⅰ，剧烈振荡悬浮菌体。

（3）加入新配制的 200 μL 溶液Ⅱ，缓慢地上下颠倒离心管多次，温和混匀，室温下放置 5 min。

（4）加入 150 μL 用冰预冷的溶液Ⅲ，温和地颠倒混匀，动作要轻缓，充分中和溶液，直至形成白色絮状沉淀。冰浴 5 min。

（5）12 000 r/min 离心 10 min，移取上清液至另一新的 1.5 mL 离心管中。

（6）加入等体积的酚氯仿液（约 400 μL），振荡摇匀，12 000 r/min 离心 5min，移取上清液至另一新的 1.5 mL 离心管中。

（7）加入 2 倍体积的无水乙醇，振荡混匀，于-20℃放置 30 min。12 000 r/min 离心 5 min，弃上清液。

（8）用 1 mL 70%乙醇洗涤 DNA 沉淀，12 000 r/min 离心 2 min，弃上清液，把离心管倒置于滤纸上，自然干燥 20~30 min。

（9）加 50 μL 含 20 μg/mL RNA 酶的 TE 缓冲液或无菌蒸馏水溶解 DNA，于

—20℃储存备用。

（三）葡聚糖内切酶基因的 PCR 扩增

根据短小芽孢杆菌 β-1,4-葡聚糖内切酶基因可读框两端的保守碱基序列设计两条引物：

引物 1：5′-ATC<u>GGATCC</u>ATGCACATTTTT G-3′

引物 2：5′-ATC<u>GCTCGAG</u>TTATTTATTCGGAAG-3′

分别引入 BamH I 和 Xho I 酶切位点（下画线部分），进行 PCR 扩增。

1. 反应体系

10×缓冲液	5.0 μL
dNTP（10 μmol/L）	1.0 μL
引物 1（10 μmol/L）	1.0 μL
引物 2（10 μmol/L）	1.0 μL
模板 DNA	1.0 μL
Taq DNA 聚合酶（5 U/μL）	0.5 μL
ddH$_2$O	至 50 μL

将上述各成分混匀，然后进行 PCR 扩增。

2. 按下述程序进行扩增

(1) 94℃预变性 5 min。

(2) 94℃变性 1 min。

(3) 55℃复性 1 min。

(4) 72℃延伸 1 min。

(5) 重复步骤（2）~（4）30 次。

(6) 72℃延伸 10 min。

3. 将 PCR 扩增产物用 0.8%的琼脂糖凝胶电泳进行分析（图 8-2）

（四）回收 PCR 扩增产物

采用 Qiagen 公司的 PCR 及酶反应纯化试剂盒。

(1) 将 PCR 反应混合物转移到一个干净的 1.5 mL 离心管中，加入 5 倍体积的 PB 缓冲液，混匀。

(2) 将样品转移到一个 DNA 回收纯化柱中，柱下放一个干净的由试剂盒提供的 2 mL 收集管，室温下以 10 000 g 离心 1 min，弃去流出液。

(3) 加入 750 μL 用无水乙醇稀释过的 PE 缓冲液洗涤柱子，室温下 10 000 g 离心 1 min。

(4) 弃去滤液，并以 10 000 g 离心空柱 1 min 以甩干柱基质。

(5) 把柱子装在一个干净的 1.5 mL 离心管上，将 30~50 μL 的灭菌 ddH$_2$O 直接加到柱基质上，10 000 g 离心 1 min 以洗脱 DNA，离心管中的液体即为回收的 DNA 片段。

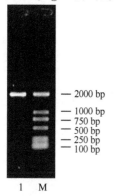

图 8-2 葡聚糖内切酶基因的 PCR 扩增

1. PCR 产物；M. marker

（五）DNA 的酶切、回收及连接

1. DNA 的酶切

（1）PCR 产物的双酶切反应体系。

10×缓冲液	5.0 μL
BamH I	2.0 μL
Xho I	2.0 μL
PCR 纯化产物	26.0 μL
ddH$_2$O	15.0 μL
总体积	50 μL

混匀后，30℃酶切 4 h。

（2）pET-20b 双酶切反应体系。

10×缓冲液	2.0 μL
BamH I	0.5 μL
Xho I	0.5 μL
质粒	5.0 μL
ddH$_2$O	12.0 μL
总体积	20 μL

混匀后，30℃酶切 4 h。

2. 酶切产物的回收

参考（四）的操作步骤。

3. 酶切产物的连接

连接反应体系。

10×缓冲液	1.0 μL
载体	1.0 μL
目的 DNA 片段	1.0 μL
T4 DNA 连接酶	1.0 μL
ddH$_2$O	16.0 μL
总体积	20 μL

混匀后，16℃ 连接过夜。

（六）大肠杆菌感受态细胞的制备和转化

（1）将活化的大肠杆菌 TOP10 菌株接入 2 ml LB 液体培养基中 37℃振荡培养过夜，取 0.5 mL 培养液接入 50 mL LB 液体培养基中，37℃、180 r/min 振荡培养，当 OD$_{600}$ 值达到 0.5～0.6 时，停止培养。

（2）培养液放置冰上冷却 30 min，在无菌状态下转入 10 mL 离心管中，4℃下 4000 r/min 离心 5 min。

（3）弃上清液，将离心管倒置使培养液流尽，回收细胞。

（4）用冰冷的 10 mL 0.1 mol/L CaCl$_2$ 溶液悬浮细胞，冰浴 10 min。

(5) 4℃下 4000 r/min 离心 5 min，回收细胞。

(6) 细胞重新悬浮于 2 mL 冰冷无菌的 0.1 mol/L $CaCl_2$ 溶液中。

(7) 将悬液 200 μL 转移到预冷的无菌 1.5 mL 离心管中，于 −70℃ 保存。

(8) 将 10 μL 连接产物加入含有 200 μL 感受态细胞的 1.5 mL 离心管中，混匀，在 42℃ 水浴中热激 90 s，然后迅速转移到冰上，静置 2 min。

(9) 加入 800 μL SOC 转化培养基，在 37℃ 摇床上振荡培养 1 h。

(10) 取 100 μL 转化菌液涂布到含有 IPTG 的 LB-CMC 筛选平板上，在 37℃ 恒温培养箱中培养 16 h，用牙签将平板上的转化子影印到另一筛选平板上面，置于 37℃ 温箱中培养 48 h。

(11) 用 0.2% 的刚果红染色 20 min，然后用 1 mol/L 的 NaCl 洗涤 20 min，观察水解圈，选取平板上具有水解圈的阳性转化子，提取质粒，进行酶切验证（图 8.3）。

（七）葡聚糖内切酶基因的表达检测

(1) 挑取阳性克隆单菌落接种于 LB 液体培养基中，37℃ 振荡培养过夜。

(2) 取 1 mL 菌液接种于 100 mL 含 50 μg/mL 氨苄青霉素的 LB 液体培养基中，37℃ 振荡培养至 OD_{600} 值达到 0.5～0.8。

(3) 加入 IPTG 至终浓度为 1 mmol/L，37℃ 诱导培养 3～4 h，取样进行 SDS-PAGE 分析。

(4) 聚丙烯酰胺凝胶的制备及电泳。

A. 试剂配制。

30% 丙烯酰胺：29 g 丙烯酰胺和 1 g 双丙烯酰胺溶于 100 mL 去离子水中，于 4℃ 保存。

10% 过硫酸铵（m/V）：1 g 过硫酸铵溶于 10 mL 去离子水中，于 4℃ 保存。

10% SDS（m/V）：1 g SDS 溶于 10 mL 去离子水中，于室温保存。

分离胶缓冲液：1.5 mol/L Tris-HCl (pH 8.8)。

浓缩胶缓冲液：1.0 mol/L Tris-HCl (pH 6.8)。

10× 电泳缓冲液 (pH 8.0)：30 g Tris，144 g 甘氨酸，10 g SDS 溶于 1 L 蒸馏水中。

5×SDS 凝胶加样缓冲液：0.6 g Tris，2.88 g 甘氨酸，0.1 g SDS 溶于 100 mL 蒸馏水中。

染色液：1.25 g 考马斯亮蓝 R-250 溶于 454 mL 50% 甲醇，加 46 mL 冰乙酸，过滤。

脱色液：甲醇、水、冰乙酸以 30∶60∶10 的比例混合。

B. SDS-PAGE 电泳凝胶配制（表 8-1）。

C. 电泳：样品与加样缓冲液混合后点样，在 10 mA 电流下电泳 30 min，然后调节电流至 20 mA，待蓝色染料迁移至距下端 1～1.5 cm 时，停止电泳。

D. 染色：电泳完毕后，将凝胶从电泳槽中取出，滑入大培养皿中，用 ddH_2O 洗涤两次，倒去 ddH_2O 后加入染色液，染色 4 h。

E. 脱色：倾去染色液，加入脱色液，缓慢摇动，每隔 1 h 换一次脱色液，直至凝胶的蓝色背景褪去。

表 8-1　SDS-PAGE 胶配方

组分	浓缩胶（5%）	分离胶（12%）
ddH$_2$O/mL	2.1	3.3
30%丙烯酰胺/mL	0.5	4.0
1 mol/L Tris（pH 6.8）/mL	0.38	—
1 mol/L Tris（pH 8.8）/mL	—	2.5
10%SDS/mL	0.03	0.1
10%过硫酸铵/mL	0.03	0.1
TEMED/mL	0.005	0.005

F. 结果观察：利用凝胶成像系统观察和分析实验结果（图 8-3，图 8-4）。

图 8-3　葡聚糖内切酶在 LB-CMC 平板上的分泌表达

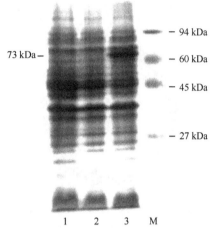

图 8-4　葡聚糖内切酶的 SDS-PAGE 电泳分析
1. 诱导 3 h 后出发菌的基因表达产物；2. 未诱导的阳性克隆菌的基因表达产物；3. 诱导 3 h 后阳性克隆菌的基因表达产物；M. marker

五、实验注意事项

（1）在筛选阳性克隆的影印过程中，要事先在两个平板的相应位置处做好记号。
（2）聚丙烯酰胺在未凝固前具有一定的毒性，实验时戴一次性手套进行操作。

六、实验报告与思考题

1. 实验结果
（1）图示重组质粒构建及表达过程。
（2）记录实验结果并进行分析。

2. 思考题
（1）大肠杆菌的基因表达载体需满足什么条件？
（2）外源蛋白在大肠杆菌中表达的方式有几种？
（3）如何提高葡聚糖内切酶的表达量？

实验四十四　纳豆激酶基因的克隆及在酵母菌中的表达

一、实验目的

(1) 了解酵母作为蛋白表达系统的优点。
(2) 学习和掌握外源基因在真核细胞中表达的方法和步骤。

二、基本原理

酵母是单细胞生物，也是重要的工业微生物，是生物学特性研究得比较清楚的真核生物模型之一，很适合作为基因工程的宿主菌。利用酵母作为克隆载体的宿主有利于真核基因产物的翻译后加工。与其他酵母相比，毕赤酵母除了同时兼具真核表达系统的优势及原核表达系统的快速、操作方便和廉价的特点外，其表达外源基因的水平要高10～100倍，因此，在基因工程中的应用越来越广泛。为了获得外源基因的高效表达，酵母表达载体的选择很重要。本实验所采用的载体pPICZαA是一种分泌表达型载体，结构如图8-5所示。

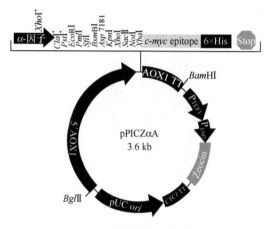

图 8-5　质粒 pPICZαA 物理图谱

纳豆激酶（nattokinase，NK）是从日本传统食品纳豆中提取出来的一种具有溶血栓作用的酶。本实验从纳豆杆菌中提取并纯化纳豆杆菌染色体 DNA，以之为模板进行 PCR，得到纳豆激酶基因。接着用 *Eco*R I 和 *Xba* I 分别对质粒 pPICZαA 和纳豆激酶基因进行双酶切，然后用 T4 DNA 连接酶将载体和目的基因连接起来，得到重组质粒 pPICZαA-NK（图8-6）。将重组质粒用限制性内切核酸酶 *Sac* I 线性化后，转化毕赤酵母 GS115 进行表达。

三、实验器材

1. 微生物菌种

纳豆杆菌（*Bacillus subtilis natto*），自行分离而得。
酵母菌 GS115。

2. 培养基与试剂

(1) 纳豆杆菌种子培养基。大豆蛋白胨 10 g、牛肉膏 5 g、NaCl 5 g、蒸馏水 1000 mL，pH 7.2，121℃灭菌 20 min。

(2) 纳豆杆菌发酵培养基。大豆蛋白胨 20 g、葡萄糖 20 g、Na_2HPO_4 1 g、$MgSO_4$ 0.5 g、$CaCl_2$ 0.2 g、蒸馏水 1000 mL，pH 7.2，121℃灭菌 20 min。

(3) LB 琼脂平板，LB 液体培养基，LB 低盐培养基（LB 培养基成分中 NaCl 含量减

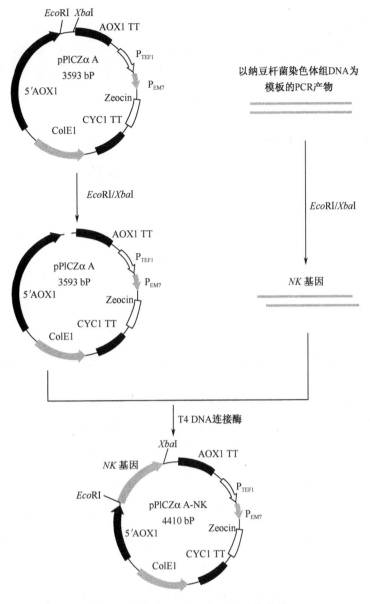

图 8-6 重组质粒 pPICZα A-NK 的构建

半)。

(4) YEPD 培养基。酵母抽提物 10 g、蛋白胨 20 g、葡萄糖 20 g、蒸馏水 1000 mL,121℃灭菌 20 min。

(5) 主要酶类。溶菌酶、蛋白酶 K、RNase A、限制性内切核酸酶 *Xba*I、*Eco*RⅠ、*Sac*Ⅰ、T4 DNA 连接酶、*Taq* DNA 聚合酶、凝血酶。

(6) 主要试剂。大肠杆菌及酵母的穿梭质粒载体 pPICZαA、DNA 提取溶液(溶液Ⅰ、Ⅱ、Ⅲ)、裂解缓冲液、酵母提取物、大豆蛋白胨、胰蛋白胨、dNTP、Zeocin、琼脂糖、Triton-X、饱和酚、Tris、EDTA、SDS、标准相对分子质量 DNA(λDNA/*Hind*Ⅲ + *Eco*RⅠ)、琼脂粉、牛纤维蛋白原、Qiagen 公司的 QIAquick DNA 凝胶纯化回收试剂盒、

Invitrogen 公司的 Pichia 酵母转化试剂盒。

3. 仪器设备

电子天平，超净工作台，恒温摇床，恒温培养箱，冷冻离心机，微量移液器，高压蒸汽灭菌锅，旋涡振荡器，分光光度计，电泳仪，电泳槽，紫外透射检测仪，层析仪，PCR自动扩增仪，凝胶成像系统，核酸蛋白质分析仪，超低温冰箱。

4. 器具及其他材料

离心管、吸头及各种常用玻璃器皿等。

四、实验内容及操作步骤

（一）纳豆杆菌的分离及活化

(1) 取市售纳豆数粒，放于无菌生理盐水中，振荡混匀，将溶液作适量稀释后涂布纳豆杆菌种子培养基平板，37℃培养 24 h。

(2) 待菌落长出后，挑取单菌落，接入种子培养基斜面，37℃培养 24 h。斜面于 4℃保存。

（二）纳豆杆菌总 DNA 的提取与纯化

(1) 挑取纳豆杆菌单菌落接种于 20 mL 液体种子培养基中，37℃，200 r/min 振荡培养 16 h。

(2) 取 1.5 mL 菌液于离心管中，4℃，5000 r/min，离心 5 min，弃上清液。加入 500 μL TE 重新悬浮洗涤两次，4000 r/min，离心 5 min，弃上清液。

(3) 加入 200 μL 裂解缓冲液（含 10 mg/mL 溶菌酶、10 mmol/L Tris-HCl、2 mmol/L EDTA、1.2％Triton-X），悬浮沉淀，室温下放置 1 h，12 000 r/min 离心 5 min，弃上清液。

(4) 加入 500 μL DNA 抽提缓冲液 [含 10 mmol/L Tris-HCl（pH 8.0）、50 mol/L EDTA（pH 8.0）、20 μg/mL RNaseA、0.5％SDS]，2.5 μL 蛋白酶 K（20 mg/mL），轻轻颠倒混合，55℃水浴过夜，补加 10 μL 蛋白酶 K（20 mg/mL）和 5 μL RNase A（20 mg/mL）。

(5) 加入等体积（500 μL）饱和酚，轻轻颠倒混合 5～10 min，10 000 r/min 离心 10 min，吸上清至干净的离心管中。

(6) 加入等体积的氯仿/异戊醇，轻轻颠倒混合 5～10 min，10 000 r/min 离心 10 min，吸上清液至干净的离心管中。

(7) 加入上清液 1/10～1/5 体积的 3 mol/L 乙酸钠（pH 5.2），再加入 2.5 倍体积的无水乙醇，轻度混合，−20℃冷冻 30 min，13 000 r/min 离心 10 min。

(8) 弃上清液，加入 500 μL 70％乙醇洗涤沉淀，13 000 r/min 离心 10 min。

(9) 弃上清液，把离心管倒置于滤纸上，自然干燥 20～30 min。

(10) 加 50 μL TE 缓冲液或无菌蒸馏水溶解 DNA，储存于 −20℃备用。

(11) 检测抽提 DNA 的 OD_{260}/OD_{280} 值。

(12) 用 0.8％琼脂糖凝胶电泳分析 DNA 片段大小。

（三）质粒 pPICZα A 的小量提取

（1）挑取携带有质粒 pPICZαA 的大肠杆菌 TOP10 单菌落接种于 20 mL LB 液体培养基中，37℃，200 r/min 振荡培养过夜（16～18 h）。

（2）吸取 1.5 mL 菌液于 1.5 mL 离心管中，4℃，10 000 r/min 离心 30 s，弃上清液。

（3）加入 100 μL 用冰预冷的溶液Ⅰ，剧烈振荡悬浮菌体。

（4）加入新配制的 200 μL 溶液Ⅱ，缓慢地上下颠倒离心管多次，温和混匀，室温下放置 5 min。

（5）加入 150 μL 用冰预冷的溶液Ⅲ，温和地颠倒混匀，动作要轻缓，充分中和溶液，直至形成白色絮状沉淀。冰浴 5 min。

（6）12 000 r/min 离心 10 min，移取上清液至另一新的 1.5 mL 离心管中。

（7）加入等体积的酚氯仿溶液（约 400 μL），振荡摇匀，12 000 r/min 离心 5 min，移取上清液至另一新的 1.5 mL 离心管中。

（8）加入 2 倍体积预冷的无水乙醇，振荡混匀，于 −20℃ 放置 30 min。12 000 r/min 离心 5 min，弃上清液。

（9）用 1 mL 预冷的 70% 乙醇洗涤 DNA 沉淀，12 000 r/min 离心 2 min，弃上清液，把离心管倒置于滤纸上，自然干燥 10 min。

（10）加 50 μL 含 20 μg/mL RNase A 的 TE 缓冲液或无菌蒸馏水溶解 DNA，于 −20℃ 储存备用。

（四）PCR 扩增纳豆激酶基因

根据毕赤酵母的表达特点、载体 pPICZαA 的多克隆位点及纳豆激酶的基因序列，设计如下引物：

引物 1：5′-CGCT<u>GAATTC</u>GCGCAATCTGTTCCT-3′

引物 2：5′-AGGC<u>TCTAGA</u>TTGTGCAGCTGCTTG-3′

分别引入 *Eco*RⅠ和 *Xba*Ⅰ酶切位点（下画线部分），进行 PCR 扩增。

1. 反应体系

10× 缓冲液	5.0 μL
dNTP（10 μmol/L）	1.0 μL
引物 1（10 μmol/L）	1.0 μL
引物 2（10 μmol/L）	1.0 μL
模板 DNA	1.0 μL
Taq DNA 聚合酶（5 U/μL）	0.5 μL
ddH$_2$O	至 50 μL

将上述各成分混匀，然后进行 PCR。

2. 按下述程序进行扩增

（1）95℃ 预变性 3 min。

（2）94℃ 变性 1 min。

(3) 55℃复性 1 min。
(4) 72℃延伸 3 min。
(5) 重复步骤（2）～（4）30 次。
(6) 72℃延伸 15 min。

3. 将 PCR 扩增产物用 0.8% 的琼脂糖凝胶电泳进行分析

（五）PCR 扩增产物的回收

参考实验四十三。

（六）重组质粒 pPICZαA-NK 的构建

1. DNA 的酶切

（1）PCR 产物的双酶切反应体系：

10×缓冲液	5.0 μL
EcoR I	1.0 μL
Xba I	2.0 μL
PCR 纯化产物	20.0 μL
ddH_2O	22.0 μL
总体积	50 μL

混匀后，37℃酶切 4 h。

（2）pPICZαA 双酶切反应体系：

10×缓冲液	2.0 μL
EcoR I	0.5 μL
Xba I	1.0 μL
质粒	5.0 μL
ddH_2O	12.0 μL
总体积	20 μL

混匀后，37℃酶切 4 h。

2. 酶切产物的回收

参考内容（四）。

3. 酶切产物的连接

连接反应体系。

10×缓冲液	1.0 μL
载体	1.0 μL
目的 DNA 片段	1.0 μL
T4 DNA 连接酶	1.0 μL
ddH_2O	16.0 μL
总体积	20 μL

混匀后，16℃ 连接过夜。

（七）重组质粒转化大肠杆菌

(1) 将 10 μL 连接产物加入含有 200 μL 大肠杆菌 TOP10 感受态细胞的 1.5 mL 离心管中，混匀，在 42℃水浴中热激 90 s，然后迅速转移到冰上，放置 2 min。

(2) 加入 800 μL LB 液体培养基，37℃、200 r/min 振荡培养 1 h。

(3) 取 100 μL 转化菌液涂布含 25 μg/mL Zeocin 的 LB 低盐平板，于 37℃恒温培养箱中培养 16 h。

(4) 用无菌牙签或接种环挑取单菌落提取质粒，进行酶切验证，筛选出重组菌。

（八）重组质粒的线性化

(1) 挑取重组大肠杆菌单菌落，接种于 20 mL 含 25 μg/mL Zeocin 的 LB 低盐液体培养基中，37℃振荡培养过夜（16～18 h）。

(2) 参考内容（三）提取重组质粒。

(3) 采用限制性内切核酸酶 Sac I 进行质粒的线性化。

酶切反应体系。

重组质粒	20.0 μL
10×缓冲液	10.0 μL
Sac I	3.0 μL
ddH_2O	17.0 μL
总体积	50 μL

混匀后，37℃酶切 2～4 h。

(4) 参考内容（四）回收目的片段，于 -20℃保存备用。

（九）线性化重组 DNA 转化酵母细胞

采用 Invitrogen 公司 Pichia 酵母转化试剂盒，操作如下：

(1) 挑取酵母细胞单菌落接种于 10 mL YEPD 液体培养基中，30℃，200 r/min 振荡培养过夜，接种 1% 入另一瓶 10 mL YEPD 液体培养基中，30℃，200 r/min 振荡培养 4～6 h，至 OD_{600} 值为 0.6～1.0。

(2) 将菌液转入一支无菌离心管中，在室温下 2500 r/min 离心 5 min，弃上清液。

(3) 重悬菌体于 10 mL 溶液 I 中，室温下 2500 r/min 离心 5 min，弃上清液，重悬细胞于 1 mL 溶液 I，即为酵母感受态细胞。

(4) 取 50 μL 酵母感受态细胞，加入 3 μg 线性化的质粒 DNA，再加入 1 mL 溶液 II，在漩涡振荡器上充分混匀。

(5) 将离心管在 30℃下静置 1 h，每 15 min 翻转离心管，使溶液混匀。

(6) 于 42℃温育 10 min，将离心管中的溶液分装于两个离心管（平均每管约 525 μL），每管中加入 1 mL YEPD 液体培养基，30℃下静置 1 h。

(7) 在 2500 r/min 下离心 5 min，弃上清液，将沉淀悬浮于 100～150 μL 溶液 III 中，混匀，涂布 YEPD 平板（含有 100 μg/mL Zeocin），30℃培养 2～4 天。

（十）重组酵母中纳豆激酶基因的诱导表达

（1）配制 YEPD 培养基，将培养基成分中的葡萄糖配制成一定浓度的溶液，与其他成分分别灭菌，然后按照 YEPD 培养基成分中葡萄糖原浓度减半的量添加葡萄糖入培养基中。

（2）挑取重组酵母单菌落接种到 20 mL 葡萄糖量减半的 YEPD 培养基中，30℃，200 r/min 振荡培养 24 h，加入 1%（V/V）过滤除菌后的甲醇进行诱导，以后每隔 24 h 添加甲醇一次，72 h 后吸取 1 mL 发酵液。

（3）将发酵液于 30℃，10 000 r/min 离心 10 min，取上清液点样于纤维蛋白平板上，观察是否有溶纤圈出现。

附：纤维蛋白平板的制备

（1）称取 60 mg 牛纤维蛋白原，加入 20 mL 无菌生理盐水搅拌至溶解完全，取 5 ml 放入培养皿中混匀，使平铺满底部。

（2）称取 0.3 g 琼脂粉放入 50 mL 小烧杯，加入 20mL 无菌生理盐水，加热熔化，然后自然冷却至 45℃ 左右，加入 1 mL 凝血酶（10 U/mL），混匀。

（3）取 5 mL 倒入上述培养皿中迅速混匀，冷却。

五、实验注意事项

（1）毕赤酵母的生长温度及发酵表达温度都必须控制在 30℃，过高的培养温度对细胞生长不利。

（2）如果甲醇诱导 72 h 的发酵产物在纤维蛋白平板上观察不到溶纤圈，可适当延长诱导时间至 84～96 h。

六、实验报告与思考题

1. 实验结果

（1）图示重组质粒的酶切鉴定结果并分析之。

（2）图示纳豆激酶基因的诱导表达结果并进行结果分析。

2. 思考题

（1）甲醇为何可以诱导毕赤酵母中外源基因的表达？

（2）重组质粒 DNA 转化酵母细胞前为何要进行线性化？

第九章　工业微生物学实验附录

本章的内容包括下列三个工业微生物学实验附录：①常用染色液的配制；②常用试剂和溶液的配制；③常用培养基的配方。

附录一　常用染色液的配制

1. 吕氏美蓝染色液

A 液：美蓝（次甲基蓝、亚甲基蓝、甲烯蓝）0.6 g，95％乙醇 30 mL

B 液：0.01％氢氧化钾溶液 100 mL

将美蓝溶解于乙醇中，然后与氢氧化钾溶液混合。

2. 草酸铵结晶紫液

A 液：结晶紫 2 g，95％乙醇 20 mL

B 液：草酸铵 0.8 g，蒸馏水 80 mL

将 B 液加入 A 液即成。

3. 齐氏石炭酸复红染液

A 液：碱性复红 0.3 g，95％乙醇 10 mL

B 液：石炭酸 5 g，蒸馏水 95 mL

将溶解的 A 液、B 液混合，摇匀过滤，再将此原液稀 10 倍，即得稀释石炭酸复红液，稀释液易变质，一次不宜多配。

4. 石炭酸乳酸溶液（观察霉菌形态用）

石炭酸 10 g，乳酸（相对密度 1.21）10 mL，甘油 20 mL，蒸馏水 10 mL

将石炭酸倒入水中加热溶解，然后慢慢加入乳酸和甘油。

5. 革兰氏染色液

(1) 草酸铵结晶紫溶液（革兰氏 A 液）。

A 液：结晶紫 2 g，95％乙醇 20 mL

B 液：草酸铵 0.8 g，蒸馏水 80 mL

将 B 液加入 A 液即成。

(2) 卢哥氏碘液（革兰氏 B 液）。

碘片 1 g，碘化钾 2 g，蒸馏水 300 mL

先将碘化钾溶解于少量水中，再加入碘，待完全溶解后，加足水分即成。

(3) 95％乙醇（脱色剂）。

(4) 蕃红（沙黄）染液（复染剂）：

蕃红 2.5 g，95％乙醇 10 mL，蒸馏水 100 mL

将蕃红溶解于 95％乙醇中，再加蒸馏水，混合过滤。

6. 芽孢染色液

（1）孔雀绿染液。

孔雀绿 5 g，蒸馏水 100 mL

（2）蕃红染液。

蕃红 0.5 g，蒸馏水 100 mL

（3）碱性复红染色液（芽孢及伴胞晶体观察）。

碱性复红染料 0.5 g，95％乙醇 20 mL，蒸馏水

将染料溶于乙醇中，然后加蒸馏水稀释至 100 mL。如有不溶物时，可以用滤纸过滤，或静置后取上清液备用。

7. 荚膜染色液

（1）负染色法。

6％葡萄糖水溶液，绘图墨水，无水乙醇，蕃红染液

（2）奥尔特氏荚膜染色液。

蕃红 3 g，蒸馏水 100 mL

用乳钵研磨溶解。

8. 鞭毛染色液

（1）银染法。

A 液：单宁酸 5 g，氯化铁 1.5 g，蒸馏水 100 mL，15％福尔马林 2 mL，1％氢氧化钠 1 mL

B 液：硝酸银 2 g，蒸馏水 100 mL

A 液配好后，当天使用，次日效果差，第三天就不好使用。

B 液配制时，待 $AgNO_3$ 溶解后，取出 10 mL 备用，向其余的 90 mL $AgNO_3$ 中滴加浓 NH_4OH，使之成为很浓的悬浮液，再继续滴加 NH_4OH，直到新形成的沉淀又重新刚刚溶解为止。再将备用的 10 mL $AgNO_3$ 慢慢滴入，则溶液出现薄雾，但轻轻摇动后，薄雾状的沉淀又消失，继续滴入 $AgNO_3$，直到摇动后仍呈现轻微而稳定的薄雾状沉淀为止。

如所呈雾不重，此染剂可使用一周；如雾重，则说明银盐沉淀出，不宜使用。通常在配制当天使用，冰箱内保藏一星期内可以使用。

（2）利夫森氏（Leifson）鞭毛染色液。

A 液：NaCl 1.5 g，蒸馏水 100 mL

B 液：单宁酸 3 g，蒸馏水 100 mL

C 液：碱性复红 1.2 g，95％乙醇 100 mL

临用前将 A、B、C 三种染液取等量混合。

9. 酵母子囊孢子染液

（1）石炭酸蕃红染液。

蕃红 0.1 g，95％乙醇 10 mL，30％石炭酸溶液 90 mL

将蕃红溶解于乙醇中，然后加入 30％石炭酸溶液。

（2）3％盐酸-乙醇。

浓盐酸 3 mL，95％乙醇 97 mL

（3）1％次甲基蓝染液。

10. 细胞壁染色液

（1）单宁酸法。

A 液：5%单宁酸水溶液

单宁酸 5 g，蒸馏水 100 mL

B 液：0.2%结晶紫水溶液

结晶紫 0.2 g，蒸馏水 100 mL

（2）磷钼酸法。

A 液：1%磷钼酸水溶液

磷钼酸 1 g，蒸馏水 100 mL

B 液：1%甲基绿水溶液

甲基绿 1 g，蒸馏水 100 mL

11. 乳酸石炭酸棉蓝染液（观察真菌形态用）

石炭酸 10 g，乳酸（相对密度为 1.21）10 mL，甘油（相对密度为 1.25）20 mL，蒸馏水 10 mL，棉蓝 0.02 g

配制时先将石炭酸放入水中加热溶解，然后，慢慢加入乳酸及甘油，最后加入棉蓝即成。

12. 液泡染液

0.1%中性红水溶液，用自来水配制。

13. 脂肪粒染液

苏丹黑-B 液（Sudan black B）：

苏丹黑 0.5 g，70%酒精 100 mL，二甲苯，0.5%蕃红水溶液

14. 肝糖粒染液

碘化钾 3 g，碘 1 g，蒸馏水 100 mL

将碘化钾溶于蒸馏水中，加入碘，完全溶解后备用（瓶盖请盖紧）。

15. 荧光染液

（1）金胺-单宁酸染色法。

① 媒染液 A：

亚尼林水（亚尼林油 0.15 mL，无水乙醇 1.00 mL，蒸馏水 9.00 mL）2 mL，单宁酸 10 mL，蒸馏水 10 mL

② 媒染液 B：

硫酸镁 2 g，3%～5%石炭酸 10 mL，蒸馏水 10 mL

③ 1%金胺酒精溶液：

将媒染液 A 与 B 混合，补加 1%金胺溶液 7 mL，用此染色标本 5～10 min，水洗吸干。镜检。鞭毛呈黄绿色荧光。

（2）苏木精-吖啶橙染色法。

① 铁苏木精染液。

母液 A：苏木精 1 g，95%乙醇 100 mL

母液 B：29% $FeCl_3$ 溶液 4 mL，浓盐酸 1 mL，蒸馏水 95 mL

使用时将母液 A 和母液 B 等体积混合。

② 0.1%～0.001%吖啶橙染液。

16. 奈瑟氏（Neisser）染色液（异染颗粒观察）

(1) 美蓝 1 g 溶于 95%酒精 2 mL 后，加冰乙酸 5 mL 及蒸馏水 95 mL，混合过滤。

(2) 斯支褐 0.2 g 溶于 100 mL 蒸馏水中，过滤。

附录二 常用试剂和溶液的配制

一、试剂溶液

1. 碘液（淀粉水解试验）

碘片 1 g，碘化钾 2 g，蒸馏水 300 mL

2. 吲哚试剂

对二甲基氨基苯甲醛 8 g，95%乙醇 760 mL，浓盐酸 160 mL

3. 乙酰甲基甲醇试验试剂（V.P. 试剂）

A 液：5% α-萘酚无水乙醇溶液

称取 5 g α-萘酚，用无水乙醇溶液定容至 100 mL。

B 液：40%氢氧化钾溶液

称取 40 g 氢氧化钾，蒸馏水溶解定容至 100 mL。

4. 0.85%生理盐水

氯化钠 0.85 g，蒸馏水 100 mL

5. 硝酸盐还原试验试剂

格里斯氏试剂：

A 液：称取 0.8 g 对氨基苯磺酸溶解于 100 mL 5 mol/L 乙酸溶液中。

B 液：称取 0.5 g α-萘胺溶解于 100 mL 5 mol/L 乙酸中。

(1) 2%淀粉溶液。

称取 2 g 可溶性淀粉，用少量蒸馏水调成糊，徐徐加入 100 mL 沸腾的蒸馏水中，边加边搅拌至成透明溶液为止。此液不可久存。

(2) 6 mol/L 盐酸溶液。

量取 50 mL 浓盐酸缓慢地加入 50 mL 蒸馏水中，边加边慢搅。

(3) 5% KI 溶液。

称取碘化钾 5 g 溶解于 100 mL 蒸馏水中。

6. 12%三氯化铁盐酸溶液

称取 $FeCl_3 \cdot 6H_2O$ 12 g，溶于 100 mL 2%盐酸溶液中。

7. 甲基红试剂（M.R. 试剂）

甲基红 0.1 g，95%乙醇 300 mL，蒸馏水 200 mL

8. 2%去氧胆酸钠溶液

去氧胆酸钠 2 g，蒸馏水 100 mL

9. 2,3-丁二醇试剂（测多黏菌素 E 发酵种子液用）

5%碳酸胍水溶液，5%萘酚无水乙醇溶液，40%氢氧化钾乙酰甲基甲醇还原时生成2,3-丁二醇。

10. 氨试剂（奈氏试剂）

A液：碘化钾10 g，碘化汞20 g，蒸馏水100 mL

B液：氢氧化钾20 g，蒸馏水100 mL

将10 g碘化钾溶于50 mL蒸馏水中，在此液中加碘化汞颗粒，待溶解后，再加氢氧化钾和补足蒸馏水，然后再将澄清的液体倒入棕色瓶储存。

11. 亚硝基胍溶液（50 μg/mL、250 μg/mL和500 μg/mL）

称量50 μg、250 μg和500 μg亚硝基胍，分别放在无菌离心管中，各加入0.05 mL甲酰胺助溶，然后加入0.2 mol/L pH 6.0磷酸缓冲液1 mL，使亚硝基胍完全溶解，用黑纸包好，30℃水浴保温备用（临用时配制）。

采用亚硝基胍诱变处理时终浓度为100 μg/mL，诱变处理时，向此亚硝基胍母液中加入4 mL对数期培养物即可。亚硝基胍为超诱变剂和"三致物质"，称量药品时需戴手套、口罩，称量纸用后灼烧，用安装橡皮头的移液管取样，接触沾染亚硝基胍的移液管、离心管、锥形瓶等玻璃器皿需浸泡于0.5 mol/L硫代硫酸钠溶液中，置通风处过夜，然后用水充分冲洗。

12. 斐林试剂甲液（还原糖测定试剂）

精确称取$CuSO_4 \cdot 5H_2O$ 5 g，次甲基蓝0.05 g，用蒸馏水溶解后，于500 mL容量瓶中加蒸馏水定容。

13. 斐林试剂乙液（还原糖测定试剂）

精确称取NaOH 54 g，酒石酸钾钠50 g，亚铁氰化钾4 g，用蒸馏水溶解后，于500 mL容量瓶中加蒸馏水定容。

14. 0.1%标准葡萄糖液

精确称取预先在105℃干燥至恒重的无水葡萄糖（AR）（1.00±0.002）g，用蒸馏水溶解后，于1000 mL容量瓶中加蒸馏水定容。

15. pUC18溶液（20 ng/μL）

pUC18标准溶液0.5～1.0 μg/μL，取pUC18标准液（1.0 μg/μL）用无菌蒸馏水稀释至20 ng/μL。

16. 中性甲醛溶液（氨基氮测定用）

量取甲醛溶液50 mL，加0.5%酚酞溶液约3 mL，滴加0.100 mg/L NaOH溶液，使甲醛溶液呈微粉红色即可。临用前进行配制。

二、抗生素溶液

1. 链霉素溶液（10 000 U/mL）

标准链霉素制品为10 000 000 U/瓶，先准备好100 mL无菌水，在无菌条件下用无菌移液管吸取0.5 mL无菌水加入链霉素标准制品瓶中，待链霉素溶解后取出加至另一无菌锥形瓶中，如上操作反复用无菌水洗链霉素标准制品瓶5次，最后，将所剩余无菌水全部转移至链霉素溶液中为止，此链霉素溶液为10 000 U/mL。

2. 氨苄青霉素溶液（8 mg/mL和25 mg/mL）

称取氨苄基青霉素（医用粉剂）8 mg和25 mg，分别溶于1 mL无菌蒸馏水中，临用时配制。或临用时再经滤膜滤器过滤除菌。

3. 土霉素溶液（8 mg/mL）

称取土霉素（医用粉剂）8 mg，溶于 1 mL 无菌蒸馏水中，临用时配制。

4. 丝裂霉素 C 母液（0.3 mg/mL）

称取 3 mg 丝裂霉素 C，溶于 10 mL 无菌蒸馏水中，制成 0.3 mg/mL 丝裂霉素 C 母液，诱导溶源性细菌释放噬菌体时，每 20 mL 细菌培养物中加 0.2 mL 丝裂霉素 C 母液，使终浓度为 3 μg/mL。

三、指 示 剂

指示剂的种类繁多，应用广泛。常用的为酸碱指示剂。这类指示剂都是有机弱酸（或弱碱）化合物，在溶液中或多或少的解离，解离所生成的离子和未解离的分子往往具有不同的颜色。

1. 0.04% 甲基红

甲基红 0.04 g，95% 乙醇 60 mL，蒸馏水 40 mL

2. 0.04% 溴甲酚紫水溶液

溴甲酚紫 0.04 g，蒸馏水 100 mL

3. 1.6% 溴甲酚紫乙醇溶液

溴甲酚紫 1.6 g，95% 乙醇 50 mL，蒸馏水 50 mL

（储存于棕色瓶中备用）

4. 1% 石蕊

石蕊 1 g，蒸馏水 100 mL

5. 2% 伊红 Y 液

伊红 Y 2 g，蒸馏水 100 mL

6. 5% 碱性品红乙醇溶液

碱性品红 5 g，95% 乙醇 100 mL

7. 0.65% 美蓝溶液

美蓝（次甲基蓝、亚甲基蓝、甲烯蓝）0.65 g，蒸馏水 100 mL

8. 0.1% 孟加拉红溶液

孟加拉红 100 mg，蒸馏水 100 mL

9. 0.2% 溴麝香草酚蓝溶液

溴麝香草酚蓝 0.2 g，0.1 mol/L 氢氧化钠 5 mL，蒸馏水 95 mL

四、缓 冲 液

在加入一定量的酸或碱时，溶液的氢离子浓度改变甚微或几乎不变，此种溶液称为缓冲溶液。溶液内所含物质称为缓冲剂，缓冲剂组成多为弱酸及这种强碱所组成的盐，或弱碱及这种弱碱与强酸所组成的盐，调节两者比例可配成各种 pH 的缓冲液。

1. 0.1 mol/L 磷酸缓冲液（pH 6.0、pH 7.0）

K_2HPO_4 相对分子质量为 174.18，0.1 mol/L 溶液为 17.4 g/L，称取 17.4 g K_2HPO_4 溶解于蒸馏水中，定容至 1000 mL。

KH_2PO_4 相对分子质量为 136.09，0.1 mol/L 溶液为 13.6 g/L，称取 13.6 g KH_2PO_4，溶解于蒸馏水中，定容至 1000 mL。

0.1 mol/L 磷酸缓冲液

pH	0.1 mol/L K_2HPO_4/mL	0.1 mol/L KH_2PO_4/mL
6.0	13.2	86.8
7.0	61.5	38.5

2. 0.2 mol/L 磷酸缓冲液（pH 5.8、pH 6.0、pH 7.4）

$NaH_2PO_4 \cdot 2H_2O$ 相对分子质量为 178.05，0.2 mol/L 溶液含 35.61 g/L，称取 35.61 g $NaH_2PO_4 \cdot 2H_2O$，溶解于蒸馏水中，定容至 1000 mL。

$NaH_2PO_4 \cdot H_2O$ 相对分子质量为 138.01，0.2 mol/L 溶液含 27.6 g/L，称取 27.6 g $NaH_2PO_4 \cdot H_2O$，溶解于蒸馏水中，定容至 1000 mL。

0.2 mol/L 磷酸缓冲液

pH	0.2 mol/L Na_2HPO_4/mL	0.2 mol/L NaH_2PO_4/mL
5.8	8.0	92.0
6.0	12.3	87.7
7.4	81.0	19.0

3. 1/15 mol/L 磷酸缓冲液（pH 6.0）

1/15 mol/L Na_2HPO_4 : 1/15 mol/L K_2HPO_4 = 1 mL : 9 mL

先配制 1/15 mol/L Na_2HPO_4：

$NaH_2PO_4 \cdot 2H_2O$ 的相对分子质量为 178.05；配制 1/15 mol/L 溶液应称取 11.87 g $NaH_2PO_4 \cdot 2H_2O$，用蒸馏水定容至 1000 mL。

再配制 1/15 mol/L K_2HPO_4：

K_2HPO_4 相对分子质量为 136.09；1/15 mol/L 溶液应称取 9.073 g K_2HPO_4，用蒸馏水定容至 1000 mL。

然后按比例配制即可。

4. 磷酸盐缓冲液（PBS，pH 7.4）

NaCl 8.0 g，KCl 0.2 g，KH_2PO_4 0.2 g，$Na_2HPO_4 \cdot 12H_2O$ 2.9 g，蒸馏水 1000 mL

5. 0.05 mol/L 甘氨酸-HCl 缓冲液（pH 3.6）

50 mL 0.2 mol/L 甘氨酸溶液中加入 5.0 mL 0.2 mol/L HCl，加水稀释至 200 mL。

甘氨酸，相对分子质量为 75.07；0.2 mol/L 溶液为 15.01 g/L。

浓盐酸（相对密度 1.18，36%），相对分子质量为 36.5；0.2 mol/L 溶液为 16.8 mL/L。

6. pH 4.5 乙酸缓冲液

$CaSO_4$ 0.51 g，乙酸 6.8 g，加蒸馏水稀释至 1000 mL。

7. 20% 氨性氯化铵缓冲液（pH 9.8）

称取 20 g 氯化铵（NH_4Cl，AR），溶解于浓氨水（NH_4OH）中，用浓氨水定容至

100 mL，此液 pH 9.8，储存于具橡皮塞的瓶中，在冰箱内保存备用。

8. 100mmol/L Tris-HCl 缓冲液（pH 7.6）

三羟甲基氨基甲烷 $\left[\text{Tris}, \begin{array}{c} HOH_2C \quad CH_2OH \\ \diagdown \quad \diagup \\ C \\ \diagup \quad \diagdown \\ HOH_2C \quad NH_2 \end{array}\right]$，相对分子质量为 121.4，先配制成 0.2 mol/L Tris-HCl 缓冲液，用时用无菌蒸馏水稀释 1 倍。

称取 24.28 g 三羟甲基氨基甲烷，加入 37.5 mL 0.1 mol/L HCl，加蒸馏水稀释，并定容至 1000 mL，56 kPa 灭菌 20 min。

附录三 常用培养基的配方

一、细菌常用培养基

1. 营养肉汤（多数细菌培养之用）

牛肉膏 0.5 g，蛋白胨 1 g，氯化钠 0.5 g，蒸馏水 100 mL，pH 7.2～7.4，121℃灭菌 15 min。

2. 营养肉汤琼脂

牛肉膏 0.5 g，蛋白胨 1 g，氯化钠 0.5 g，蒸馏水 100 mL，琼脂 1.5～2.0 g，pH 7.2～7.4，121℃灭菌 15 min。

注：用于倾注平板法菌落计数，琼脂量为 1.5%；用于涂布平板法菌落计数或制成斜面，琼脂量为 2%；制成半固体培养基，琼脂量为 0.7%～0.8%。

3. 肉浸液肉汤

碎牛肉 500 g，氯化钠 5 g，蛋白胨 10 g，磷酸氢二钾 2 g，蒸馏水 1000 mL，pH 7.4～7.6，121℃灭菌 30 min。

制法：取新鲜牛肉 500 g，去筋腱、脂肪，切块绞碎，加水 1000 mL。冷浸过夜，去浮油，隔水煮沸，使肉渣结块，过滤，加水补足原量。加入氯化钠、蛋白胨和磷酸氢二钾，溶解后调节 pH 至 7.4～7.6，再煮沸过滤，灭菌。

4. LB（Luria-Bertani）培养基

胰蛋白胨 1 g，氯化钠 1 g，酵母提取物 0.5 g，蒸馏水 100 mL，pH 7.0，121℃灭菌 20 min。

注：含氨苄青霉素 LB 培养基，待 LB 培养基灭菌后冷至 50℃左右加入抗生素，至终浓度为 80～100 mg/L。

5. EC 肉汤

胰蛋白胨 20 g，胆盐 1.5 g，乳糖 5 g，磷酸氢二钾 4 g，磷酸二氢钾 1.5 g，氯化钠 5 g，葡萄糖 1 g，蒸馏水 100 mL，pH 7.0～7.2，121℃灭菌 15 min。

6. 合成培养基

磷酸氢二钠 0.6 g，硫酸镁 0.02 g，磷酸二氢钾 0.3 g，氯化钠 0.05 g，葡萄糖 1 g，蒸馏水 100 mL，pH 7.0～7.2，115℃灭菌 20 min。

7. 钾细菌培养基（培养钾细菌产荚膜）

蔗糖 5 g，磷酸氢二钠 0.02 g，硫酸镁 0.2 g，三氯化铁微量，蒸馏水 100 mL，pH 7.0～7.2，115℃灭菌 20 min。

8. 蛋白胨水培养基

蛋白胨 1 g，氯化钠 0.5 g，蒸馏水 100 mL，pH 7.4～7.6，121℃灭菌 15 min。

9. 明胶培养基

牛肉膏 0.5 g，蛋白胨 1 g，氯化钠 0.5 g，明胶 12 g，pH 7.2～7.4，112℃灭菌 20 min。

10. 乙酸菌培养基

豆芽汁（10%～20%）100 mL，葡萄糖 5 g，碳酸钙 2 g，pH 自然，115℃灭菌 20 min。

豆芽汁制备：称取 10～20 g 豆芽，加 100 mL 水，煮沸半小时后用纱布过滤，水补足原量，再加入蔗糖 5 g，自然 pH。

11. 丙酸菌培养基

乳酸钙 2 g，蛋白胨 2 g，磷酸氢二钾 0.2 g，氯化钠 0.2 g，蒸馏水 100 mL，pH 6.9～7.2，121℃灭菌 15 min。

12. 乳酸菌培养基

麦芽汁 2.5 g，蛋白胨 0.5 g，牛肉膏 0.4 g，氯化钠 0.3 g，碳酸钙适量，蒸馏水 100 mL，121℃灭菌 15 min。

13. MRS（用于培养乳酸菌）

牛肉膏 1 g，酵母膏 0.5 g，蛋白胨 1 g，磷酸氢二钾 0.2 g，硫酸镁 0.058 g，硫酸锰 0.025 g，柠檬酸铵 0.2 g，葡萄糖 2 g，吐温 80 0.1 g，乙酸钠 0.5 g，碳酸钠 0.5 g，琼脂 2 g，蒸馏水 100 mL，pH 6.2～6.5，121℃灭菌 15 min。

14. NPNL（用于分离培养双歧杆菌）

葡萄糖 1%，酵母浸出膏 0.5%，胰蛋白胨 0.5%，蛋白胨 1%，大豆蛋白胨 0.3%，L-半胱氨酸盐酸盐 0.05%，可溶性淀粉 0.05%，牛肝浸液 15%（V/V），双歧因子 1%，乳糖 0.3%，吐温 80 0.1%，盐溶液 A 1%，盐溶液 B 0.5%，调 pH 7.0，121℃下灭菌 15 min。

注：溶液 A，K_2HPO_4 10%，KH_2PO_4 10%。

溶液 B，$FeSO_4$ 0.2%，$MgSO_4 \cdot 7H_2O$ 0.4%，$MnSO_4 \cdot 4H_2O$ 0.15%，NaCl 0.2%。

15. 双歧杆菌增殖培养基

葡萄糖 2%，酵母浸出膏 1%，胰蛋白胨 0.5%，牛肉膏 0.5%，大豆蛋白胨 0.5%，低聚果糖 0.5%，牛肝浸液 5%，K_2HPO_4 0.2%，NaCl 0.3%，L-半胱氨酸盐酸盐 0.1%，pH 7.5，121℃下灭菌 15 min。

16. 己酸菌培养基

磷酸氢二钾 0.5 g，硫酸镁 0.01 g，硫酸铵 0.03 g，硫酸亚铁 0.02 g，酵母膏 0.5 g，碳酸钙 5 g，蒸馏水 100 mL，121℃灭菌 15min。

注：灭菌后再加入 5%碳酸钠 2%，5%硫化钠 1%，乙醇 1%。

17. 丁酸菌培养基

蛋白胨 1 g，氯化钠 0.05 g，牛肉膏 0.5～0.7 g，葡萄糖 3 g，硫酸铵 0.09 g，硫酸铁 0.01 g，硫酸镁 0.03 g，碳酸钙 3 g，蒸馏水 100 mL，121℃灭菌 15 min。

二、霉菌与酵母菌常用培养基

1. MY 培养基（酵母菌保藏用）

麦芽汁 0.3 mL，葡萄糖 1 g，酵母膏 0.3 g，蛋白胨 0.5 g，琼脂 2 g，蒸馏水 100 mL，115℃灭菌 20 min。

2. PYG 培养基（酵母菌保藏用）

蛋白胨 0.35 g，酵母膏 0.3 g，葡萄糖 1 g，硫酸铵 0.1 g，磷酸二氢钾 0.2 g，硫酸镁 0.1 g，琼脂 2 g，蒸馏水 100 mL，115℃灭菌 20 min。

3. YPD 培养基

葡萄糖 2 g，胰蛋白胨 2 g，酵母膏 1 g，蒸馏水 100 mL，pH 5.0～5.5，115℃灭菌 20 min。

4. 查氏（Czapack）培养基

硝酸钠 0.3 g，氯化钾 0.05 g，磷酸氢二钾 0.1 g，硫酸铁 0.001 g，硫酸镁 0.5 g，蔗糖 3 g，琼脂 2 g，蒸馏水 100 mL，pH 自然，121℃灭菌 20 min。

5. 麦氏（Meclary）琼脂（产子囊孢子）

葡萄糖 0.1 g，氯化钾 0.18 g，酵母膏 0.25 g，乙酸钠 0.82 g，琼脂 2 g，pH 自然，115℃灭菌 20 min。

6. 玉米粉琼脂

玉米粉 6 g，琼脂 1.5～1.8 g，蒸馏水 100 mL，121℃灭菌 20 min。

制法：玉米粉加入蒸馏水中，搅拌均匀，小火煮沸 1 h，用纱布过滤，去残渣，补足水分。

7. 麸皮培养基

麸皮 3.5 g，琼脂 2 g，自来水 100 mL，pH 自然，121℃灭菌 15 min。

制法：煮沸 0.5 h，用棉花或纱布过滤，去残渣，滤液补足水分。

8. 饴糖培养基

7～8°Bé 食饴糖液 100 mL，蛋白胨 1.5～1.9 g，pH 自然，121℃灭菌 15 min。

9. 马丁氏（Martin）培养基

葡萄糖 1 g，蛋白胨 0.5 g，磷酸二氢钾 0.1 g，硫酸镁 0.05 g，孟加拉红溶液（1 mg/mL）0.33 mL，去氧胆酸钠溶液 2 mL（单独灭菌，临用前加入），链霉素溶液（10 000U/mL）0.33 mL（单独灭菌，临用前加入），蒸馏水 100 mL，pH 自然，112℃灭菌 30 min。

10. 马铃薯汁琼脂培养基（PDA）

马铃薯（去皮）20 g，葡萄糖 1 g，水 100 mL，琼脂 2 g，pH 自然，121℃灭菌 15 min。

制法：取新鲜马铃薯，去皮，挖掉芽眼，洗净，切片。称取 20 g，切成小块，加入 100 mL 水煮沸 30 min，用双层纱布过滤，滤液补足水分。

11. 菠菜-胡萝卜浸汁培养基

菠菜 2 g，胡萝卜 2 g，蒸馏水 100 mL（煮沸 1 h 过滤，滤液补足水分），121℃灭菌 15 min。

12. 麦芽汁琼脂培养基

8～12°Bé 麦芽汁 100 mL，琼脂 2 g，pH 自然，115℃灭菌 20 min。

麦芽汁制备方法：取大麦芽一定数量，粉碎，1 份麦芽加 4 份水，在 60～65℃保温糖化，不断搅拌，3～4 h 直到液体中无淀粉反应为止（检查方法：取糖化液 0.5 mL，加碘液 2 滴，如无蓝紫色出现，即糖化完），用 4～6 层纱布过滤，滤液如浑浊不清，可用蛋清加水（一个蛋清加水约 20 mL），调匀至泡沫为止，然后倒入糖化液中搅拌，煮沸后再用滤纸或脱脂棉过滤，即得澄清的麦芽汁，再加入稀释成 8～10°Bé 麦芽汁。

13. 豆芽汁培养基

豆芽 10 g，蔗糖 5 g，蒸馏水 100 mL，pH 自然，121℃灭菌 15 min。

制法：将黄豆用水浸泡一夜，放在室内（20℃左右），上覆盖湿布。每天冲洗 1 或 2 次，弃去腐烂不发芽者，待发芽至 3.5 mm 左右即可。取 10 g 豆芽，加 100 mL 水，煮沸半小时后纱布过滤。加入蔗糖 5 g。自然 pH。

14. 米曲汁琼脂培养基

5～6°Bé 米曲汁 100 mL，琼脂 2 g，115℃灭菌 20 min。

米曲汁制法。

（1）蒸米：称取大米 20 g，洗净后浸泡 24 h，淋干，装入三角瓶加棉塞，121℃灭菌 15 min。

（2）接种培养：大米灭菌后，待冷却至 28～30℃时，以无菌操作接入米曲霉的孢子，充分摇匀，置于 30～32℃培养 24 h 后摇动一次。再培养 5～6 h 后，再摇动一次，2 天后米曲成熟。

（3）将培养好的米曲取出，用纸包好放入烘箱，40～42℃干燥 6～8 h。

（4）用 1 份米曲加 4 份米，于 55℃糖化 3～4 h 后，煮沸过滤，即成米曲汁。

三、放线菌常用培养基

1. PSA（放线菌菌种保藏）

酵母膏 0.2 g，可溶性淀粉 1 g，琼脂 2 g，蒸馏水 100 mL，pH 7.2，121℃灭菌 15 min。

2. 高氏 I 号培养基（适用于多数放线菌保藏，孢子生长良好）

可溶性淀粉 2 g，硝酸钾 0.1 g，氯化钠 0.05 g，磷酸氢二钾 0.05 g，硫酸镁 0.05 g，硫酸铁 0.001 g，蒸馏水 100 mL，pH 7.2～7.4，121℃灭菌 15 min。

3. 高氏 II 号培养基（菌丝生长良好）

蛋白胨 0.5 g，葡萄糖 1 g，氯化钠 0.5 g，蒸馏水 100 mL，pH 7.2～7.4，121℃灭菌 15 min。

4. 天冬酰胺培养基（适用于小单孢菌或其他放线菌）

淀粉 2 g，硝酸钾 0.1 g，天冬酰胺 0.002 g，氯化钾 0.05 g，磷酸二氢钾 0.05 g，碳酸钙 0.1 g，硫酸镁 0.05 g，蒸馏水 100 mL，pH 7.2，121℃灭菌 15 min。

5. "5406"菌培养基

淀粉 2 g，氯化钾 0.04 g，磷酸氢二钠 0.05 g，硝酸铵 0.1 g，蒸馏水 100 mL，121℃灭菌 15 min。

6. 豆饼粉放线菌培养基

豆饼粉 1 g，葡萄糖 1 g，氯化钠 0.5 g，碳酸钙 0.1 g，琼脂 2 g，蒸馏水 100 mL，pH 6.8～7.2，121℃灭菌 15 min。

7. 龟裂链丝菌培养基

淀粉 3 g，酵母粉 0.4 g，硫酸铵 0.4 g，碳酸钙 0.4 g，琼脂 2 g，蒸馏水 100 mL，pH 7.2～7.4，121℃灭菌 15 min。

8. 马铃薯蔗糖培养基

20％马铃薯浸汁 100 mL，蔗糖 2 g 琼脂 2 g，pH 6.0，121℃灭菌 15 min。

参 考 文 献

杜连祥,路福平.2006.微生物学实验技术.北京:中国轻工业出版社
胡晓燕,张孟业.2005.生物化学与分子生物学实验技术.济南:山东大学出版社
黄秀梨,辛明秀.2008.微生物学实验指导.第2版.北京:高等教育出版社
刘国生.2007.微生物学实验技术.北京:科学出版社
萨姆布鲁克等.1992.分子克隆实验指南.金冬雁等译.北京:科学出版社
邵雪玲,毛歆,郭一清.2003.生物化学与分子生物学实验指导.武汉:武汉大学出版社
沈萍,陈向东.2007.微生物学实验.第4版.北京:高等教育出版社
施巧琴,吴松刚.2003.工业微生物育种学.第2版.北京:科学出版社
陶文沂.1997.工业微生物生理与遗传育种学.北京:中国轻工业出版社
杨汝德.2006.现代工业微生物学教程.北京:高等教育出版社
袁榴娣.2006.高级生物化学与分子生物学实验教程.南京:东南大学出版社
赵斌,何绍江.2002.微生物学实验.北京:科学出版社
诸葛健,王正祥.1994.工业微生物实验技术手册.北京:中国轻工业出版社
诸葛健.2007.工业微生物实验与研究技术.北京:科学出版社
Atlas R M et al. 1995. Laboratory Manual-Experimental Microbiology. Missouri:Mosby-Year Book Inc.
Norrell S A et al. 2003. Microbiology Laboratory Manual. 2nd. New Jersey:Person Education, Inc.
Prescott L M et al. 2002. Laboratory Exercises in Microbiology. 5th. New York:McGraw-Hill Companies Inc.